全国职业技术院校模具制造/模具设计专业教材

冲压模具设计（第二版）

人力资源和社会保障部教材办公室组织编写

中国劳动社会保障出版社

简介

本书主要内容包括冲压工艺基础知识、冲裁模设计、其他冲压模具设计、多工位精密自动级进模具设计基础等。

本书由洪惠良主编，陈烨妍、陈宏、高进祥、张晓飞、崔小松参加编写。

图书在版编目(CIP)数据

冲压模具设计/人力资源和社会保障部教材办公室组织编写. —2 版. —北京：中国劳动社会保障出版社，2016

全国职业技术院校模具制造/模具设计专业教材

ISBN 978-7-5167-2639-6

Ⅰ. ①冲…　Ⅱ. ①人…　Ⅲ. ①冲模-设计-职业教育-教材　Ⅳ. ①TG385.2

中国版本图书馆 CIP 数据核字(2016)第 183328 号

中国劳动社会保障出版社出版发行

（北京市惠新东街 1 号　邮政编码：100029）

*

北京市科星印刷有限责任公司印刷装订　　新华书店经销

787 毫米×1092 毫米　16 开本　13.5 印张　274 千字

2016 年 7 月第 2 版　　2024 年 5 月第 2 次印刷

定价：25.00 元

营销中心电话：400-606-6496

出版社网址：http://www.class.com.cn

http://jg.class.com.cn

版权专有　　侵权必究

如有印装差错，请与本社联系调换：（010）81211666

我社将与版权执法机关配合，大力打击盗印、销售和使用盗版图书活动，敬请广大读者协助举报，经查实将给予举报者奖励。

举报电话：（010）64954652

为了更好地适应全国职业技术院校模具类专业的教学要求，全面提升教学质量，人力资源和社会保障部教材办公室组织有关学校的骨干教师和行业、企业专家，对全国中等职业技术学校和高等职业技术院校模具类专业教材进行了修订和补充开发。教材的修订和开发以人力资源社会保障部颁布的《技工院校模具制造专业教学计划和教学大纲（2016）》与《技工院校模具设计专业教学计划和教学大纲（2016）》为依据，充分调研了企业生产和学校教学情况，广泛听取了教师对现行教材使用情况的反馈意见，吸收和借鉴了各地职业技术院校教学改革的成功经验。

教材体系

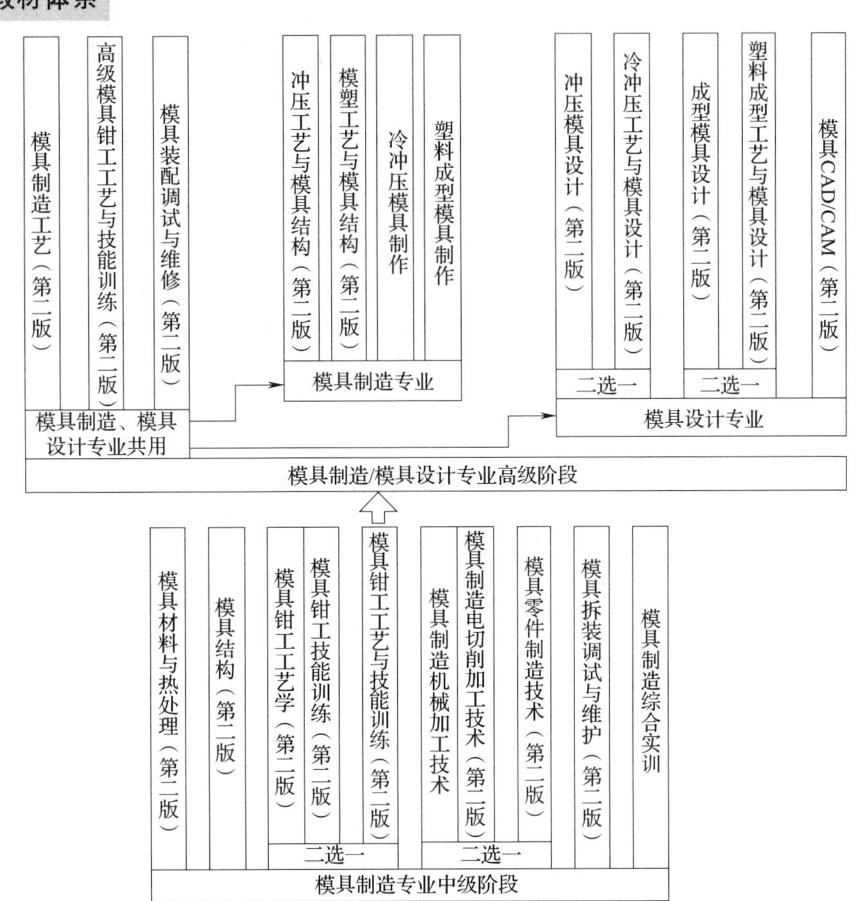

适用对象

模具制造/模具设计专业中级、高级两个层次和以下 3 种学制：

- 初中毕业生 3 年学制培养中级工
- 高中毕业生 3 年学制培养高级工
- 初中毕业生 5 年学制培养高级工

编写特色

◆ **紧贴国家职业标准**　紧密贴合《中华人民共和国职业分类大典（2015 年版）》中对模具工等职业的职业能力要求，同时参照了模具工、工具钳工等国家职业技能标准。

◆ **体现行业技术发展**　根据模具行业的最新发展，在教材中充实模具制造、设计方面的新技术，如模具 CAD/CAM/CAE 技术、快速成型技术、多轴数控加工技术、微细加工技术等，体现教材的先进性。

◆ **更新国家技术标准**　采用最新的国家技术标准，如《工模具钢》（GB/T 1299—2014）、《冲压件尺寸公差》（GB/T 13914—2013）、《冲压件角度公差》（GB/T 13915—2013）等，使教材内容更加科学和规范。

◆ **符合学生阅读习惯**　在呈现形式上，尽可能使用图片、实物照片和表格等形式将知识点生动地展示出来，力求让学生更直观地理解和掌握所学内容。尤其是在教材插图的制作中采用了立体造型技术，增强了教材的表现力。

教学服务

本套教材全部配有方便教师上课使用的电子课件，部分教材还配有习题册，电子课件等教学资源可通过职业教育教学资源和数字学习中心（http：// zyjy. class. com. cn）下载。在《模具结构（第二版）》等教材中引入了二维码技术，针对书中的教学重点和难点制作了动画、视频等多媒体素材，使用移动终端扫描书中相应位置处的二维码即可在线观看。

致谢

本次教材的开发工作得到了江苏、山东、湖南、广东、广西等省（自治区）人力资源和社会保障厅及有关学校的大力支持，在此我们表示诚挚的谢意。

人力资源和社会保障部教材办公室

2016 年 6 月

目 录
Contents

第一章 冲压工艺基础知识

冲压是利用冲模通过加压将金属、非金属板料或型材分离、成形或接合而获得制件的加工方法，如图1—0—1所示。冲压主要用于加工板料制件，所以又有板料冲压之称。通常，在常温下进行的冲压又称为冷冲压。

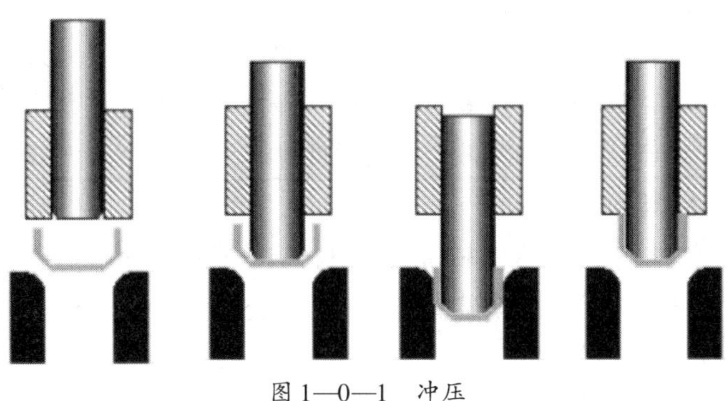

图1—0—1 冲压

第一节 冲压制件及其成形方法

冷冲压加工有着十分广泛的应用范围，在国民经济中处于很重要的地位。据统计，钢材原材料的60%～70%是板材，其中大部分是经过冷冲压加工制成产品的。

一、冲压制件

在汽车、电机、电器、家电及生活器皿、办公机械、计算机、手机、仪表、拖拉机等行业中，大多数制件为冷冲压件。例如，汽车的车身、底盘、油箱、散热器片，电机、电器的铁芯硅钢片，家电及生活器皿中的热水器外壳、金属餐具、金属炊具等，办公机械中的订书机零件等，计算机机箱零件，手机金属外壳等，处处可见冷冲压件的身影，如图1—1—1所示。

图 1—1—1　冲压制件

1．冲压制件类型

就冲压加工而言，成形的产品类型包括外观件和内置件两种。外观件是指裸露在产品外面的、消费者一眼能看到的零配件，如外壳件等；内置件是指藏匿于产品或外观件内部，用于实现产品功能的零件，如接插件等。

2．冲压制件材料

冲压制件常用材料包括金属材料和非金属材料。其中，金属材料是冲压最常用的材料，根据需要，有时也采用非金属材料，如纸、胶木、塑料、橡胶和云母等。

（1）基本要求

作为冲压材料，应满足的基本要求主要包括四个方面，即性能要求、工艺要求、板料厚度公差要求、表面质量要求。

1）性能要求。冷冲压材料一般应具有一定的强度、刚度、冲击韧度等力学性能要求。此外，有的冷冲压材料还有一些特殊的要求，如传热性、耐热性等。

2）工艺要求。冷冲压用材料通常具有良好的冲压工艺性能要求。首先，一般断后伸长率大，屈服强度较小，弹性模量大，硬化指数高，有利于各种冲压成形工序。其次，材料的化学成分对冲压工艺性能的影响也较大，如果钢中的碳、硅、硫、磷等元素的含量过高，就会使材料的塑性降低，脆性增加，导致材料的冲压工艺性能变差。此外，良好的表面质量、均匀的金相组织和较小的材料厚度对冲压成形都有好处。

3）板料厚度公差要求。板料的厚度公差应符合国家标准规定。因为一定的模具间隙适用于一定厚度的材料，材料厚度公差太大，不仅直接影响制件的质量，还可能导致冲压模具和设备的损坏。

4）表面质量要求。板料的表面应光洁、平整，无分层和机械性质的损伤，无锈斑、氧化皮及其他附着物。表面质量好的材料冲压时不易破裂，不易擦伤模具，工件表面质量好。

（2）常用牌号

作为冷冲压最常用的材料，金属材料包括黑色金属材料和有色金属材料两类。

常用的黑色金属材料包括：普通碳素结构钢，如Q195、Q235等；优质碳素结构钢，如08、08F、10、20等；低合金高强度结构钢，如Q345（16Mn）、Q295（09Mn2）等；电工硅钢，如DR510－50、DR225－35等；不锈钢，如1Cr18Ni9Ti、1Cr13等。

常用的有色金属材料包括：铜及铜合金，如T1、T2、H62、H68等；铝及铝合金，如1 060、1 050 A、3A21、2A12等。

（3）应用形式

最常用的冷冲压材料是板料，大量生产可采用带料或卷板。板料供应状态可分为M（退火状态）、C（淬火状态）、Y2（半硬态）等。板料有冷轧和热轧两种轧制状态。

对于厚度小于3 mm、宽度不小于600 mm的钢板和钢带，国家标准《优质碳素结构钢热轧薄钢板和钢带》（GB/T 710—2008）对其分类、订货内容、尺寸、外形及允许偏差、技术要求、试验方法、检验规则等都做了具体规定。其中，钢板和钢带按拉延级别可分为Z（最深拉延级）、S（深拉延级）、P（普通拉延级），它们的力学性能应符合表1—1—1。

表1—1—1　　力学性能

牌号	拉延级别				
	Z	S和P	Z	S	P
	抗拉强度 R_m（MPa）		断后伸长率 A（%）不小于		
08、08Al	275～410	≥300	36	35	34
10	280～410	≥335	36	34	32
15	300～430	≥370	34	32	30
20	340～480	≥410	30	28	26
25	—	≥450	—	26	24
30	—	≥490	—	24	22
35	—	≥530	—	22	20
40	—	≥570	—	—	19
45	—	≥600	—	—	17
50	—	≥610	—	—	16

另外，国家标准《冷轧钢板和钢带的尺寸、外形、重量及允许偏差》（GB/T 708—2006）对轧制宽度不小于600 mm的冷轧钢板和钢带等的尺寸、外形、重量及允

许偏差进行了具体规定。根据标准，钢板和钢带按尺寸精度可分为普通厚度精度（PT. A）、较高厚度精度（PT. B）、普通宽度精度（PW. A）、较高宽度精度（PW. B）、普通长度精度（PL. A）和较高长度精度（PL. B）；按不平度精度可分为普通不平度精度（PF. A）和较高不平度精度（PF. B）；钢板和钢带的公称厚度为 0.30 ~ 4.00 mm，公称宽度为 600 ~ 2 050 mm，钢板的公称长度为 1 000 ~ 6 000 mm。

二、冲压制件成形方法

由于冲压加工制件的形状、尺寸和精度要求不同，各行各业的生产规模和生产条件不一，因此，冲压制件的成形方法多种多样。根据材料的变形特点，冲压加工的基本工序可分为分离工序和变形工序两大类。按冲压方式的不同，冲压加工又可分为许多基本工序，如冲裁、弯曲、拉深和成形等。

1. 分离工序

分离工序是指使坯料沿一定的轮廓线相互分开而获得一定形状、尺寸和断面质量冲压件的工艺方法。分离工序中，坯料应力超过坯料的抗拉强度，即 $\sigma > R_m$。

作为分离工序的基本工序，冲裁包括落料、冲孔、切断、切边、切口和剖切等，其各自的工序特点见表 1—1—2。

表 1—1—2　　分离工序

工序名称	工序图例	工序特点
落料	废料 制件	用冲模沿封闭线冲切板料，冲下的部分为制件，其余部分为废料
冲孔	废料 制件	用冲模沿封闭线冲切板料，冲下的部分是废料
切断		用冲模沿不封闭切断线切断板料

续表

工序名称	工序图例	工序特点
切边		将半成品边缘部分的多余板料切除
切口		将板料部分切开，切口部分发生弯曲
剖切		将半成品切成两个或几个制件，常用于成对冲压

2. 变形工序

变形工序是指使坯料在不被破坏的条件下发生塑性变形，产生形状和尺寸的变化，转化成为所需要的制件。在变形工序中，坯料应力介于坯料的抗拉强度和屈服强度之间，即 $R_{eL} < \sigma < R_m$。

变形工序包括弯曲、拉深和成形等基本工序。其中，弯曲还包括拉弯、扭弯和滚弯等，拉深还包括变薄拉深，成形还包括胀形、缩口、翻边、起伏等，具体工序特点见表 1—1—3。

表 1—1—3　　变形工序

工序名称	工序图例	工序特点
弯曲		用冲模使坯料弯曲成一定形状

续表

工序名称	工序图例	工序特点
拉深	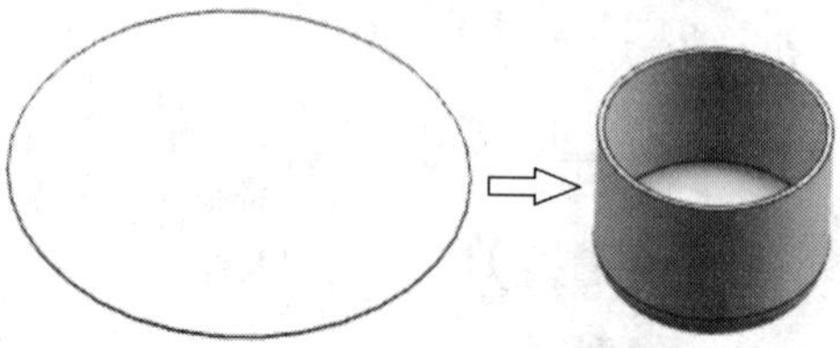	将坯料压制成空心制件，壁厚基本不变
胀形	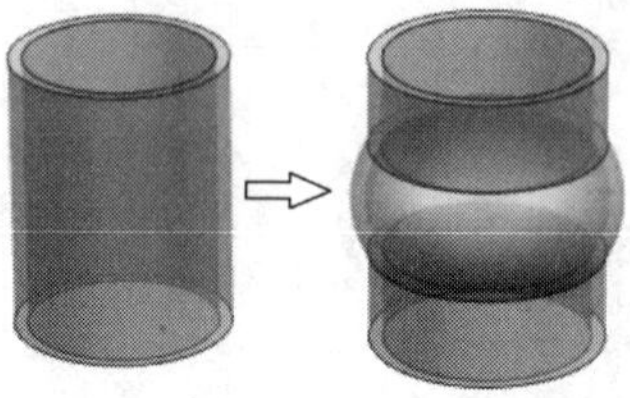	使空心件（或管料）的一部分沿径向扩张，呈凸肚形
缩口		将空心件的口部缩小
翻边	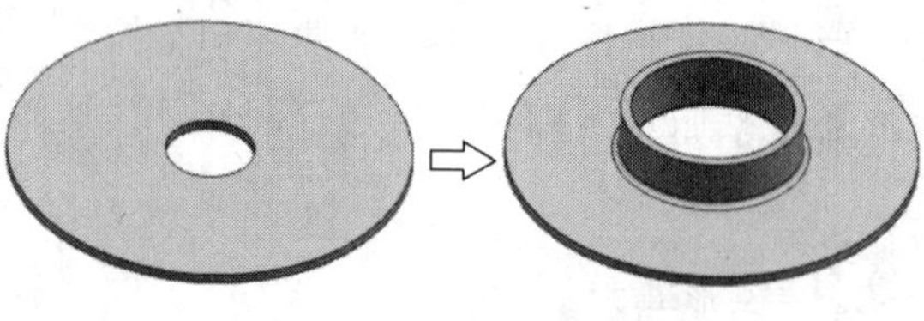	将坯料或制件上有孔的边缘翻成竖立边缘
起伏	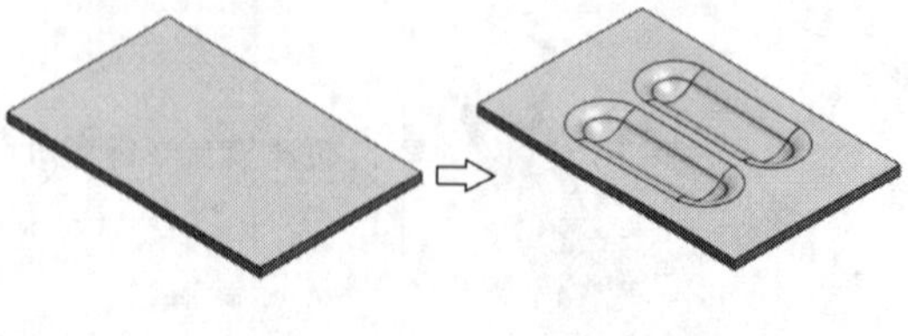	在坯料或制件上压出肋条、花纹或文字，厚度在起伏处变薄

三、冲压成形的特点及技术发展前景

1. 冲压成形的特点

冲压成形与其他加工方法相比，无论在技术方面还是在经济方面，都具有许多独特的特点。冲压成形制件的高精度、高复杂程度、高一致性、高生产效率和低消耗是其他加工方法所无法比拟的。作为一种先进的加工方法，冲压成形与其他方法（如机械加工等）相比具有以下优点：

（1）冲压加工生产效率极高，如级进模冲压速度可达 800 次/min，操作简单，易实现自动化。

（2）材料利用率高，冲压能耗小，属于无切削加工，经济性好。

（3）冲压制件的尺寸精度与冲模的精度有关，尺寸比较稳定，互换性好。

（4）可以利用金属材料的塑性变形适当地提高成形制件的强度、刚度等力学性能指标。

（5）可获得其他加工方法难以加工或不能加工的形状复杂制件，如薄壳制件、大型覆盖件（汽车覆盖件、车门）等。

（6）冲模使用寿命长，降低了产品的生产成本。

当然，冲压成形也有着自身的不足。例如，由于冲模是技术密集型产品，其制造属单件、小批量生产，具有制造成本高（占产品成本的 10% ~30%）、生产制造周期长、技术要求高、加工过程复杂、冲压生产过程中噪声大等缺点。所以，只有在冲压制件生产批量大的情况下，冲压成形加工的优点才能充分体现，从而获得较好的经济效益。

2. 冲压技术的发展前景

随着现代工业的发展，对冲压成形提出了越来越高的要求，因而也促进了冲压成形技术的迅速发展，主要表现在以下几个方面：

（1）工艺分析计算方面

冲压技术与工程数学、计算机技术相结合，对复杂的曲面零件进行计算机模拟和有限元分析，对某一工艺方案制件成形的可能性和成形过程中将会发生的问题进行预测，供设计人员进行修正和选择。这种设计方案将传统的经验设计提升为优化设计，缩短了冲模设计与制造的周期，节约了高昂的试模费用。

（2）冲模 CAD/CAM/CAE 方面

冲模 CAD/CAM/CAE 是冲压工艺编制及冲模设计与制造走向全盘自动化的重大措施，采用 CAD/CAM/CAE 技术，可极大地提高冲模设计和制造效率，并提高冲模的质量。

（3）冲压设备和生产自动化方面

目前，我国大量使用的普通冲压设备已经得到改进，在普通压力机的基础上，加上送料装置和检测装置，实现了半自动化或全自动化生产；通过改进冲压设备结构，保证了必要的刚度和精度，提高了工艺性能，从而提高了冲压件的精度，延长了冲模的使用寿命。同时，积极发展了高速压力机和多工位自动化压力机，开发了数控压力机及各种专用压力机，以满足大批量生产的需要。

（4）经济方面

大批量与多品种小批量生产共存，开发适用于小批量生产的各种简易冲模、经济冲模、标准化且容易变换的冲模系统等。

（5）冲模标准化和专业化生产方面

我国已经颁布了《冲模术语》《冲模技术条件》《冲裁间隙》《冲模模架零件技术条件》《冲模模架技术条件》《冲模滑动导向模架》《冲模滚动导向模架》和冲模零部件的国家标准或行业标准（见附录一）。冲模的专业化生产也在积极组织和实施中。

（6）推广及发展冲压新工艺和新技术方面

推广及发展的冲压新工艺和新技术包括精密冲裁、液压拉深、电磁成形和超塑性成形等。

（7）制造技术方面

采用了高速铣削、数控电火花铣削、慢走丝线切割以及用数控铣床、数控加工中心和坐标磨床加工，以实现冲模制造的现代化。

（8）模具材料及热处理方面

与材料科学相结合，不断改进材料性能，以提高冲压件的成形能力和使用效果。

第二节　冲压模具与冲压设备

冲压件的成形离不开相应的工具和设备——冲压模具（冲模）和冲压设备（冲床），如图 1—2—1 所示，它们与冲压材料合称为冲压加工三要素。

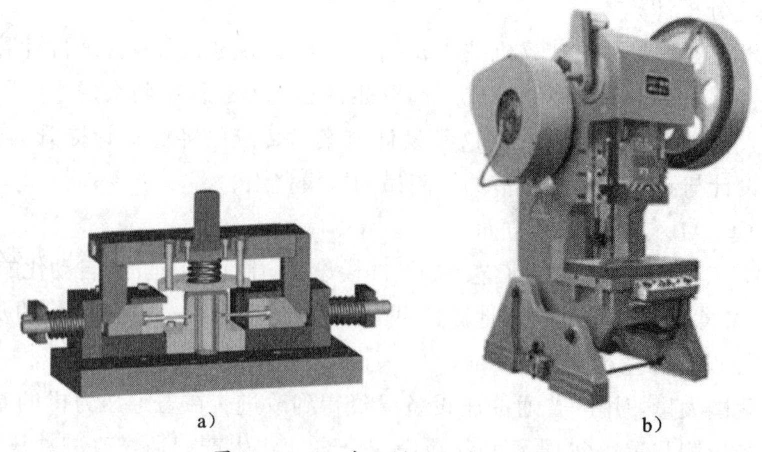

a）　　b）

图 1—2—1　冲压模具和冲压设备

a）冲模　b）冲床

一、冲压模具

冲压模具是通过加压将金属、非金属板料或型材分离、成形或接合而获得制件的工艺装备。出于冲压工艺的需要，冲压模具有众多种类。

1. 冲压模具分类

冲压模具的分类方法很多，例如，按工序组合程度、冲压工艺性质、板料厚度、冲模功能等进行分类。

(1) 按工序组合程度

按工序组合程度不同，冲压模具可分为单工序模、复合模和级进模，它们的结构如图 1—2—2 所示，其中，单工序模只能完成一种冲压工序，而复合模和级进模能完成两种或两种以上的冲压工序，它们各自的特点及应用见表 1—2—1。

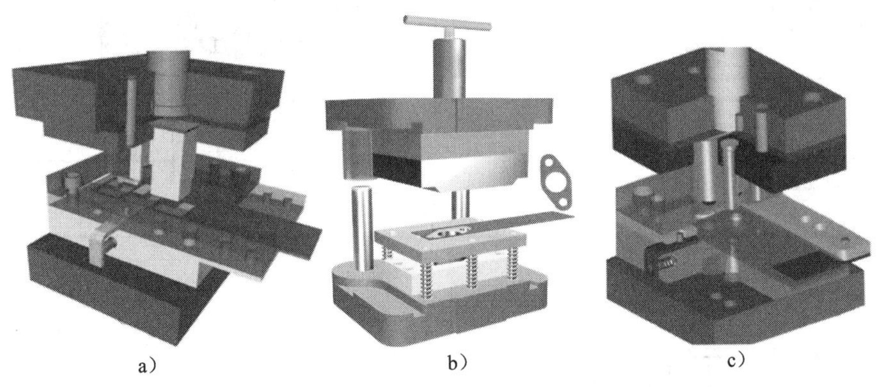

a) b) c)

图 1—2—2 冲压模具按工序组合程度分类
a）单工序模 b）复合模 c）级进模

表 1—2—1 各种冲压模具的特点及应用

类型	特点	应用
单工序模	一般只有一对凸模和凹模，在压力机一次行程中只能完成一种冲压工序	生产批量不大的外形简单的制件
复合模	只有一个工位，在压力机的一次行程中能完成两种或两种以上的冲压工序	大批量生产形状复杂、精度和表面质量要求较高的制件
级进模	具有两个或两个以上工位，在压力机的一次行程中，在不同工位上完成两种或两种以上的冲压工序	高效生产具有一定精度的制件

（2）按冲压工艺性质

按冲压工艺性质不同，冲压模具可分为冲裁模、弯曲模、拉深模、成形模等，其结构如图 1—2—3 所示。

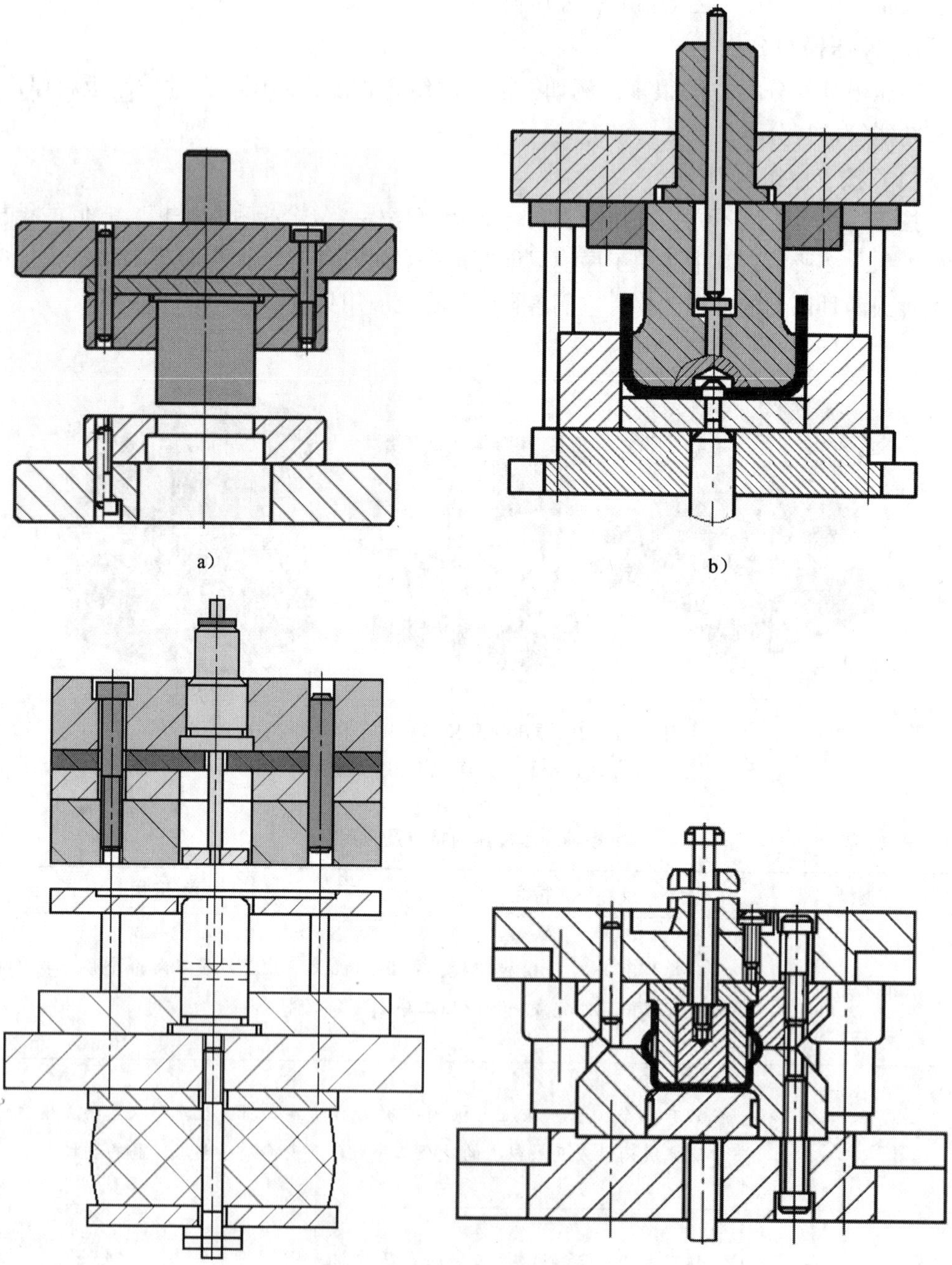

a）　　b）

c）　　d）

图 1—2—3　冲压模具按冲压工艺性质分类

a）冲裁模　b）弯曲模　c）拉深模　d）成形模

2. 冲压模具结构组成

尽管冲压模具种类众多，功能各异，组成零件多样，简单时可由几个零件组成，复杂时可由几十个甚至上百个零件组成。但无论复杂程度如何，它们的基本结构大体相同。冲压模具的结构组成可概括为图 1—2—4 所示的两大部分（上模和下模）、七种零件或构件。

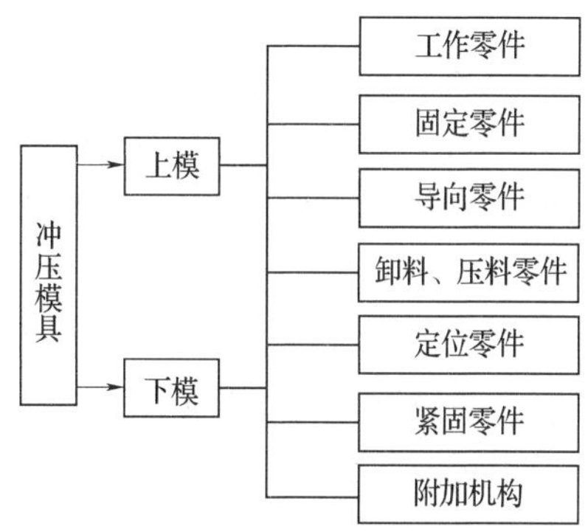

图 1—2—4 冲压模具的结构组成

七种冲压模具零件或构件的作用及具体零件说明见表 1—2—2。

表 1—2—2 冲压模具零件的作用及说明

名称	作用	具体零件说明
工作零件	直接对坯料进行冲压加工	凸模、凹模、凸凹模等
固定零件	将凸模、凹模等固定于上模、下模上，以及将上模、下模固定于压力机上	上模座、下模座、凸模固定板、凹模固定板、垫板、模柄
导向零件	确定上模、下模的相对位置，保证运动导向精度	导柱、导套、导板等
卸料、压料零件	把制件或冲压原料从模具中脱出，以及确保冲压过程中制件的定位不被改变	卸料板、推板、推杆、打杆、顶件块、顶杆、压边圈等
定位零件	保证上料和冲压时材料的正确位置	定位销、定位板、挡料销、导正销、导料板、限位块等
紧固零件	保证零件间相互位置正确，把相关联的零件固定或连接起来	螺栓、销钉、键等
附加机构	传动及改变工件运动方向	斜楔、凸轮、滑块、铰链、分度机构等

在实际生产中，通常又将以上七种零件或构件划归为工艺零件和结构零件两类。其中，工艺零件包括工作零件，定位零件，卸料、压料零件等，这些零件直接参与工艺过程的完成并与坯料直接接触；作为结构零件，它们不直接参与完成工艺过程，也不与坯料直接接触，只对模具完成工艺过程起保证作用或对模具功能起完善作用。

3. 冲模零件要求

根据国家标准《冲模技术条件》（GB/T 14662—2006），设计冲模宜选用 GB/T 2851 ~ 2852、JB/T 8049、JB/T 7181 ~ 7182 和 GB/T 2855 ~ 2856、GB/T 2861、JB/T 5825 ~ 5830、JB/T 7184 ~ 7187、JB/T 7642 ~ 7652、JB/T 8054、JB/T 8057 规定的标准模架和零件。

模具工作零件和一般零件所选用的材料应符合相应牌号的技术标准，例如，对于大批量冲件用冲裁模，其凸模、凹模推荐材料为 Cr12MoV、Cr4W2MoV、YG15、YG20 和超细硬质合金等；对于上、下模座推荐材料为 HT200 和 45 钢，热处理要求硬度分别为 170 ~ 220HBW 和 24 ~ 28HRC。模具零件推荐材料和硬度参见本教材附录二和附录三。

模具零件不允许有裂纹，工作表面不允许有划痕、机械损伤、锈蚀等缺陷；零件除刃口外所有棱边均应倒角或倒圆；经磁性吸力磨削后的模具零件应退磁。

模具零件中螺纹的基本尺寸应符合国家标准《普通螺纹　基本尺寸》（GB/T 196—2003）的规定，选用的公差与配合应符合《普通螺纹　公差》（GB/T 197—2003）中 6 级的规定；零件上销钉与孔的配合长度应大于等于销钉直径的 1.5 倍；螺纹孔的深度应大于等于螺纹直径的 1.5 倍；零件图中未注公差尺寸的极限偏差应符合《一般公差　未注公差的线性和角度尺寸的公差》（GB/T 1804—2000）中 m 级的规定；零件图中未注的形状和位置公差（几何公差）应符合《形状和位置公差　未注公差值》（GB/T 1184—1996）中 K 级的规定。

二、冲压设备

进行冲压加工所需的压力机统称为冲压设备。为了适应不同的冲压工艺需要，冲压设备有很多类型，如图 1—2—5 所示。当然，现代冲压加工中通常还离不开送料机、整平机、收料机等冲压辅助设备的配合使用。

冲压设备属锻压机械，一般可分为机械压力机、电磁压力机、气动压力机和液压机四大类。冷冲压常用的是机械压力机和液压机，而应用最广泛的是机械压力机中的曲柄压力机。

1. 曲柄压力机

曲柄压力机俗称冲床，作为重要的冲压设备，它能进行各种冲压加工，其外形及结构如图 1—2—6 所示。

图 1—2—5　冲压设备

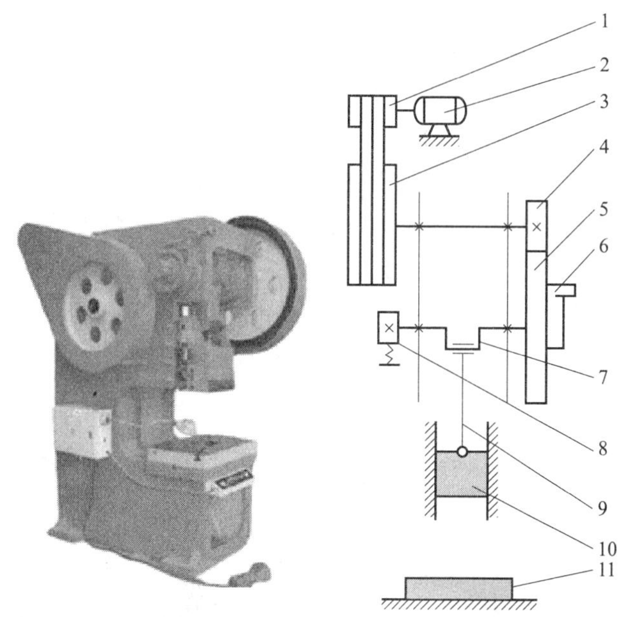

图 1—2—6　曲柄压力机的外形及结构

1—小带轮　2—电动机　3—大带轮　4—小齿轮　5—大齿轮
6—离合器　7—曲轴　8—制动器　9—连杆　10—滑块　11—工作台

工作时，电动机通过传动带、齿轮带动曲轴旋转，曲轴通过连杆带动滑块沿导轨做上下往复运动，带动模具实施冲压，模具（图中未画）安装在滑块和工作台之间。由于工艺及操作需要，滑块有时运动，有时停止，因此，装有离合器和制动器。另外，压力机在整个工作周期内进行冲压的时间很短，大部分时间为无负荷的空程运动，为了使电动机的负荷较均匀，有效地利用能量，因而装有飞轮，在该压力机上，大带轮和大齿轮起着飞轮的作用。

按机身的结构形式不同，曲柄压力机可分为开式压力机和闭式压力机，如图1—2—7所示。

a）

b）

图1—2—7　曲柄压力机

a）开式压力机　b）闭式压力机

开式压力机的机身形状似英文字母C，机身前面及左右三向敞开，操作空间大，但机身刚度低，压力机在工作负荷的作用下会产生角变形，影响精度。所以，这类压力机的吨位都比较小，一般在2 000 kN以下。

闭式压力机的机身左右两侧是封闭的，只能从前后方向接近模具，且装模距离远，操作不太方便。但因为机身形状对称，刚度高，压力机精度高。所以，压力超过2 500 kN的大、中型压力机几乎都采用这种形式。当然，某些精度要求较高的小型压力机也采用这种形式。

此外，开式压力机按照工作台的结构特点还可分为可倾台式压力机（图1—2—8a）、固定台式压力机（图1—2—8b）和升降台式压力机。

a）

b）

图1—2—8　工作台结构特点不同的开式压力机

a）可倾台式压力机　b）固定台式压力机

2. 冲压设备选用

（1）压力机的型号

由于冲压设备属锻压机械，所以其型号是按照机械标准的类、列、组编制的。根据机械行业标准《锻压机械　型号编制方法》（JB/T 9965—1999）的规定，曲柄压力机的型号用汉语拼音字母、英文字母和数字表示，具体说明见表 1—2—3。

表 1—2—3　　曲柄压力机型号说明

内容	说明
型号示例	J G 23 -63 A A：第一次改进（产品的重大改进顺序号） -63：630kN（主参数） 23：开式双柱可倾压力机（组、型代号） G：第三种变型（同一型号产品的变型顺序号） J：机械压力机（类代号）
表示方法说明	第一个字母为类代号，用汉语拼音字母表示。在 JB/T 9965—1999 型谱的八类锻压设备中，与曲柄压力机有关的有五类，即机械压力机、自动锻压机、锻机、剪切机和弯曲校正机。它们分别用“机”“自”“锻”“切”“弯”的拼音的第一个字母表示为 J、Z、D、Q、W
	第二个字母代表同一型号产品的变型顺序号。凡主参数与基本型号相同，但其他某些基本参数与基本型号不同的，称为变型。用字母 A、B、C…表示第一种、第二种、第三种……变型产品
	第三个、第四个数字分别为组、型代号。前面一个数字代表“组”，后面一个数字代表“型”。在型谱表中，每类锻压设备分为 10 组，每组分为 10 型。例如，在“J”类中，第 2 组的第 3 型为“开式双柱可倾压力机”
	横线后面的数字代表主参数。一般将压力机的公称压力（吨位）作为主参数。将型号中代表主参数的数字乘以 10，即为该型号压力机的公称压力，单位为 kN
	最后一个字母代表产品的重大改进顺序号。凡型号已确定的锻压机械，若结构和性能上与原产品有显著不同，则称为改进，用字母 A、B、C…代表第一次、第二次、第三次……改进

需要注意的是，有些锻压设备，紧接组、型代号的后面还有一个字母，代表设备的通用特性，例如，J21G—20 中的 G 代表“高速”；又如，J92K—25 中的 K 代表“数控”。

(2) 压力机的技术参数

压力机的技术参数反映了压力机的工艺能力及有关生产效率等指标。主要技术参数说明如下：

1）公称压力和公称压力行程。压力机滑块下滑过程中所产生的冲击力称为压力机的压力，其值在冲压行程中并不固定，而是随滑块下滑的位置（即曲柄旋转的角度）不同而不同，630 kN 曲柄压力机压力曲线如图 1—2—9 所示。

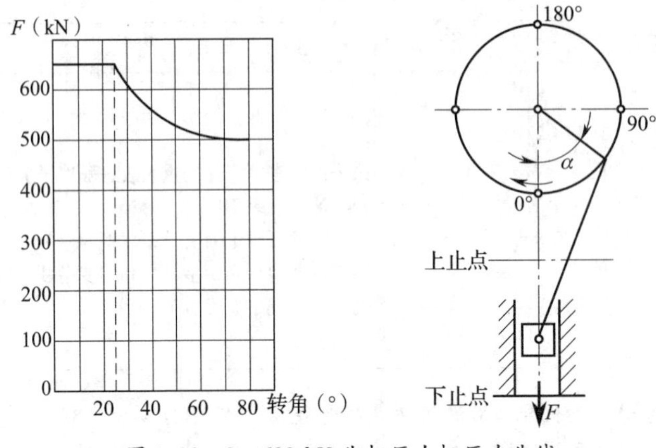

图 1—2—9　630 kN 曲柄压力机压力曲线

曲柄压力机的公称压力是指滑块离下止点前某一特定距离时，滑块上所允许的最大工作压力。这一特定距离称为公称压力行程。根据我国规定，压力机不同，此距离也不相同，例如，JC23—63 型压力机为 8 mm，JC23—40 型压力机为 7 mm，JA31—400 型压力机为 13 mm，公称压力行程一般为滑块行程的 0.05 ~ 0.07 倍。当然，公称压力也可指曲柄旋转到公称压力角时滑块上所允许的最大工作压力。同样，随压力机不同，公称压力角也不相同。

公称压力是压力机的主要参数，其大小表示压力机本身能够承受冲击的大小，压力机的强度和刚度就是按公称压力进行设计的。我国生产的压力机公称压力已经系列化，如 160 kN、200 kN、250 kN、315 kN、400 kN、500 kN、630 kN、800 kN、1 000 kN、1 600 kN、2 500 kN、3 150 kN、4 000 kN、6 300 kN 等。这个系列是从生产实践中归纳整理后制定的，既能满足生产需要，又不会使曲柄压力机的规格过多，给制造带来困难。

2）滑块行程。滑块行程是指曲柄旋转一周滑块所移动的距离，即滑块从上止点到下止点所经过的距离，其大小为曲柄半径的两倍，如图 1—2—10 中所示的 S。

滑块行程反映了压力机的工作范围。行程长，则能生产高度较高的制件，通用性强，但压力机的曲柄尺寸要加大，随之而来的是齿轮模数和离合器尺寸均要增大，压力机造价增加，而且工作时模具的导柱、导套可能脱离，从而影响制件精度和模具的使用寿命。因此，滑块行程并非越大越好，应根据实际需要来选取，例如，毛坯能否顺利放入模具，冲压件能否顺利地从模具中取出等，特别是成形拉深件和弯曲件应使滑块行程大于制件高度的 2.5 ~ 3 倍。

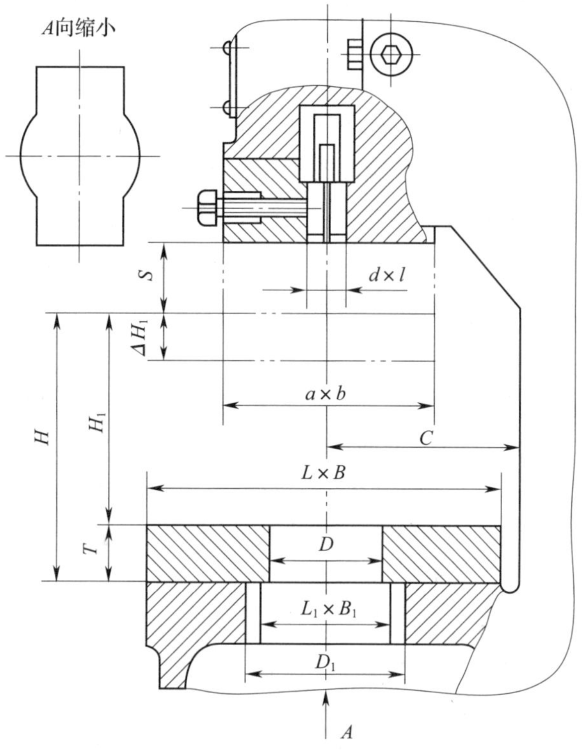

图 1—2—10 压力机参数

为满足实际生产要求，有些压力机的行程长度做成可调节的，如 J11—50 型压力机的滑块行程可在 10～90 mm 之间调节，J23—100A、J23—100B 型压力机的滑块行程均可在 16～140 mm 之间调节。

3）滑块行程次数。滑块行程次数是指滑块每分钟往复运动的次数。如果是连续作业，它就是每分钟生产制件的个数。所以，行程次数越大，生产效率就越高。然而，当采用手动连续作业时，由于受送料时间的限制，即送料在整个作业中所占时间的比例很大，即使行程次数再多，生产效率也不可能很高，如小件加工最多也不过 60～100 次/min。所以，行程次数超过一定数值后，必须配备自动送料装置，否则不可能实现高生产效率。另外，拉深加工时，若加工速度过快，会造成材料破损以至于不能继续加工。因此，选择行程次数不能单纯追求高生产效率。目前，实现了自动化的压力机多半采用可调行程次数的方式，以期达到根据制品大小及变形特点选择最适当的行程次数的目的。

4）最大装模高度和装模高度调节量。装模高度是指滑块在下止点时滑块下表面到工作台垫板上表面的距离。当装模高度调节装置将滑块调整到最高位置时（连杆调至最短），装模高度达到最大值，称为最大装模高度（见图 1—2—10 中的 H_1）；当滑块调整到最低位置时，得到最小装模高度。

与装模高度并行的参数还有封闭高度。所谓封闭高度，是指滑块在下止点时，滑块下表面到工作台上表面的距离，它与装模高度之差等于工作台垫板的厚度 T。如图 1—2—10 所示的 H 是最大封闭高度。

装模高度和封闭高度都表示压力机所能使用的模具高度。模具的闭合高度（模具在工作位置下极点时，下模座下平面与上模座上平面之间的距离）应小于压力机的最大装模高度。装模高度调节装置所能调节的距离称为装模高度调节量 ΔH_1。装模高度及其调节量越大，对模具的适应性也越强，但装模高度大，压力机也随之增高，且安装高度较小的模具时需附加垫板，给工作带来不便。同时，装模高度调节量越大，价格越高，而且刚度也会下降。因此，只要满足使用要求，没有必要使装模高度及其调节量过大。

5）工作台板和滑块底面尺寸。工作台板和滑块底面尺寸是指压力机工作空间的平面尺寸。工作台板（垫板）的上平面（安装下模部分）用“左右 × 前后”的尺寸表示，如图 1—2—10 所示的 $L \times B$。滑块下平面也用“左右 × 前后”的尺寸表示，如图 1—2—10 所示的 $a \times b$。闭式压力机的滑块尺寸和工作台板尺寸大致相同，而开式压力机滑块下平面尺寸小于工作台板尺寸，所以，开式压力机所用模具尺寸要依滑块底面尺寸而定。不过，许多开式压力机的滑块在上止点时，其底面仍低于导轨，这样就可以安装比滑块底面大的上模。这种情况虽然使用方便，但产品精度会受到一定的影响。

6）工作台孔尺寸。如图 1—2—10 所示，工作台孔尺寸包括 $L_1 \times B_1$（左右 × 前后）和 D_1（直径），不但可用来排出制件或废料，还可用来安装顶出装置。

7）立柱间距和喉深。立柱间距是指双柱式压力机立柱内侧面之间的距离，对于开式压力机，其值主要关系到后侧排料或出件机构的安装；对于闭式压力机，其值直接限制了模具和加工板料的最宽尺寸。

喉深是开式压力机特有的参数，它是指滑块的中心线至机身的前后方向距离，如图 1—2—10 所示的 C。喉深直接限制加工件的尺寸，并与压力机机身的刚度有关。

8）模柄孔尺寸。模柄孔尺寸 $d \times l$ 是“直径 × 孔深”，冲模模柄尺寸应与模柄孔尺寸相适应。大型压力机没有模柄孔，而是开设 T 形槽，以 T 形槽螺钉紧固上模。

（3）冲床规格的选用原则

选择冲床规格时应遵循以下原则包括：

1）冲床的公称压力应不小于冲压工作所需的变形力。尤其是进行弯曲或拉深工作时，应注意所选冲床的滑块在各处的压力都要大于冲压变形力。

2）冲床的行程应满足制件高度方面的要求，即保证冲压工作时毛坯能放进模具，制件能顺利从模具中取出。这对于弯曲、拉深工序尤为重要。

3）冲床的闭合高度、工作台尺寸和滑块底面尺寸都应满足模具的安装要求。一般应保证：（最大装模高度 −5 mm）＞模具闭合高度＞（最小装模高度 +5 mm）。

4）滑块每分钟行程次数应符合生产效率和材料变形速度的要求。

5）一般冲压工作不必考虑电动机功率，因为在保证冲压力的情况下，其功率是足够的。但在特殊情况下，如斜刃冲裁，可能出现工作压力够而功率不够的情况，这时必须保证电动机功率大于冲压所需的功率。

具体选择时，应根据冲压制件的批量大小、制件的工艺性能及几何形状、尺寸和精度，首先选择冲床的种类，然后再根据冲压制件的尺寸及模具尺寸选择冲床的规格。当然，还要根据本单位设备情况，尽量选用现有设备。曲柄压力机的主要技术参数见本教材附录四，供选用时参考。例如，对于图1—2—11所示垫圈制件冲裁模，根据计算所得总冲压力（约262 kN）、模具闭合高度、冲床工作台面尺寸等，并结合现有设备情况，选用J23—40型开式双柱可倾冲床，并在工作台面上制备垫块。其主要技术参数如下：

公称压力：400 kN。

滑块行程：100 mm。

最大闭合高度：300 mm。

连杆调节长度：80 mm。

工作台尺寸（前后×左右，单位mm）：420×630。

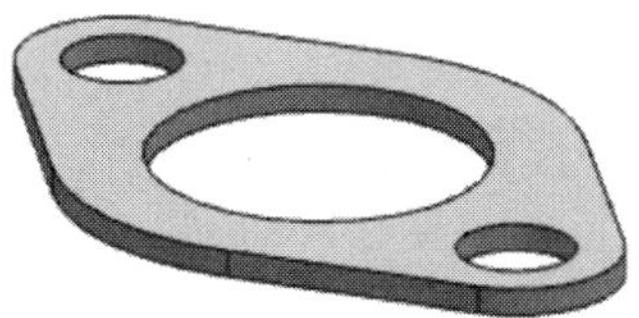

图1—2—11 垫圈制件

模柄孔尺寸（直径×深度，单位mm）：$\phi50\times70$。

第三节 冲压件成形工艺性分析

冲压生产依靠模具和压力机完成冲压件的加工过程，与其他加工方法一样，冲压生产是在对冲压件图样进行工艺评审的基础上进行的。通过评审，判断冲压件的相关特征和结构是否符合冲压工艺的要求，并对有关工艺问题给出解决方案。

一、冲压件成形工艺性

冲压件成形工艺性是指冲压件对冲压工艺的适应性。一般情况下，对冲压件成形工艺性影响最大的是其几何形状、尺寸和精度要求，良好的冲压工艺性应能满足材料较省、工序较少、冲模加工容易、使用寿命较长、操作方便和制品质量稳定等要求。

1. 冲裁件的工艺性

（1）冲裁件的形状和尺寸要求

1）冲裁件的形状应力求简单、对称，避免形状复杂的曲线。最好采用圆形、矩形等规则几何形状或它们的组合形状，这样排样时废料最少。

2）冲裁件的内形或外形的转角处应避免尖角，如无特殊需要，应用圆角过渡，这样既方便模具加工，减少热处理或冲压时在尖角处的开裂现象，又可以防止尖角部位刃口过快磨损而导致的模具使用寿命的下降。冲裁件的圆角半径R一般应不小于板厚t的一半，即$R\geqslant0.5t$，且外形上的圆角半径可比内形上的圆角半径值大10%～20%。

3）冲裁件的凸出悬臂和凹槽宽度不宜过小，以免冲制时凸模折断，其合理值可参见表1—3—1。

表1—3—1　　冲裁件悬臂和凹槽宽度的最小值　　mm

材料	最小宽度 B
硬钢	(1.5～2.0) t
黄铜、软钢	(1.0～1.2) t
纯铜、铝	(0.8～0.9) t

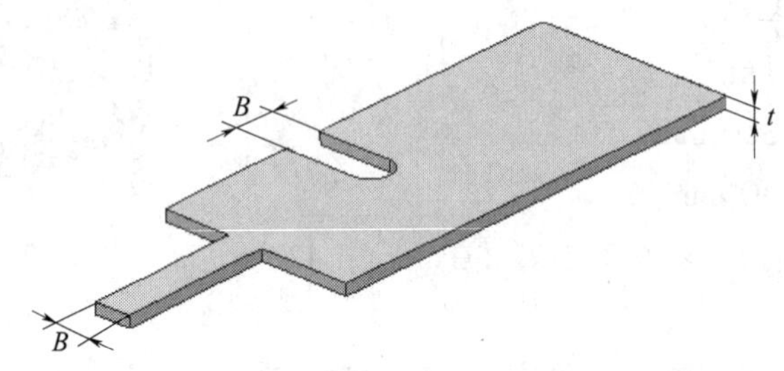

4）冲孔时，因受冲孔凸模强度的限制，孔的尺寸不宜过小。一般冲孔模（无导向凸模）可冲压的最小孔径可参见表1—3—2；对于有导向装置（带护套）的凸模，因其工作稳定性较高，最小冲孔直径可以减小，具体数值可参见表1—3—3。

表1—3—2　　无导向凸模冲孔的最小孔径　　mm

材料	圆形孔（直径 d）	方形孔（边长 b）	矩形孔（孔宽 b）	长圆形孔（孔宽 b）
钢 τ > 700 MPa	1.5t	1.35t	1.2t	1.1t
钢 τ = 400～700 MPa	1.3t	1.2t	t	0.9t
钢 τ < 400 MPa	t	0.9t	0.8t	0.7t
黄铜、铜	0.9t	0.8t	0.7t	0.6t
铝、锌	0.8t	0.7t	0.6t	0.5t

注：一般要求孔径不小于0.3 mm。

表 1—3—3　　带护套凸模冲孔的最小孔径　　mm

材料	圆形孔（直径 d）	矩形孔（孔宽 b）
硬钢	$0.5t$	$0.4t$
软钢、黄铜	$0.35t$	$0.3t$
铝、锌	$0.3t$	$0.28t$

注：一般要求孔径不小于 0.3 mm。

5）冲裁件的孔与孔之间、孔与边缘之间的距离不应过小；否则，模具的强度和冲裁件的质量不能保证，会产生孔与孔间材料的扭曲，或使边缘材料变形；复合冲裁时，会因模壁过薄而容易损坏。孔边距和孔间距许可值如图 1—3—1 所示，其中，$C \geq 1.5t$（t 为料厚），$C' \geq t$。

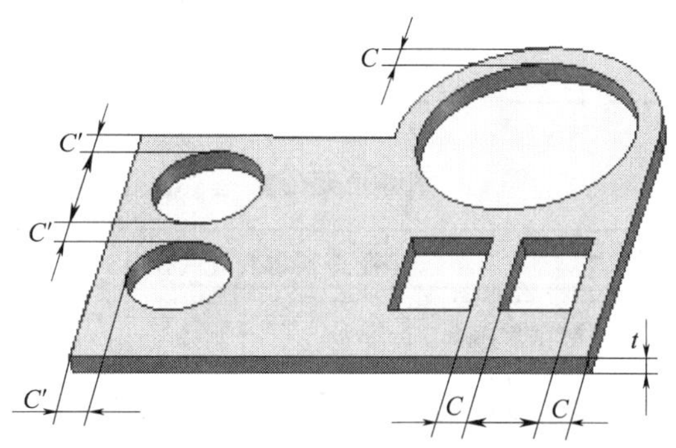

图 1—3—1　冲裁件的孔边距和孔间距

6）在弯曲件或拉深件上冲孔时，为避免凸模受侧向力而折断，其孔边与制件直壁间应保持一定的距离，孔边离弯曲半径中心的距离应不小于板料厚度的两倍。

7）冲裁件的尺寸标注也应考虑冲压工艺要求。以图 1—3—2 所示冲裁件尺寸标注为例，按图 1—3—2a 标注，尺寸 S_2 会随着模具的磨损而增大，故此标注方法不够合理；按图 1—3—2b 标注，则尺寸 S_2 与模具磨损无关。

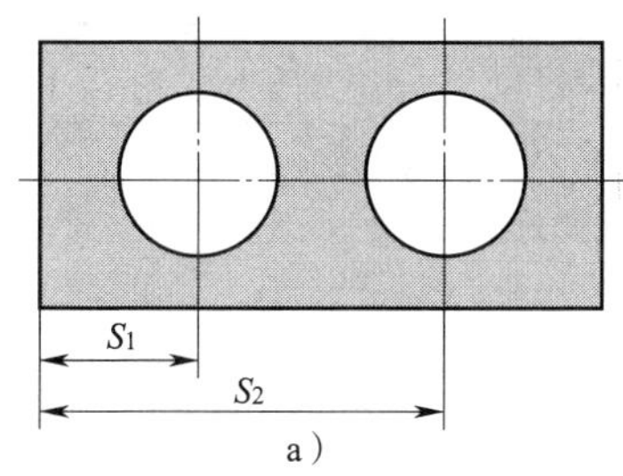

a）

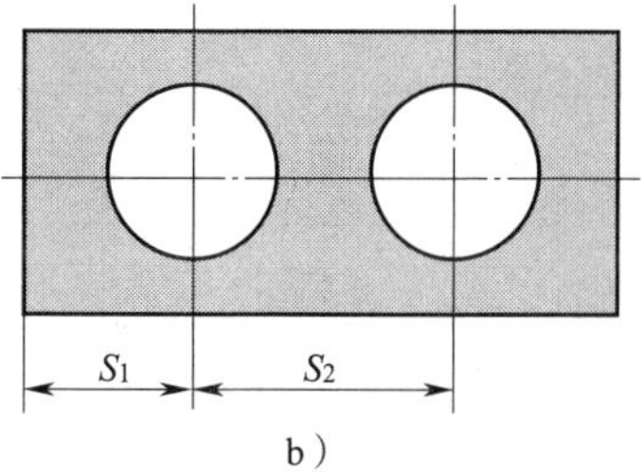

b）

图 1—3—2　冲裁件的尺寸标注

（2）冲裁件的精度和断面粗糙度（表面结构）

1）冲裁件的经济精度最高可达 IT10 ~ IT8 级，一般不高于 IT11 级，冲孔比落料的精度约高一级。凡在产品图样上未注公差的尺寸，在计算凸模与凹模尺寸时，极限偏差数值通常按《产品几何技术规范（GPS）极限与配合第1部分：公差、偏差和配合的基础》（GB/T 1800.1—2009）IT14级确定。冲裁件的尺寸公差、孔中心距的公差及孔中心与边缘距离尺寸公差分别见表1—3—4～表1—3—6。

表1—3—4　　冲裁件内、外形所能达到的经济精度

<table>
<tr><th rowspan="2">材料厚度
t（mm）</th><th colspan="5">基本尺寸（mm）</th></tr>
<tr><th>≤3</th><th>3～6</th><th>6～10</th><th>10～18</th><th>18～500</th></tr>
<tr><td>≤1</td><td colspan="3">IT13～IT12</td><td colspan="2">IT11</td></tr>
<tr><td>1～2</td><td>IT14</td><td colspan="3">IT13～IT12</td><td>IT11</td></tr>
<tr><td>2～3</td><td colspan="3">IT14</td><td colspan="2">IT13～IT12</td></tr>
<tr><td>3～5</td><td>—</td><td colspan="3">IT14</td><td>IT13～IT12</td></tr>
</table>

表1—3—5　　孔中心距公差

<table>
<tr><th rowspan="3">材料厚度
t（mm）</th><th colspan="6">孔距基本尺寸（mm）</th></tr>
<tr><th colspan="3">一般精度模具</th><th colspan="3">较高精度模具</th></tr>
<tr><th>≤50</th><th>50～150</th><th>150～300</th><th>≤50</th><th>50～150</th><th>150～300</th></tr>
<tr><td>≤1</td><td>±0.1</td><td>±0.15</td><td>±0.2</td><td>±0.03</td><td>±0.05</td><td>±0.08</td></tr>
<tr><td>1～2</td><td>±0.12</td><td>±0.2</td><td>±0.3</td><td>±0.04</td><td>±0.06</td><td>±0.1</td></tr>
<tr><td>2～4</td><td>±0.15</td><td>±0.25</td><td>±0.35</td><td>±0.06</td><td>±0.08</td><td>±0.12</td></tr>
<tr><td>4～6</td><td>±0.2</td><td>±0.3</td><td>±0.4</td><td>±0.08</td><td>±0.1</td><td>±0.15</td></tr>
</table>

表1—3—6　　孔中心与边缘距离尺寸公差

<table>
<tr><th rowspan="2">材料厚度
t（mm）</th><th colspan="4">孔中心与边缘距离尺寸（mm）</th></tr>
<tr><th>≤50</th><th>50～120</th><th>120～220</th><th>220～360</th></tr>
<tr><td>≤2</td><td>±0.5</td><td>±0.6</td><td>±0.7</td><td>±0.8</td></tr>
<tr><td>2～4</td><td>±0.6</td><td>±0.7</td><td>±0.8</td><td>±1.0</td></tr>
<tr><td>>4</td><td>±0.7</td><td>±0.8</td><td>±1.0</td><td>±1.2</td></tr>
</table>

2）冲裁件的断面粗糙度（表面结构）一般为 *Ra*50～12.5 μm，最高可达 *Ra*3.2 μm，具体取值可参见表1—3—7。

表 1—3—7 一般冲裁件断面粗糙度（表面结构）

材料厚度 t（mm）	≤1	1～2	2～3	3～4	4～5
断面粗糙度 Ra（μm）	3.2	6.3	12.5	25	50

需要提醒的是，如果冲裁件表面结构要求高于上表所列，则需要另加修整工序。常用材料通过修整后的表面粗糙度（表面结构）Ra 的参考值如下：黄铜 0.4 μm，软钢 0.8～0.4 μm，硬钢 1.6～0.8 μm。

2. 弯曲件的工艺性

（1）弯曲件的结构工艺性

1）弯曲件的形状应力求简单，最好左右对称，宽度相等，弯曲半径左右一致，以保证弯曲时毛坯不会因摩擦阻力不等而产生侧向滑动，其结构如图 1—3—3 所示。

对于窄而长的弯曲件或形状比较复杂的弯曲件，在结构设计上应设置定位工艺孔，以防弯曲时产生侧滑，如图 1—3—4 所示。对于非对称的小型弯曲件，可采用左右对称件成对弯曲工艺，然后剖切为两件。

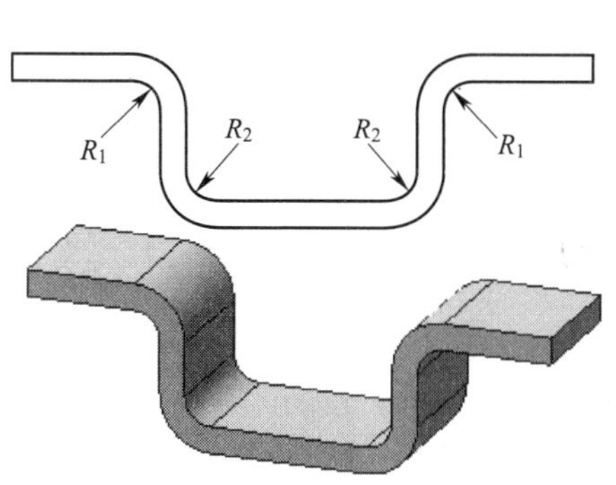

图 1—3—3 形状对称的弯曲件

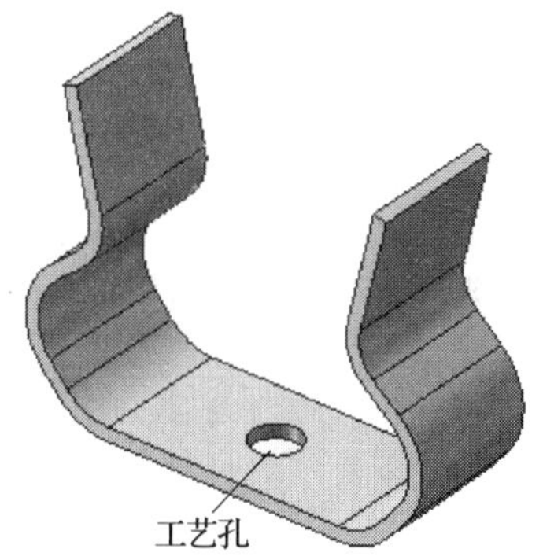

图 1—3—4 添加工艺孔的弯曲件

2）弯曲件的圆角半径应不小于最小弯曲半径，以免产生裂纹，但也不宜过大；否则，受到回弹的影响，弯曲角度与圆角半径的精度都不易保证。常用材料的最小弯曲半径可参见表 1—3—8。

表 1—3—8 常用材料的最小弯曲半径

材料	退火或正火状态		冷作硬化状态	
	弯曲线位置			
	垂直轧制纹向	平行轧制纹向	垂直轧制纹向	平行轧制纹向
08、10、Q195、Q215	0.1t	0.4t	0.4t	0.8t
15、20、Q235	0.1t	0.5t	0.5t	1t
25、30、Q255	0.2t	0.6t	0.6t	1.2t

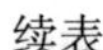
续表

材料	退火或正火状态		冷作硬化状态	
	弯曲线位置			
	垂直轧制纹向	平行轧制纹向	垂直轧制纹向	平行轧制纹向
35、40、Q275	0. 3t	0. 8t	0. 8t	1. 5t
45、50	0. 5t	1t	1t	1. 7t
55、60	0. 7t	1. 3t	1. 3t	2t
65Mn、T7	1t	2t	2t	3t
1Cr18Ni9Ti	1t	2t	3t	4t
硬铝（软）	1t	1. 5t	1. 5t	2. 5t
硬铝（硬）	2t	3t	3t	4t
磷青铜	—	—	1t	3t
黄铜（半硬）	0. 1t	0. 35t	0. 5t	1. 2t
黄铜（软）	0. 1t	0. 35t	0. 35t	0. 8t
纯铜	0. 1t	0. 35t	1t	2t
铝	0. 1t	0. 35t	0. 5t	1t
镁合金 MB1	加热到 300 ~ 400°C		6t	8t
	2t	3t		
钛合金 BT5	加热到 300 ~ 400℃		5t	6t
	3t	4t		

注：1. 当弯曲线与轧制纹向成一定角度时，可采用垂直轧制纹向和平行轧制纹向之间的数值。

2. 对在冲裁后没有退火的坯料进行弯曲时，应作为硬化的金属材料来选用。

3. 弯曲操作时应使有毛刺的一边处于弯曲角的内侧。

4. 表中 t 为板料厚度，表中数据适用于弯曲角≥90°。

需要注意的是，对于实际弯曲半径很小的制件，可分两次弯曲。即先弯成较大的半径，然后退火；再弯成工件要求的尺寸。另外，对于弯曲半径较小的直壁零件，可考虑采用热变形或预先沿弯曲区内侧开槽后再进行弯曲的方案。

3）弯曲件的直边高度 h 不宜过小，以免影响弯曲质量。通常，直边高度应不小于料厚的 2. 5 倍；否则，应先压槽弯曲或加大直边高度，待弯曲完成后将高出部分切除，如图 1—3—5 所示。

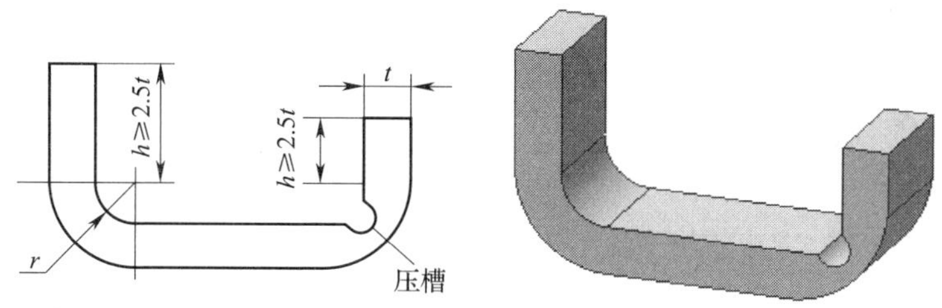

图 1—3—5　弯曲件直边高度

4）当弯曲件的弯曲部位处于制件宽窄交界处时，为易于成形，防止交界处开裂，应预先在制件上设置工艺槽或工艺缺口，如图 1—3—6 所示。

5）当弯曲件在弯曲线附近有预先冲制的孔时，应考虑弯曲时材料流动引起的孔变形。为此，必须使这些孔分布在变形区以外的部位。一般孔边至弯曲半径中心的距离与板料厚度有关。当 $t<2$ mm 时，$a\geqslant t$；当 $t\geqslant 2$ mm 时，$a\geqslant 2\ t$；当 $b<25$ mm 时，$a\geqslant 2.5\ t$；当 $b>50$ mm时，$a\geqslant 3\ t$，如图 1—3—7 所示。

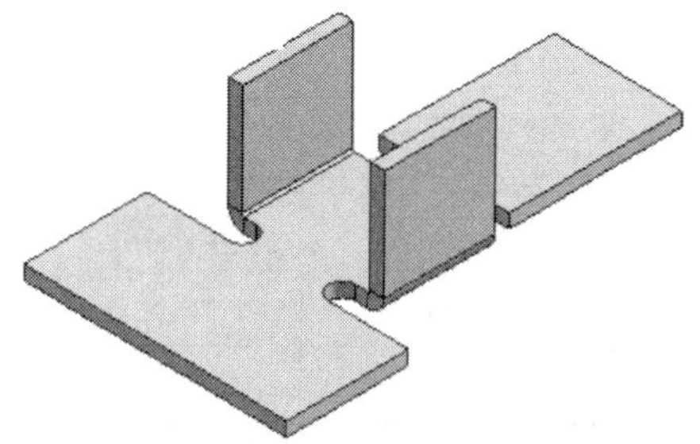
图 1—3—6　工艺槽或工艺缺口

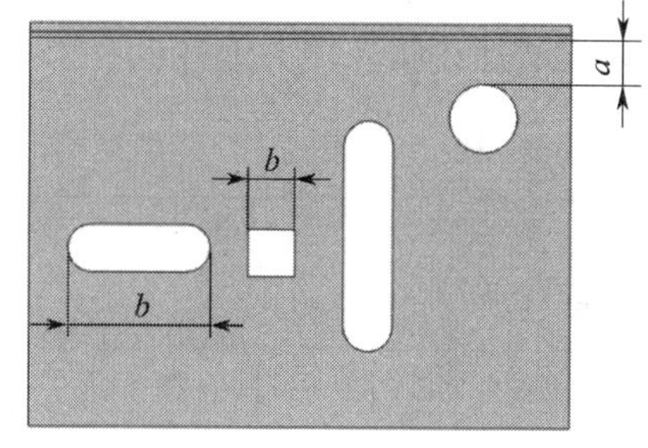

图 1—3—7　孔与弯曲处的最小距离

如果孔的位置精度要求较高或孔壁距离弯曲变形区较近时，应采取弯曲后冲制的方法。另外，为防止孔变形，在制品结构允许的情况下，还可以在弯曲变形区冲出工艺孔或缺口及槽等，以转移变形区，如图 1—3—8 所示。

（2）弯曲件的精度

弯曲件的精度与很多因素有关，如弯曲件材料的力学性能和材料厚度、弯曲冲模结构和弯曲模精度、工序的多少和工序的先后顺序、弯曲模的安装和调整情况以及弯曲件本身的形状和尺寸等。对于精度要求较高的弯曲件还必须严格控制材料的厚度公差。

弯曲件的公差等级可参见表 1—3—9 确定。

图 1—3—8　弯曲时孔变形的防止措施

表中代号 *A*、*B*、*C* 表示基本尺寸的部位，*A* 部位尺寸公差与模具公差有关，*B* 部位尺寸公差与模具公差、弯曲件材料厚度偏差有关，*C* 部位尺寸公差与模具公差、材料厚度偏差和展开误差等有关。

表 1—3—9　　弯曲件的公差等级

图例	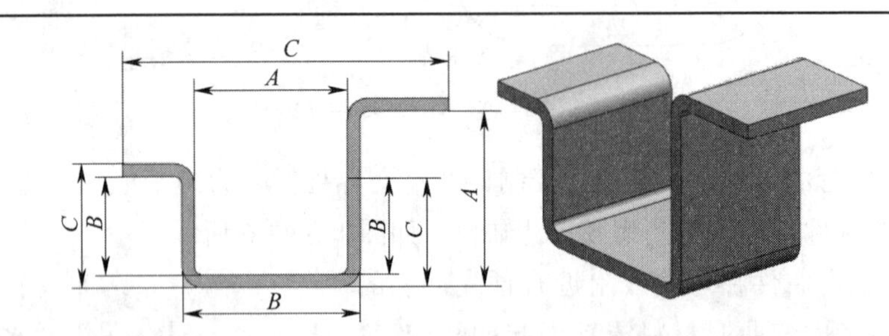					
材料厚度	*A*	*B*	*C*	*A*	*B*	*C*
（mm）	经济级			精密级		
≤1	IT13	IT15	IT16	IT11	IT13	
>1～4	IT14	IT16	IT17	IT12	IT14～IT13	

弯曲件角度公差值见表 1—3—10。需要注意的是，弯曲件的精密级角度公差必须在工艺上增加校正工序方能达到。

表 1—3—10　　弯曲件角度公差值

弯角短边尺寸（mm）	>1～6	>6～10	>10～25	>25～63	>63～160	>160～400
经济级	±（1°30′～3°）		±（50′～2°）		±（50′～1°）	±（15′～30′）
精密级	±1°		±30′		±20′	±10′

3. 拉深件、成形件的工艺性

（1）拉深件、成形件的结构工艺性

1）拉深件侧壁与底面或凸缘连接处的圆角半径 R_1、R_2（见图 1—3—9）应尽可能取大值，尤其是 R_2 的值，因为它们将是最后一副拉深模具的凸模及凹模圆角。这样做能达到减少拉深次数，或使制件容易成形的效果。

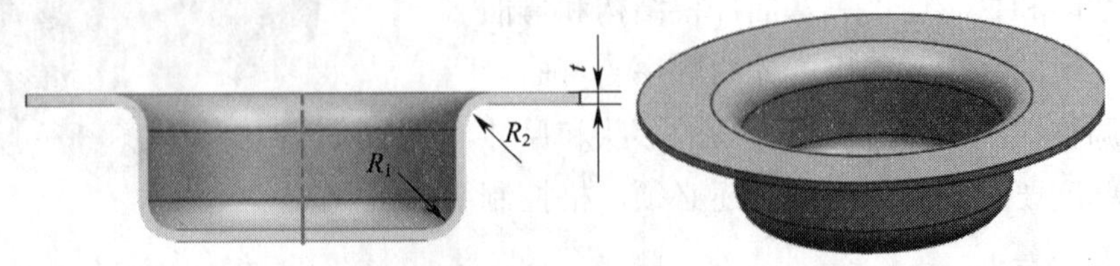

图 1—3—9　拉深件的圆角

一般情况下，应取 $R_1 \geqslant t$，最好 $R_1=(3\sim5)\ t$；$R_2 \geqslant 2t$，最好 $R_2=(5\sim10)\ t$。

2）矩形拉深件四周的圆角也应取大值，如图 1—3—10 所示，应取 $R_3 \geqslant 3t$，为了减少拉深次数，尽可能取 $R_3 \geqslant 1/5h$。

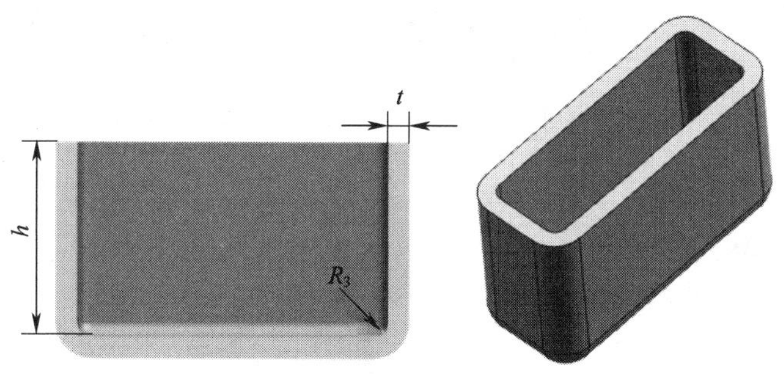

图 1—3—10　矩形拉深件的圆角

3）除非有特殊的结构需要，必须尽量避免异常复杂及非对称形状的拉深，对于半敞开的空心件，比较合理的做法是设计为成对拉深，然后剖切为所需的制件。

4）拉深件的凸缘宽度应尽可能保持一致。

5）在制件的平面部分，尤其是在距边缘较远处，局部凹坑的深度与凸起的高度不宜过大。

6）应尽量避免曲面空心制件的尖底形状，尤其是高度大时，其工艺性更差。

（2）拉深件、成形件的精度

拉深件和翻边件如图 1—3—11 所示，其基本尺寸 A、B、H 的相应公差等级可参照弯曲件的公差等级选取。

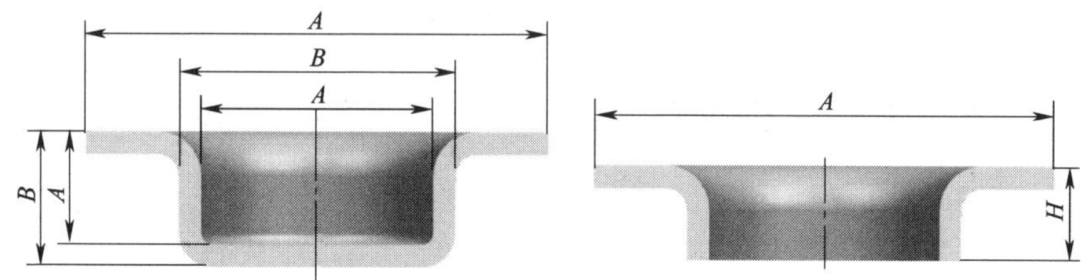

图 1—3—11　拉深件和翻边件

（3）拉深件、成形件的尺寸标注

1）拉深件不允许同时标注内、外形尺寸，底部圆角不允许标注外半径，其标注如图 1—3—12 所示。对于有配合要求的口部需标注配合部位的深度 h，其标注如图 1—3—13 所示。

2）阶梯拉深件高度尺寸的标注应以底部为基准，如图 1—3—14a 所示；反之，若以口部为基准，如图 1—3—14b 所示，工艺上不易保证高度尺寸。

3）翻边件一般只标注内形尺寸，如图 1—3—15 所示。

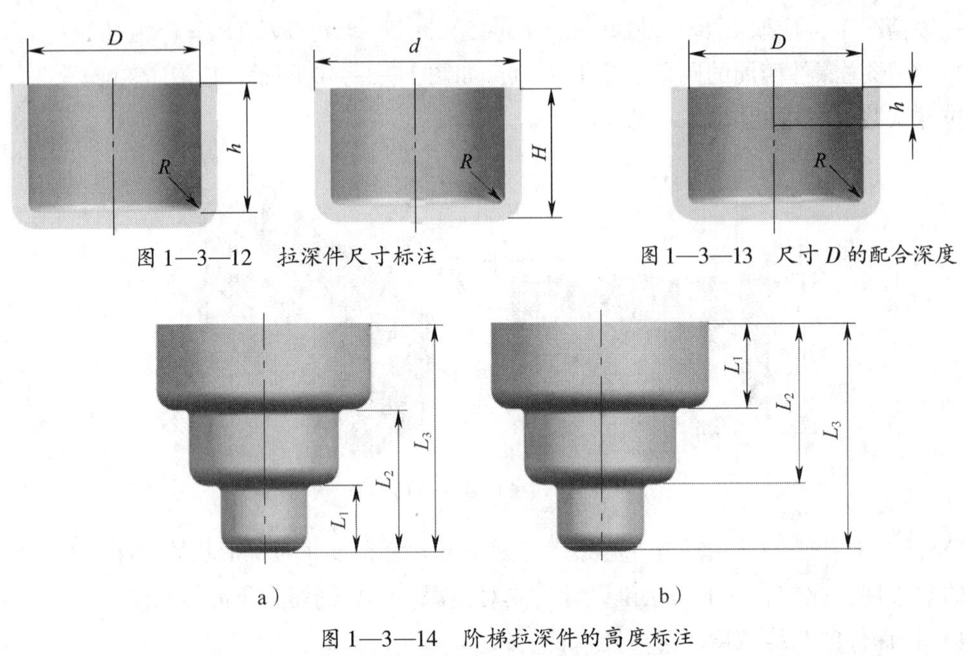

图 1—3—12　拉深件尺寸标注

图 1—3—13　尺寸 D 的配合深度

a）

b）

图 1—3—14　阶梯拉深件的高度标注

a）以底部为基准　b）以口部为基准

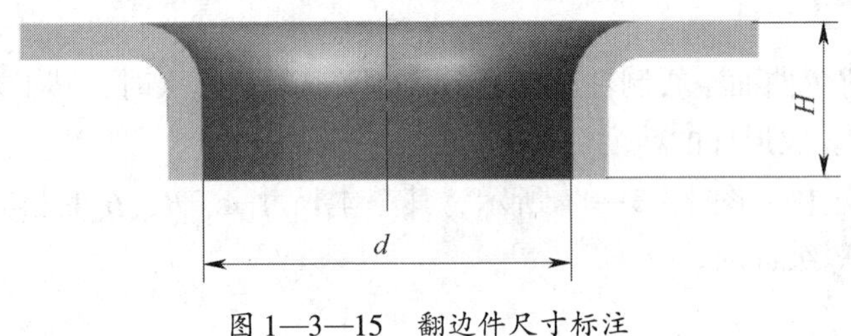

图 1—3—15　翻边件尺寸标注

二、冲压件成形工艺性分析

进行冲压件成形工艺性分析，旨在诊断冲压制品中的结构特征，看其是否符合冲压模具相关的工艺要求。

1. 止动件的成形工艺性分析

（1）基本信息

止动件如图 1—3—16 所示，材料为 Q235A 钢，厚度为 2 mm，大批量生产，拟冲裁成形。

（2）工艺分析

根据止动件形状、尺寸、厚度、材料和生产批量等信息，判断止动件的结构、形状、尺寸、精度等级等是否符合冲裁加工的工艺要求，具体过程如下：

1）冲裁件的形状和尺寸。对于所冲孔 ϕ18 mm，根据表 1—3—2，一般冲孔模可冲压的最小孔径 $d \geqslant 1.5t$，该冲裁件厚度 $t=2$ mm，因此完全符合工艺要求。

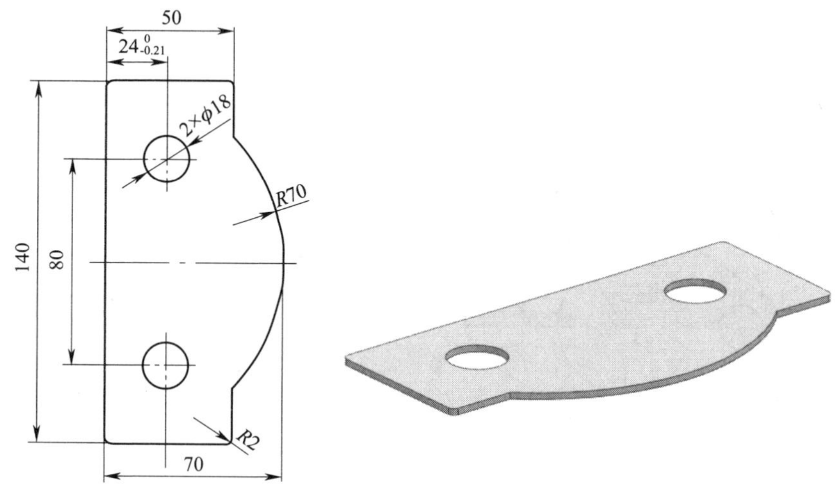

图 1—3—16　止动件

另外，一般情况下，冲裁件的外形不能有尖角，应采用 $R \geqslant 0.5t$ 的圆角过渡。该冲裁件 $t=2$ mm，圆角为 $R2$ mm，同样符合要求。

2）冲裁件的尺寸精度。该止动件图样上所有未注公差的尺寸可按 IT14 级确定它们的公差。孔边距尺寸 24 mm 的公差为 0.21 mm，属于 IT12 级精度。

查阅标准公差数值表可得各尺寸及其偏差如下：

止动件外形尺寸：$140_{-1.00}^{0}$ mm，$50_{-0.62}^{0}$ mm，$70_{-0.74}^{0}$ mm，$R70_{-0.74}^{0}$ mm，$R2_{-0.25}^{0}$ mm。

止动件内形尺寸：$\phi 18_{0}^{+0.43}$ mm。

孔中心离工件中心的距离：(40 ± 0.37) mm。

3）冲裁件的尺寸标注。分析制件的尺寸标注情况，符合要求。

结论：该止动件适合冲裁成形。

2. 垫圈的成形工艺性分析

（1）基本信息

垫圈如图 1—3—17 所示，材料为 Q235A 钢，厚度为 4 mm，大批量生产，拟冲裁成形。

（2）工艺分析

由垫圈图样可知，该制件形状简单、对称，轮廓由圆弧和直线段组成。冲裁件内、外形所能达到的经济精度等级为 IT14 级，将以上精度与垫圈图样中所标注的尺寸公差进行比较，可认为该制件的精度要求能够在冲裁加工中得到保证。其他尺寸标注、生产批量等情况也均符合冲裁的工艺要求。

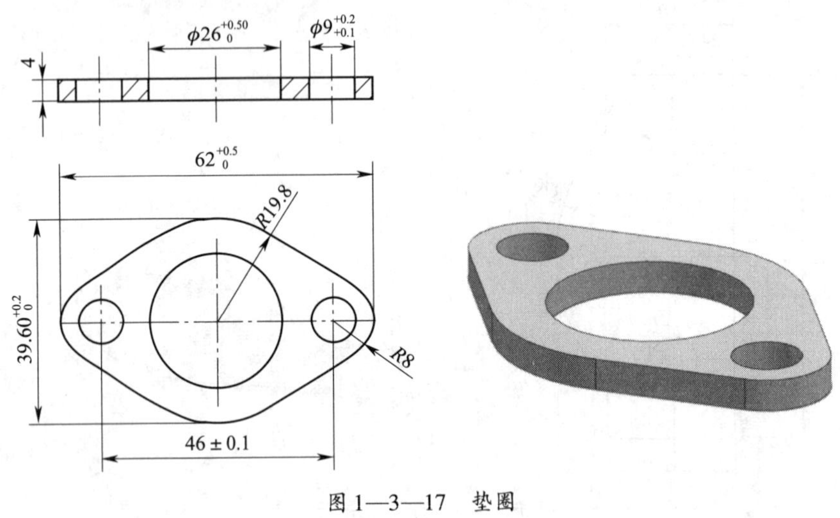

图 1—3—17　垫圈

第四节　冲压成形工艺规程编制

工艺规程是指导制件生产过程的技术文件，是生产准备的基础，也是生产过程的重要依据。好的工艺规程能指导人们以合理、经济的方式生产出所需制件。

冲压件的生产过程通常包括备料（原材料的准备）、各种冲压工序和必要的辅助工序。当然，有时还需要配合一些非冲压工序。在编制冲压工艺规程时，通常是根据冲压件的特点、生产批量、现有设备和生产能力等，拟定出几种可能的工艺方案。在对各种方案进行周密的综合分析与比较之后，再选定一种较为先进、经济、合理的工艺方案。

一、主要内容和步骤

冲压成形工艺规程编制的主要内容和步骤如图 1—4—1 所示。

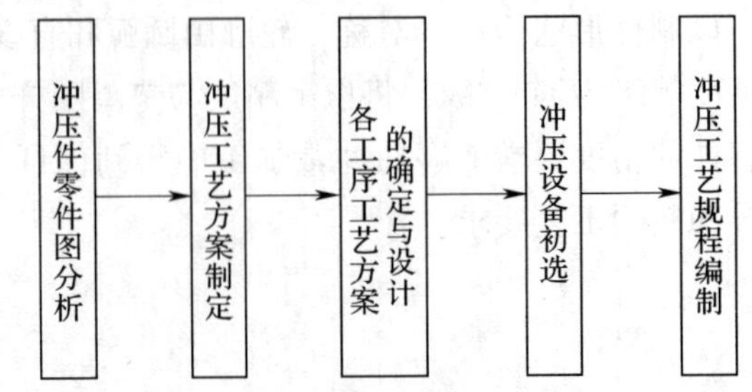

图 1—4—1　冲压成形工艺规程编制的主要内容和步骤

1. 冲压件零件图分析

冲压件零件图分析包括两方面内容：一是技术方面，二是经济方面。

（1）技术方面

就技术方面而言，就是进行工艺性分析。即根据冲压件零件图样，主要分析冲压件的形状特点、尺寸大小、精度要求和材料性能等是否符合冲压工艺的要求。

（2）经济方面

就经济方面而言，就是进行经济性分析。即根据冲压件的生产纲领，分析产品成本，阐明采用冲压生产可以取得的经济效益。

综上所述，冲压件零件图分析的主要任务是判别在保证制件功能的前提下，能否以最简单、最经济的方法将其冲制出来。对于造成冲压加工困难或不宜冲压的因素，做出适合冲压工艺的修改。

2. 冲压工艺方案制定

所谓冲压工艺方案的制定，就是在工艺分析的基础上，根据冲压要求制定几种不同的冲压工艺方案，并从产品质量、生产效率、设备专用情况、模具制造难易程度等多方面进行综合分析、比较，确定出适合于企业具体生产条件的最经济、合理的工艺方案。

确定冲压件的工艺方案时，需要考虑的主要问题包括工序性质、工序数量、工序顺序、工序组合方式以及其他辅助工序的安排。

（1）工序性质的确定

冲压工序性质是指加工成形该冲压件所需的冲压工序种类，如分离工序中的冲孔、落料、切边等，变形工序中的弯曲、拉深等。工序性质的确定主要取决于冲压件的结构、形状、尺寸精度、各工序的变形性质、应用范围，同时还需考虑具体的生产条件。

在一般情况下，可以从产品图样上直观地反映或确定出所需冲压工序的性质。例如，平板状制件的冲压加工通常采用冲孔、落料等冲裁工序；弯曲件的冲压加工常采用落料和弯曲工序；拉深件的冲压加工常采用落料、拉深、切边等工序。另外，各类空心件多采用一次或多次拉深工序；深度较大的翻边件可采用拉深、冲孔、翻边相结合的复合工序；对于底部厚度大于壁厚的空心件，可以采用变薄拉深等工序。

需要注意的是，某些冲压件的工序性质需要经过分析、计算并比较后才能确定。例如，图1—4—2所示为油封内、外夹圈及其冲压工艺过程，两冲压件材料均为08钢，厚度为0.8 mm，且形状类似，只是高度不同，分别为8.5 mm和13.5 mm。经计算分析，油封内夹圈的翻边系数为0.83，可以采用落料、冲孔复合和翻边两道冲压工序完成。若油封外夹圈也采用同样的冲压工序，则因翻边高度较大，翻边系数将超出圆孔翻边系数的允许值，一次翻边成形难以保证制件质量。因此，考虑改用落料、拉深、冲孔和翻边四道工序，利用拉深工序弥补一部分翻边高度的不足。

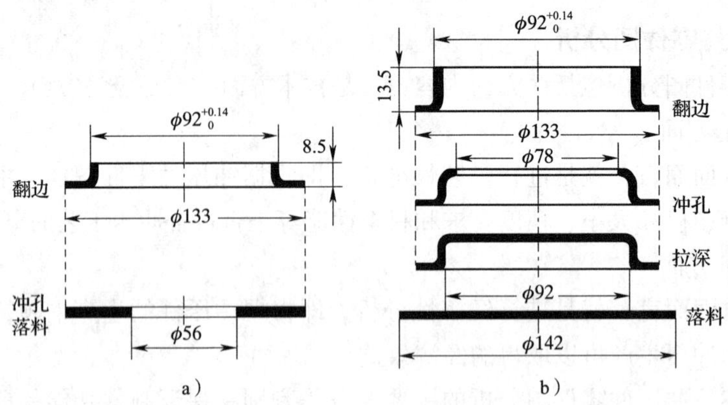

图 1—4—2　油封内、外夹圈及其冲压工艺过程

a）油封内夹圈　b）油封外夹圈

又如，图 1—4—3 所示为两个形状相似的制件，图 1—4—3a 所示制件的冲压工艺过程为落料、拉深、冲孔；而图 1—4—3b 所示制件如果也采用同样的工艺过程，则经计算拉深前的坯料直径应为 76 mm，其拉深系数为 33/76≈0. 43，小于极限拉深系数，同时，制件根部的圆角半径较小（2 mm），形成了对拉深变形很不利的条件，所以在这个冲压工艺方案中若用一道拉深工序成形，制件可能出现破裂现象。为此，实际生产中采用图 1—4—3b 所示的工艺过程，即经过落料和冲孔复合、拉深、切边冲孔、冲六个孔四道工序冲压成形。预先冲出 ϕ10. 8 mm 的工艺孔，其作用是使拉深时的变形区发生转移，即促使坯料内部（ϕ33 mm 的部分）金属向外扩展，减少外部（大于 ϕ33 mm 的部分）金属向内收缩，从而一次拉深即可满足直径为 ϕ33 mm、高度为 9 mm 的尺寸要求。

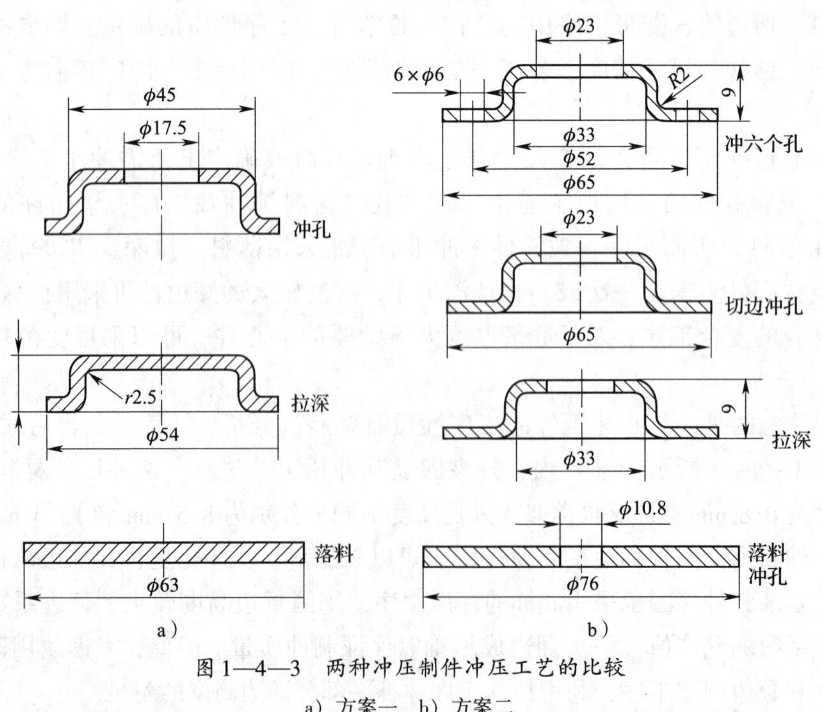

图 1—4—3　两种冲压制件冲压工艺的比较

a）方案一　b）方案二

（2）工序数量的确定

工序数量是指冲压件加工的整个过程中所需工序数（包括辅助工序）的总和。工序数量的确定主要取决于制件几何形状的复杂程度、尺寸精度要求和材料的力学性能。当然，还应考虑制件生产批量、制造模具能力、冲压设备条件以及冲压工艺的稳定性等。在保证冲压件质量的前提下，提高经济效益和生产效率，工序数量应尽可能少些。工序数量的确定原则如下：

1）冲裁形状简单的制件时，一般只用单工序（模具）来完成；冲裁形状复杂的制件时，由于受到模具结构或强度的限制，其内、外轮廓应分成几个部分，采用多道冲压工序来完成，其工序数量可由孔与孔之间的距离、孔的位置、孔的数量多少来决定；对于平面度要求较高的制件，可在冲裁工序后再增加一道校平工序。

2）弯曲件的工序数量主要取决于其结构、形状的复杂程度。可根据弯曲角的多少、弯曲角的相对位置和弯曲方向而定。当弯曲件的弯曲半径小于允许值时，则在弯曲后增加一道整形工序。

3）拉深件的工序数量与材料性质、拉深阶梯数目、拉深高度和直径的比值、材料厚度等有关，对于盒形件，还与角部的圆角半径有关。一般要经过拉深工艺计算（如拉深系数计算）才能确定。当拉深件的圆角半径较小或尺寸精度要求较高时，则需在拉深后增加一道整形工序。

4）当制件的断面质量和尺寸精度要求较高时，可以考虑在冲裁工序后再增加修整工序，或者直接采用精密冲裁工序。

5）工序数量的确定还应符合企业现有制模能力和冲压设备的状况。制模能力应保证模具加工质量、装配精度相应提高的要求，否则只能增加工序数量。

6）为了提高冲压工艺的稳定性，有时需要增加工序数量，以保证冲压件的质量。例如，弯曲件的附加定位工艺孔的冲制，转移变形区的减轻应力孔的冲裁等。

（3）工序顺序的安排

当冲压件需要经过数道工序冲压成形时，其总体形状是通过各个工序逐步形成的，工序顺序就是冲压加工中各道工序进行的先后次序。工序顺序的安排需根据制件的形状特征、尺寸精度要求、工序的性质和材料变形的规律来进行，一般应遵循相应的原则，具体内容如下：

1）对于带孔或有缺口的冲压件，选用单工序模时，通常先落料再冲孔或缺口；选用级进模时，则落料安排在最后一道工序进行。

2）如果制件上存在位置靠近、大小不一的两个孔，则应先冲大孔后冲小孔，以免冲裁大孔时材料的变形引起小孔的变形。

3）对于带孔的弯曲件，在一般情况下可以先冲孔后弯曲，以简化模具结构。当孔位于弯曲变形区或接近变形区，以及孔与基准面有较高要求时，则应先弯曲后冲孔。

4）对于带孔的拉深件，一般先拉深后冲孔。当孔的位置在制件底部，且孔的尺寸精度要求不高时，可以先冲孔再拉深。

5）多角弯曲件应根据材料变形的影响和弯曲时材料的偏移趋势安排弯曲顺序，一般应先弯外角后弯内角。

6）对于复杂的旋转体拉深件，一般先拉深大尺寸的外形，后拉深小尺寸的内形。对于复杂的非旋转体拉深件，则应先拉深小尺寸的内形，后拉深大尺寸的外形。

7）整形工序、校平工序和切边工序应安排在基本成形工序以后。

如图 1—4—4 所示为调温器外壳的冲压工艺过程。其特点分析如下：在第一道拉深工序成形的直径为 60 mm 的筒壁和锥形部分是制件的最终形状和尺寸，后续工序被该部分划分为内、外两部分。冲孔和翻边均在内部进行，成形时，ϕ20. 5 ~ 34 mm 的环形部分为弱区，变形产生于此；锥形部分及其相连接的直径为 34 mm 的圆环部分为强区，不产生变形。R5 mm 整形到 R0. 5 mm 是在已成形部分的外部进行，此时 ϕ68 mm 凸缘是弱区，会产生少量直径收缩变形；而 ϕ60 mm 的圆筒形是强区，不产生变形。在这个工艺过程中，冲孔工序安排在拉深工序以后，说明工序顺序安排应注意的一个重要问题是冲孔对变形区的转移作用。拉深时，传力区应为强区，如果先冲孔，而且孔较大，势必造成变形区转移到应为强区的内部（即成为翻边变形），或内、外都是变形区，这样就使变形达不到预期的效果。

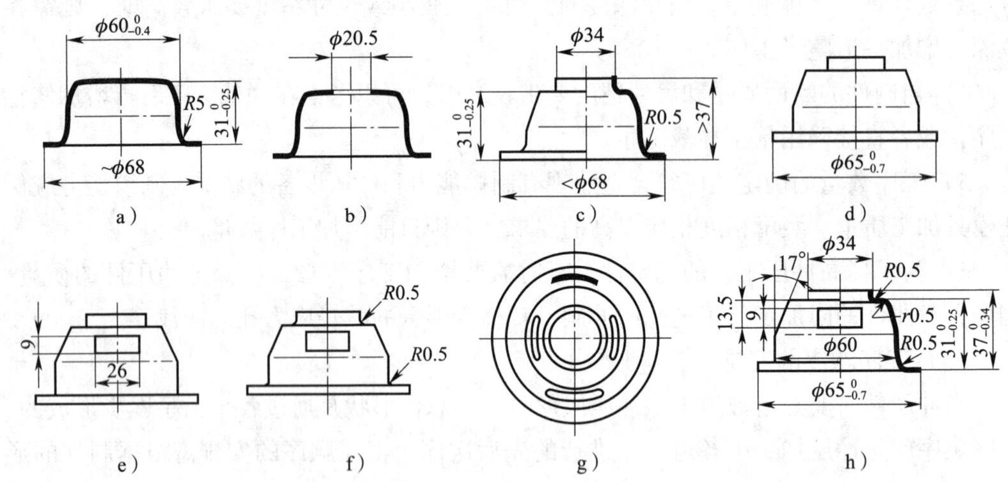

图 1—4—4　调温器外壳的冲压工艺过程

a）拉深　b）冲孔　c）翻边与整形　d）切边　e）冲侧孔

f）整形　g）冲顶部两孔　h）制件图

（4）工序组合方式的安排

一个冲压件往往需要经过多道冲压工序才能成形。因此，编制工艺方案时必须考虑是采用单工序模分散冲压，还是将工序组合起来，选用复合模或级进模冲压。一般来说，这主要取决于冲压件的生产批量、尺寸大小和精度等因素。生产批量大，冲压工序应尽可能地组合在一起，采用复合模或级进模冲压；生产批量小，常采用单工序模冲压。但对于尺寸过小的冲压件，考虑到单工序模供料不方便和生产效率低，也常采用复合模或级进模冲压。当选用的几副单工序模制造费用比复合模还高，而生产批量又不大时，也可以考虑将工序组合起来，选用复合模冲压。对于有精度要求的制件，为了避免多次冲压的定位误差，也应采用复合模冲压。

总之，工序组合方式可以采用复合模或级进模。通常，复合模的冲压精度比级进模高，但是级进模的生产效率较高，操作比较安全，安装自动送料装置后，广泛用于冲裁和塑性成形工序组合的中、小件的自动冲压。选用级进模冲压还应注意有关事项，具体内容如下：

1）安排工序时，先冲孔、切口或弯曲等，最后才落料或切断，将制件与条料分离。先冲出的孔可起到为后续工序定位的作用。在定位要求较高时，则要冲出专供定位用的工艺孔（一般两个，其示例见图 1—4—5）。

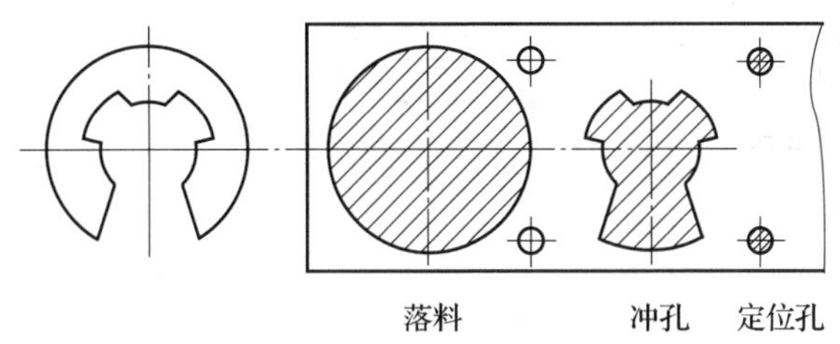

图 1—4—5　级进模冲裁工艺孔定位

2）采用定距侧刃时，定距侧刃切边工序安排与首次冲孔同时进行，以便控制送料进距。采用两个定距侧刃时，可以安排一前一后，也可并列。

另外，当多工序制件采用单工序冲裁时，安排顺序时应注意：先落料，使毛坯与条料分离，再冲孔或冲缺口，后续各冲裁工序的定位基准要一致，以免造成定位误差；冲裁大小不同、相距较近的孔时，为了减小孔的变形，应先冲大孔后冲小孔。

3. 各工序工艺方案的确定与设计

在工序性质、工序数量、工序顺序和工序组合方式确定的基础上，通过综合分析、比较，便可得出冲压件的最佳冲压工艺方案。依据此方案，即可确定并设计各道冲压工序的工艺方案。

（1）各工序工艺方案的内容

确定及设计各工序工艺方案涉及的主要内容包括：确定各工序的主要工艺参数，进行各工序必要的成形工艺计算，确定各工序的成形力，计算并确定各工序间半成品的形状和尺寸，绘制各工序图，并根据采用的模具种类（如单工序模、复合模、级进模或级进复合模等）确定模具的具体结构形式，绘制出模具工作部分的工作原理图，估算出模具的制造费用等。

（2）冲压工序间半成品形状与尺寸的确定

正确确定冲压工序间半成品的形状与尺寸，可以提高冲压件的质量和精度。确定半成品的形状与尺寸时应注意以下几点：

1）对某些工序的半成品尺寸，应根据该道工序的极限变形参数计算求得。如多次拉深时各道工序的半成品直径、拉深件底部翻边前预冲孔的直径等，都应根据各自的极限拉深系数或极限翻边系数计算确定。如图 1—4—6 所示为气阀罩盖的冲压过程。该冲压件需六道工序完成，第一道工序为落料、拉深，该道工序拉深后，半成品的直径 22 mm 是根据极限拉深系数计算出来的结果。

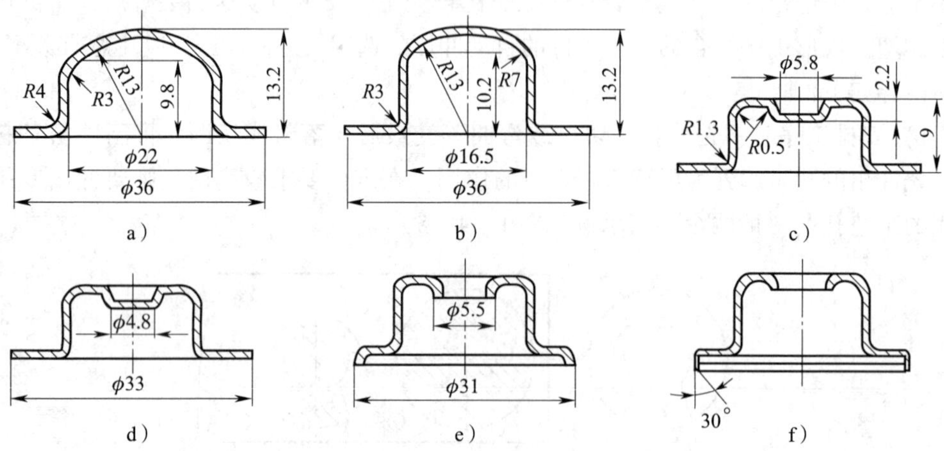

图 1—4—6　气阀罩盖的冲压过程

a）落料、拉深　b）再次拉深　c）成形　d）冲孔修边　e）外缘翻边、翻内孔　f）折边

2）确定半成品尺寸时，应保证已成形的部分在以后各道工序中不再产生任何变动，而待成形部分必须留有恰当的材料余量，以保证以后各道工序中形成制件相应部分的需要。例如，图 1—4—6 中，第二道工序为再次拉深，拉深直径为 16. 5 mm，该成形部分的形状、尺寸与制件相应部分相同，所以在以后各道工序中必须保持不变。假如第二道工序中拉深底部为平底，而第三道工序中成形凹坑的直径为 5. 8 mm，则拉深系数（$m=5.8/16.5\approx0.35$）过小，而周边材料不能对成形部分进行补充，将导致第二道工序无法正常成形。因此，只有按面积相等的计算原则储存必需的待成形材料，把半成品工件的底部拉深成球形，才能保证第三道工序凹坑成形的顺利进行。

3）半成品的过渡形状应具有较强的抗失稳能力。如图 1—4—7 所示为第一道工序拉深后的半成品形状，其底部不是一般的平底形状，而做成外凸的曲面，在第二道工序反拉深时，当半成品的曲面和凸模曲面逐渐贴合时，半成品底部所形成的曲面形状具有较强的抗失稳能力，从而有利于第二道拉深工序的进行。

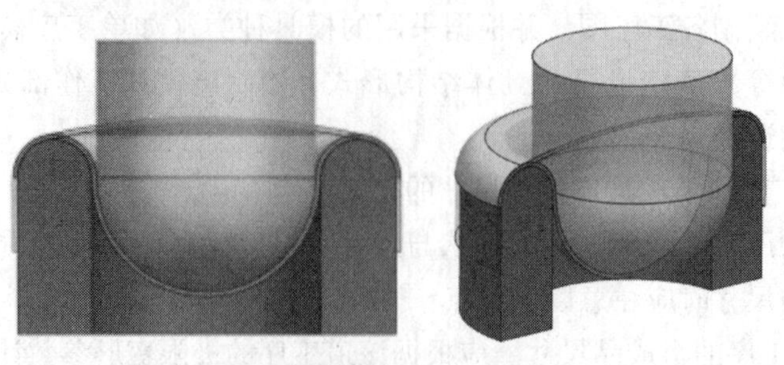

图 1—4—7　第一道工序拉深后的半成品形状

4）确定半成品的过渡形状与尺寸时，应考虑其对制件质量的影响，例如，多次拉深工序中凸模的圆角半径，或宽凸缘边制件多次拉深时的凸模与凹模圆角半径都不宜过小；否则，会在成形后的制件表面留下圆角部位弯曲变薄的痕迹，使制件的表面质量下降。

4. 冲压设备初选

冲压设备的初选包括两个方面：一是依据所要完成的冲压性质、生产批量、冲压件的尺寸和精度要求等选择冲压设备的类型；二是依据冲压件尺寸、变形力大小和模具尺寸等选择冲压设备的技术参数。

5. 冲压工艺规程编制

冲压工艺规程一般以工艺过程卡的形式表示，它能综合表述冲压工艺过程的具体内容，是重要的工艺文件。通过它可以清楚地了解冲压件的加工工艺路线和实施其工艺路线所需的工序数量、工序顺序、相应的工艺装备与设备类型以及其他辅助工序等。因此，工艺过程卡不仅是模具设计的重要依据，而且也起着生产的组织管理和调度、各工序间的协调以及工时定额的核算等作用。

在冲压生产中，工艺过程卡尚无统一的格式，各单位可根据简单又有利于生产管理的原则制定。一般冲压工艺过程卡的主要内容应包括工序序号、工序名称、工序图、所用模具、所选设备、工序检验要求、板料规格和性能、毛坯形状和尺寸等。

二、工艺规程编制

如图1—4—8所示为某托架制件，材料为08钢，年产量5万件。制件要求：无严重划伤，无冲压毛刺，不允许孔变形。其冲压加工工艺规程编制的主要内容如下：

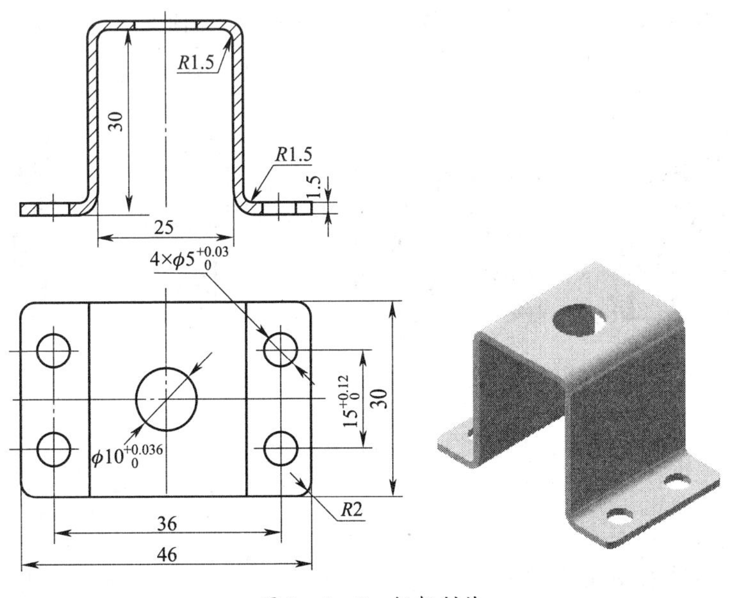

图1—4—8 托架制件

1. 工艺性分析

托架 $\phi10^{+0.036}_{0}$ mm 孔内装有心轴，并通过四个 $\phi5^{+0.03}_{0}$ mm 的孔与机身连接。五个孔的公差均为 IT9 级，孔不允许变形，表面不允许有严重划伤。该制件选用 08 冷轧钢板，弯曲半径大于最小弯曲半径，各孔均可冲出。因此，适合采用冲压加工成形。

2. 工艺方案及模具结构形式的确定

从制件结构和形状可知，冲压加工所需基本工序为冲孔、落料和弯曲。其中，弯曲成形的方案有三种，如图 1—4—9 所示。因此，可能采用的工艺方案有以下六种：

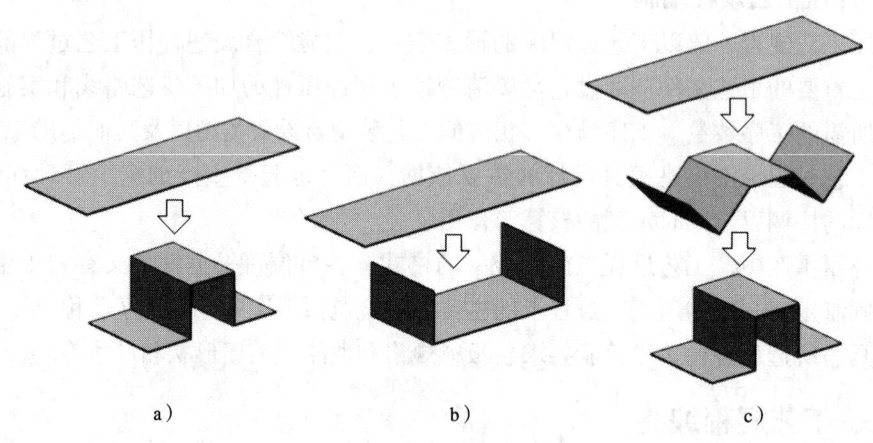

图 1—4—9 托架制件弯曲工艺方案

a）方案一 b）方案二 c）方案三

（1）方案一

方案一采用冲孔 $\phi10^{+0.036}_{0}$ mm 和落料→弯外角与顶角 45°→弯内角→冲孔 $4\times\phi5^{+0.03}_{0}$ mm 的工序顺序，其模具结构形式如图 1—4—10 所示。

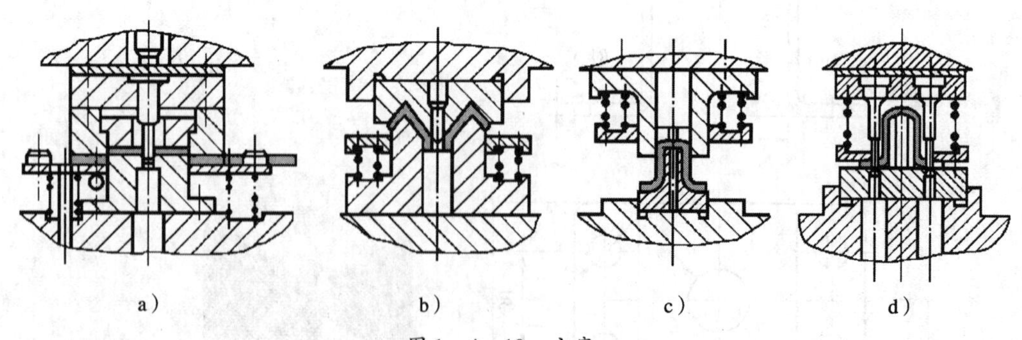

图 1—4—10 方案一

a）冲孔和落料 b）弯外角与顶角 c）弯内角 d）冲孔

（2）方案二

方案二采用冲孔 $\phi10^{+0.036}_{0}$ mm 和落料（同方案一）→弯外角→弯内角→冲孔 $4\times\phi5^{+0.03}_{0}$ mm（同方案一）的工序顺序，其模具结构形式如图 1—4—11 所示。

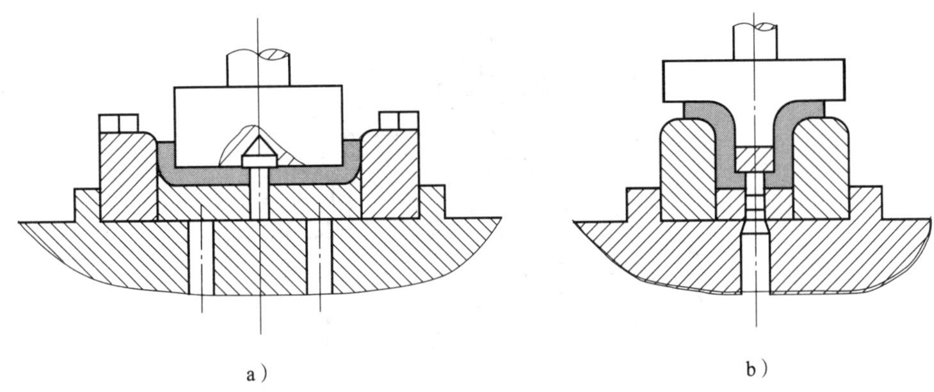

图 1—4—11　方案二

a）弯外角　b）弯内角

（3）方案三

方案三采用冲孔 $\phi10^{+0.036}_{0}$ mm 和落料（同方案一）→弯四角→冲孔 $4\times\phi5^{+0.03}_{0}$ mm（同方案一）的工序顺序，其模具结构形式如图 1—4—12 所示。

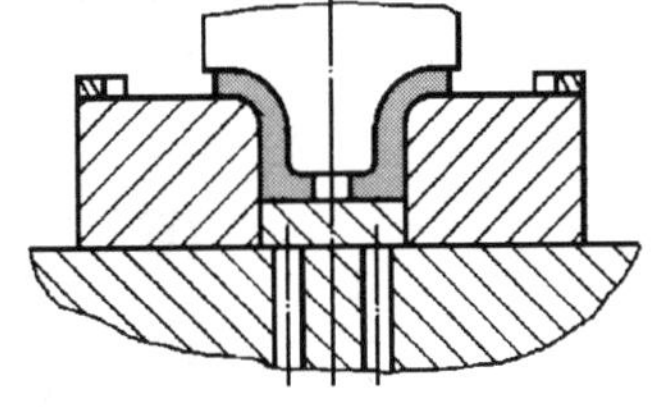

图 1—4—12　方案三（弯四角）

（4）方案四

方案四采用冲孔、切断、弯外角→弯内角（同方案二，见图 1—4—11b）→冲孔 $4\times\phi5^{+0.03}_{0}$ mm（同方案一）的工序顺序，其模具结构形式如图 1—4—13 所示。

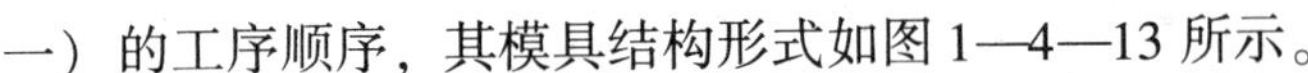

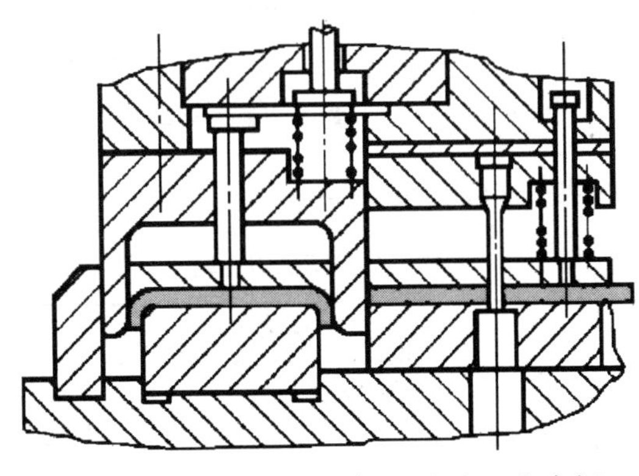

图 1—4—13　方案四（冲孔、切断、弯外角）

（5）方案五

方案五采用冲孔、切断、弯四角→冲孔 $4\times\phi5^{+0.03}_{0}$ mm（同方案一）的工序顺序，其模具结构形式如图 1—4—14 所示。

（6）方案六

方案六将全部工序合并，采用带料级进冲压成形，其带料排样图如图 1—4—15 所示。

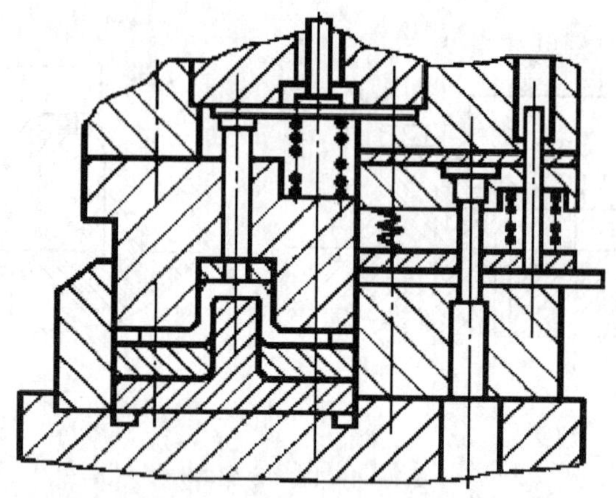

图 1—4—14　方案五（冲孔、切断、弯四角）

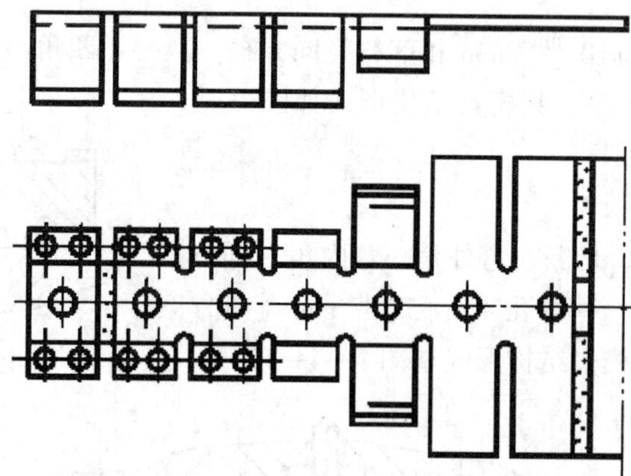

图 1—4—15　方案六（带料排样图）

上述六种工艺方案的优劣比较见表 1—4—1。

表 1—4—1　　六种工艺方案优劣比较

方案号	优劣比较
一	模具结构简单，使用寿命长，制造周期短，投产快，制件的回弹容易控制，尺寸和形状准确，表面质量高。除工序一外，各工序定位基准一致且与设计基准重合；操作方便。缺点是工序分散，需要模具、压力机和操作人员较多，劳动量较大
二	模具具有方案一的优点，但制件回弹不易控制，故尺寸和形状不准确，同时还具有方案一的缺点
三	工序比较集中，占用设备和人员少，但模具使用寿命较短，制件表面有刮伤，厚度会变薄，回弹不能控制，尺寸和形状不够准确
四	与方案三没有本质上的区别

续表

方案号	优劣比较
五	本质上也与方案三相同，只是采用了结构比较复杂的级进复合模而已
六	采用了工序高度集中的级进冲压成形方式，生产效率高，适用于大量生产。缺点是模具结构复杂，安装、调试、维修比较困难，制造周期长

综合上述分析，考虑到制件精度要求较高，批量不大，故实际生产中选择了第一种方案。

3. 冲压工艺过程卡的填写

考虑到各企业所使用的冲压工艺过程卡的格式不尽相同，表1—4—2所列为某企业所使用的冲压工艺过程卡，以供参考。

表1—4—2 冲压工艺过程卡 mm

<table>
<tr><td rowspan="2">标记</td><td>产品名称</td><td></td><td rowspan="2">冲压工艺过程卡</td><td>制件名称</td><td>托架</td><td>年产量</td><td>第页</td></tr>
<tr><td>产品图号</td><td></td><td>制件图号</td><td></td><td>5万件</td><td>共页</td></tr>
<tr><td colspan="2">材料型号及技术条件</td><td>08钢</td><td>毛坯形状及尺寸</td><td colspan="2">选用板料
1 800×900×1.5</td><td colspan="2">纵裁成
1 800×108×1.5</td></tr>
<tr><td>工序号</td><td>工序名称</td><td colspan="2">工序草图</td><td>工艺装备名称及图号</td><td>设备</td><td>检验要求</td><td>备注</td></tr>
<tr><td>0</td><td>下料</td><td colspan="2">1 800×108×1.5</td><td></td><td>剪床</td><td></td><td></td></tr>
<tr><td>1</td><td>冲孔落料</td><td colspan="2">2
108
1.5
31.5
t=1.5
104
30
$\phi 10^{+0.036}_{0}$</td><td>冲孔落料复合模</td><td>J23—25</td><td>按草图</td><td></td></tr>
</table>

续表

工序号	工序名称	工序草图	工艺装备名称及图号	设备	检验要求	备注
2	首次弯曲（带预弯）	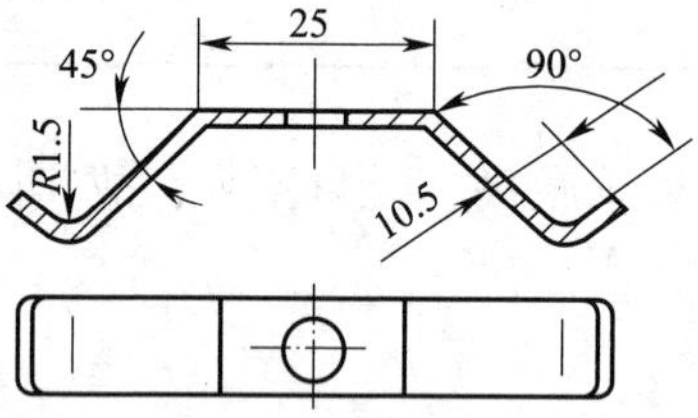	弯曲模	JH23—16	按草图	
3	二次弯曲	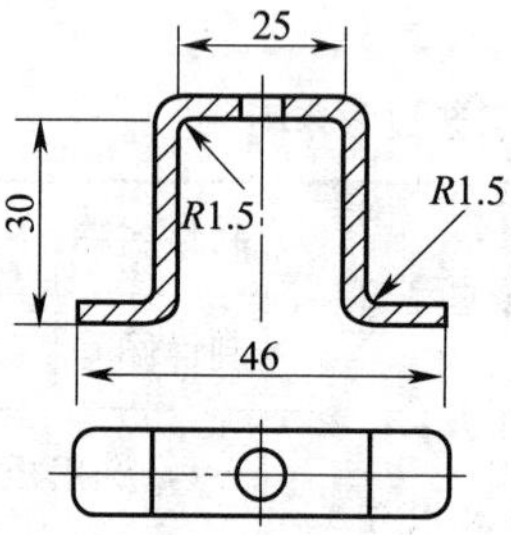	弯曲模	JH23—16	按草图	
4	冲孔 4×ϕ5	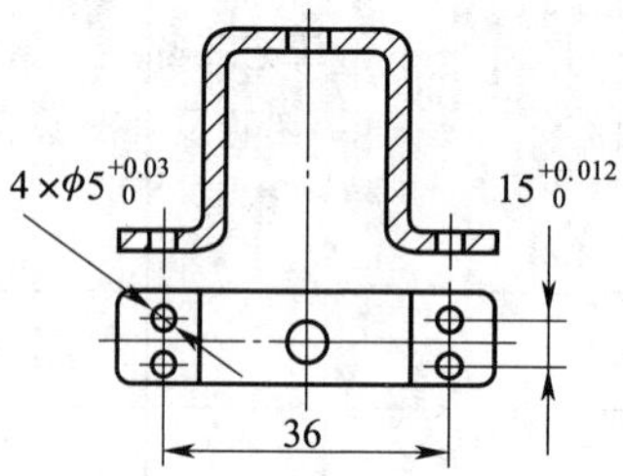	冲孔模	JH23—16	按草图	
5	去毛刺			滚筒		
6	检验				按冲压件图	

原底图总号		日期		更改标记		编制		校对	核对
				文件号		姓名			
底图总号		签字		签名		签字			
				日期		日期			

冲裁模设计

冲裁是指利用冲裁模在冲床上使板料沿一定的封闭曲线进行分离的工序。作为冲压生产中的主要工序之一，冲裁除直接冲制落料件和冲孔件外，还可为弯曲、拉深、成形等工序冲制毛坯。有效的冲裁加工离不开正确的冲裁工艺安排和结构合理的冲裁模具设计。

第一节　冲 裁 工 艺

根据材料分离形式的不同，冲裁可分为两大类：一是以破坏形式实现分离的普通冲裁，简称冲裁；二是以变形形式实现分离的精密冲裁。一般来说，汽车、农业机械上的冲压件多属普通冲裁制件。

一、冲裁过程及冲裁件断面

1. 冲裁过程

普通冲裁时，在凸模、凹模作用下，板料在很短的时间内大致经过弹性变形、塑性变形和剪裂三个阶段实现分离，见表 2—1—1。

表 2—1—1　　冲裁过程的三个阶段

阶段	图例	说明
弹性变形	凸模 板料 凹模	凸模开始接触板料并下压，板料发生弹性压缩和弯曲，并略微挤入凹模孔内，这时材料内的应力没有超过屈服强度，若凸模卸载，材料将恢复原状，故称为弹性变形阶段

续表

阶段	图例	说明
塑性变形		凸模继续加压时，部分板料被挤入凹模孔内，板材产生塑性剪切变形，形成光亮的剪断面。由于凸模、凹模间存在间隙，故在剪切变形的同时，板材还受到弯曲和拉伸。这一阶段的突出特点是板材只发生塑性流动，而不产生任何裂纹，凸模逐渐切入板材，并将其下的板材挤入凹模孔内
剪裂分离	出现裂纹 裂纹贯通 板料分离	在凸模、凹模刃口附近首先出现微裂纹，继而出现可见裂纹，且裂纹向板材内部迅速扩展，并最终使冲裁件分离

2. 冲裁件断面

从变形角度看，冲裁过程相当复杂，除了剪切变形外，还存在拉伸、弯曲、挤压等。正因为如此，冲裁件的断面可明显地分为塌角、光亮带、断裂带和毛刺四部分，其断面及图例如图 2—1—1 所示。

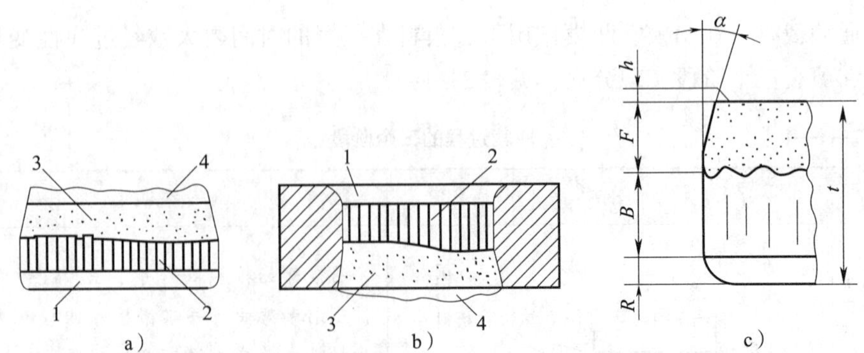

图 2—1—1　冲裁件的断面及图例

a）冲落部分　b）带孔部分　c）图例

1—塌角　2—光亮带　3—断裂带　4—毛刺

t—板料厚度　R—塌角高度　B—光亮带高度　F—断裂带高度　α—断裂角　h—毛刺高度

（1）塌角

塌角俗称圆角带，是在制件冲裁截面边缘产生的微圆角。由冲裁时模具刃口附近的材料受弯曲、拉伸作用而形成。冲孔工序中，塌角位于孔断面的小端；落料工序中，塌角位于工件断面的大端。

（2）光亮带

光亮带紧挨着塌角，是制件冲裁截面的光亮部分，也是质量最好的区域。它是由于凸模切入板料，板料被挤入凹模而产生塑性剪切变形所形成的。光亮带高度占整个断面的1/3～1/2，光亮带垂直于底面。

（3）断裂带

断裂带紧挨着光亮带，是由于冲裁时所产生的裂纹扩张所形成的。断裂带表面粗糙，并带有一定的断裂角。在冲孔工序中，断裂带位于断面的大端；在落料工序中，断裂带位于工件断面的小端。

（4）毛刺

毛刺紧挨着断裂带的边缘，是在制件冲裁截面边缘产生的竖立尖状凸起物，其产生是由于裂纹的产生不是正对着凸模和凹模的刃口，而是在靠近刃口的侧面。只要有凸模、凹模间隙存在，毛刺便不可避免。

需要说明的是，若不计弹性变形的影响，带孔部分光亮带柱体部分尺寸近似等于凸模尺寸；冲落部分光亮带柱体部分尺寸近似等于凹模尺寸。这也是计算冲裁模工作零件刃口尺寸的依据。

二、冲裁间隙的选择

冲裁间隙是指冲裁模具中凹模与凸模刃口侧壁之间的距离，如图2—1—2所示。根据国家标准《冲裁间隙》（GB/T 16743—2010）规定，冲裁间隙为单边间隙，用符号 C 表示。

冲裁间隙的大小对冲裁件质量、模具使用寿命、冲裁力影响很大，是冲裁工艺与冲裁模具设计中极其重要的工艺参数。当冲裁间隙过小时，虽然毛刺很浅，光亮带面积较大，断面质量较高，但将增大冲裁力及退料力，加快模具的磨损，缩短模具使用寿命；而冲裁间隙过大时，会产生很深的毛刺，断面锥度大、粗糙，严重时还会使冲裁件产生弯曲变形。

1. 冲裁间隙的分类

冲裁金属板料时，按冲裁件尺寸精度、剪切面质量、模具使用寿命和力能消耗等主要因素，将冲裁间隙分成五类：Ⅰ类（小间隙）、Ⅱ类（较小间隙）、Ⅲ类（中等间隙）、Ⅳ类（较大间隙）和Ⅴ类（大间隙）。相关内容及说明见表2—1—2。

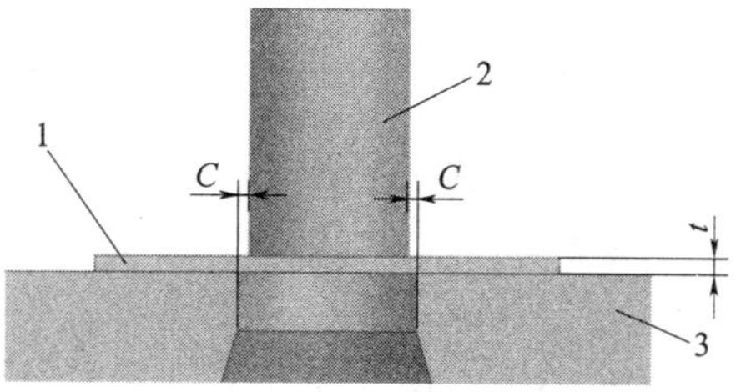

图2—1—2 冲裁间隙

1—板料 2—凸模 3—凹模

表 2—1—2　　　　　　　　金属板料冲裁间隙分类

项目名称		类别和间隙值				
		Ⅰ类	Ⅱ类	Ⅲ类	Ⅳ类	Ⅴ类
剪切面特征		毛刺细长，断裂角很小，光亮带很大，塌角很小	毛刺中等，断裂角小，光亮带大，塌角小	毛刺一般，断裂角中等，光亮带中等，塌角中等	毛刺较大，断裂角大，光亮带小，塌角大	毛刺大，断裂角大，光亮带最小，塌角大
塌角高度 R		（2% ~ 5%）t	（4% ~ 7%）t	（6% ~ 8%）t	（8% ~ 10%）t	（10% ~ 20%）t
光亮带高度 B		（50% ~ 70%）t	（35% ~ 55%）t	（25% ~ 40%）t	（15% ~ 25%）t	（10% ~ 20%）t
断裂带高度 F		（25% ~ 45%）t	（35% ~ 50%）t	（50% ~ 60%）t	（60% ~ 75%）t	（70% ~ 80%）t
毛刺高度 h		细长	中等	一般	较高	高
断裂角 α		—	4° ~ 7°	7° ~ 8°	8° ~ 11°	14° ~ 16°
平面度 f		好	较好	一般	较差	差
尺寸精度	落料件	非常接近凹模尺寸	接近凹模尺寸	稍小于凹模尺寸	小于凹模尺寸	小于凹模尺寸
	冲孔件	非常接近凸模尺寸	接近凸模尺寸	稍大于凸模尺寸	大于凸模尺寸	大于凸模尺寸
冲裁力		大	较大	一般	较小	小
卸料力、推料力		大	较大	一般	较小	小
冲裁功		大	较大	一般	较小	小
模具使用寿命		短	较短	较长	长	最长

2. 冲裁间隙的档次

实践证明，冲裁间隙在一个适当范围内可得到合格的冲裁件，并使冲裁力降低，延长模具使用寿命。这一间隙范围称为冲模的合理间隙。合理间隙的取值与许多因素有关，其中最主要的是材料的力学性能和板料厚度。考虑到模具在使用过程中的磨损会使间隙增大，故设计与制造新模具时先选用最小合理间隙作为初始间隙，金属板料冲裁时的初始间隙值见表 2—1—3。

表 2—1—3　　金属板料冲裁时的初始间隙值

材料	抗剪强度 τ (MPa)	初始间隙（单边间隙）（%t）				
		Ⅰ类	Ⅱ类	Ⅲ类	Ⅳ类	Ⅴ类
低碳钢 08F、10F、10、20、Q235A	≥210～400	1.0～2.0	3.0～7.0	7.0～10.0	10.0～12.5	21.0
不锈钢 1Cr18Ni9Ti、Cr13，中碳钢 45，膨胀合金（可伐合金）4J29	≥420～560	1.0～2.0	3.5～8.0	8.0～11.0	11.0～15.0	23.0
高碳钢 T8A、T10A，高锰钢 65Mn	≥590～930	2.5～5.0	8.0～12.0	12.0～15.0	15.0～18.0	25.0
纯铝 1060、1050A、1035、1200，铝合金（软态）3A21，黄铜（软态）H62，纯铜（软态）T1、T2、T3	≥65～255	0.5～1.0	2.0～4.0	4.5～6.0	6.5～9.0	17.0
黄铜（硬态）H62，铅黄铜 HPb59－1，纯铜（硬态）T1、T2、T3	≥290～420	0.5～2.0	3.0～5.0	5.0～8.0	8.5～11.0	25.0
铝合金（硬态）2A12，锡青铜 QSn4－4－2.5，铝青铜 QA17，铍青铜 QBe2	≥225～550	0.5～1.0	3.5～6.0	7.0～10.0	11.0～13.5	20.0
镁合金 MB1、MB8	≥120～180	0.5～1.0	1.5～2.5	3.5～4.5	5.0～7.0	16.0
电工硅钢	190	—	2.5～5.0	5.0～9.0	—	—

对于非金属板料冲裁，国家标准同样给出了初始间隙值，相关内容见表 2—1—4。

表 2—1—4　　非金属板料冲裁时的初始间隙值

材料	初始间隙（单边间隙）（%t）
酚醛层压板、石棉板、橡胶板、有机玻璃板、环氧酚醛玻璃布	1.5 ~ 3.0
红纸板、胶纸板、胶布板	0.5 ~ 2.0
云母片、皮革、纸	0.25 ~ 0.75
纤维板	2.0
毛毡	0 ~ 0.2

3. 冲裁间隙适用的场合

根据国家标准，Ⅰ类冲裁间隙适用于冲裁件剪切面、尺寸精度要求高的场合。Ⅱ类冲裁间隙适用于冲裁件剪切面、尺寸精度要求较高的场合。Ⅲ类冲裁间隙适用于冲裁件剪切面、尺寸精度要求一般的场合。因残余应力小，能减小破裂现象，适用于加工需继续进行塑性变形的工件。Ⅳ类冲裁间隙适用于冲裁件剪切面、尺寸精度要求不高时，应优先采用较大间隙，以利于延长冲模使用寿命的场合。Ⅴ类冲裁间隙适用于冲裁件剪切面、尺寸精度要求较低的场合。

4. 冲裁间隙的选用原则与方法

（1）选用原则

对金属板料的普通冲裁而言，生产中常用冲裁间隙的取值范围为板料厚度的3% ~ 12.5%。选取冲裁间隙时，需根据实际生产要求综合考虑多种因素的影响，主要依据是在保证冲裁件尺寸精度和满足剪切面质量要求的前提下，考虑模具使用寿命、模具结构、冲裁件尺寸与形状、生产条件等因素所占的权重综合分析后确定。

需要指出的是，对于表 2—1—5 所列的情况应酌情增减冲裁间隙值。

表 2—1—5　　应酌情增减冲裁间隙值的情况

序号	具体情况
1	同样条件下，可根据不同零件质量要求，依据生产实践，使冲孔间隙比落料间隙适当增加
2	冲小孔（一般为孔径小于料厚）时凸模易折断，间隙应取大值。但这时要采取有效措施防止废料回升
3	硬质合金冲裁模应比钢模的间隙大 30% 左右
4	复合模的凸凹模壁单薄时，为防止胀裂，根据不同产品质量要求，实际操作时可放大冲孔凹模间隙

续表

序号	具体情况
5	硅钢片随含硅量增加，间隙相应取大些，由试验确定放大间隙量
6	采用弹性压料装置时，间隙可大些，放大的间隙量根据不同弹压装置在实际应用中测定
7	高速冲压时模具容易发热，间隙应增大。如行程次数超过 200 次/min，间隙应增大 10% 左右
8	电加工模具刃口时，间隙应考虑变质层的影响
9	加热冲裁时，间隙应减小，减小的间隙量由实际情况测定
10	凹模为斜壁刃口时，应比直壁刃口间隙小
11	对需攻螺纹的孔，间隙应取小些，减小的间隙量由实际情况测定

（2）选用方法

在设计模具时，一定要选择一个合理的间隙。合理冲裁间隙的选用方法有两步法和类比法两种。

1）两步法。采用两步法时，应针对冲裁件技术要求、使用特点和特定的生产条件等因素，首先按表 2—1—2 确定拟采用的间隙类别，然后按表 2—1—3 相应选取该类间隙值。

2）类比法。类比法主要针对的是其他金属板料冲裁，采用该法时，冲裁间隙值可参照表 2—1—3 中抗剪强度相近的材料选取。

三、冲裁工艺计算

冲裁工艺计算涉及内容主要包括排样设计计算、冲压力与压力中心的计算以及冲模设计时凸模与凹模刃口尺寸的计算等。

1. 排样设计计算

（1）排样和搭边

排样是指制件或毛坯在板料上的排列与设置，如图 2—1—3 所示为某冲压制件及其排样图。排样时，制件与制件之间或制件与板料边缘之间的工艺余料称为搭边。合理地排样是提高材料利用率，降低成本，保证冲件质量及模具使用寿命的有效措施。

1）材料的利用率。材料利用率是指冲裁件的实际面积与所用的板料面积的百分比。对冲裁件来说，材料占总成本的 60% 以上，可见材料利用率是一项很重要的经济指标，是具体衡量排样合理性的指标。

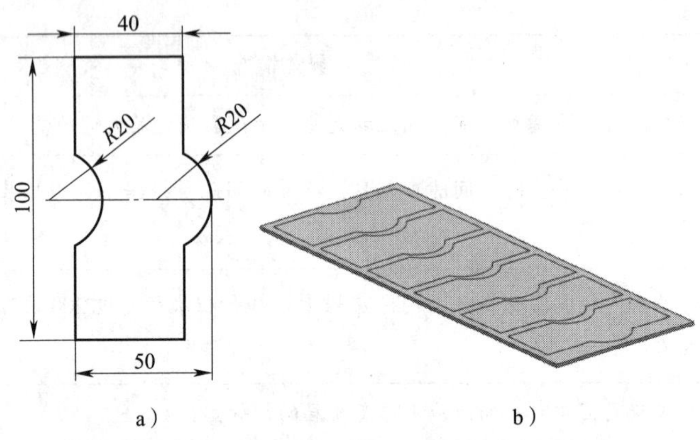

图 2—1—3　冲压制件及其排样图

a）冲压制件　b）排样图

不难理解，材料利用率越高，说明废料越少。冲裁所产生的废料可分为两类，如图 2—1—4 所示，一类是结构废料（也称设计废料），是由制件的形状特点产生的，例如，由于冲制件有内孔而产生的废料；另一类是由于制件之间，制件与条料侧边之间有搭边存在，以及不能避免的料头和料尾而产生的废料，称为工艺废料。

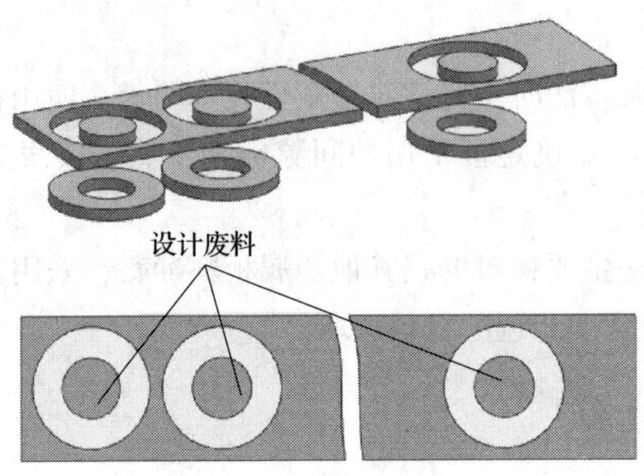

图 2—1—4　废料的种类

要提高材料利用率，主要应从减少工艺废料着手。设计合理的排样方案，选择合适的板料规格和合理的裁板法（减少料头、料尾和边余料），或利用废料制作小冲件等，是减少工艺废料的有力措施。例如，对于图 2—1—5 所示的制件，两种排样法的材料利用率依次为 50% 和 70%。

需要说明的是，对于一定形状的制件，结构废料是不可避免的，但充分利用结构废料也是可能的。当两个不同制件的材料和厚度相同时，在尺寸允许的情况下，较小尺寸的制件可考虑在较大尺寸制件的废料中冲制出来。

2）排样方法。排样设计至关重要，根据材料的合理利用情况，条料排样方法可以分为有废料排样法、少废料排样法和无废料排样法三种，其特点分别见表 2—1—6。

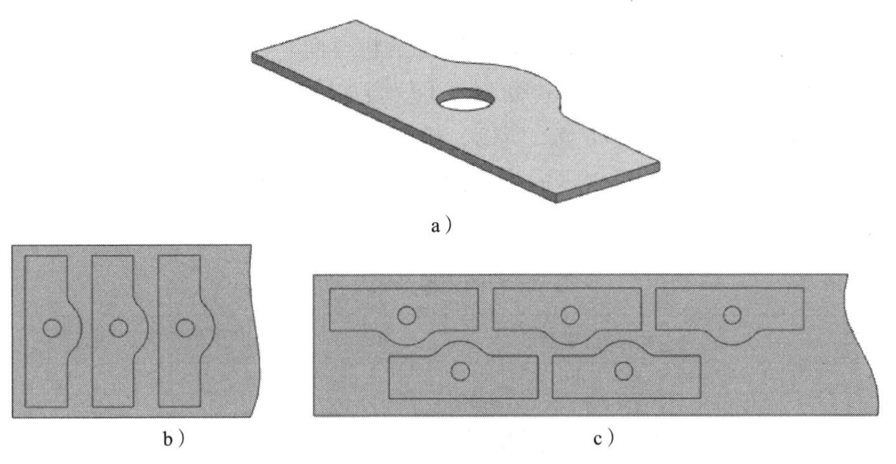

a）

b）

c）

图 2—1—5 排样与材料利用率

a）制件 b）第一种排样 c）第二种排样

表 2—1—6 **各种排样方法及其特点**

方法	特点	图例
有废料排样法	沿制件全部外形轮廓冲裁，在制件之间、制件与条料侧边之间均有搭边废料存在 所冲制件尺寸完全由冲模保证，冲件质量好，模具使用寿命长，但材料利用率较低	
少废料排样法	沿制件部分外形轮廓切断或冲裁，只在制件之间或只在制件与条料侧边之间留有搭边 受剪裁条料质量和定位误差的影响，制件质量稍差，同时模具使用寿命缩短，但材料利用率较高，冲模结构简单	
无废料排样法	制件沿条料被顺次切下，制件之间以及制件与条料侧边之间均无搭边存在 制件质量更差，模具使用寿命更短，但材料利用率最高，当送进步距为两倍制件宽度时，一次切断便能获得两个制件，有利于生产效率的提高	

总而言之，采用少废料、无废料的排样法可以简化模具结构，减小冲裁力，提高材料利用率。但是，因条料本身的误差，以及条料导向与定位所产生误差的影响，制件精度等级低。同时，由于模具单边受力，不仅会加剧模具磨损，缩短模具使用寿命，而且也会直接影响制件的断面质量。所以，排样时必须统筹兼顾、全面考虑。

对于三种排样方法，还可以进一步按制件在条料上的布置方法加以分类，其主要形式见表2—1—7。

表2—1—7 排样的主要形式

排样形式	有废料排样	少废料、无废料排样
直排	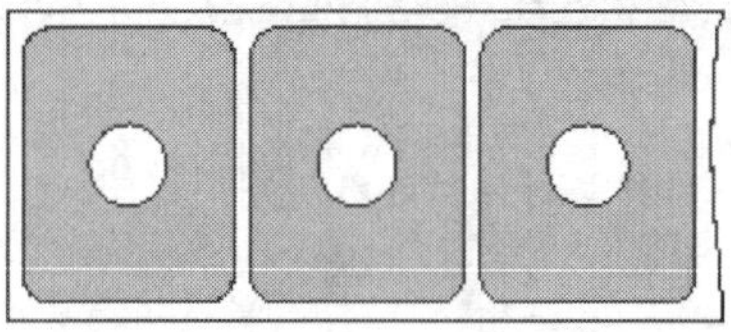 适用于几何形状简单的制件，如方形、矩形、圆形	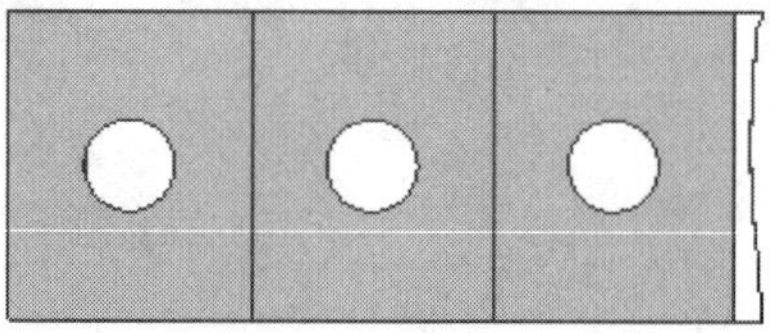 适用于矩形或方形制件
斜排	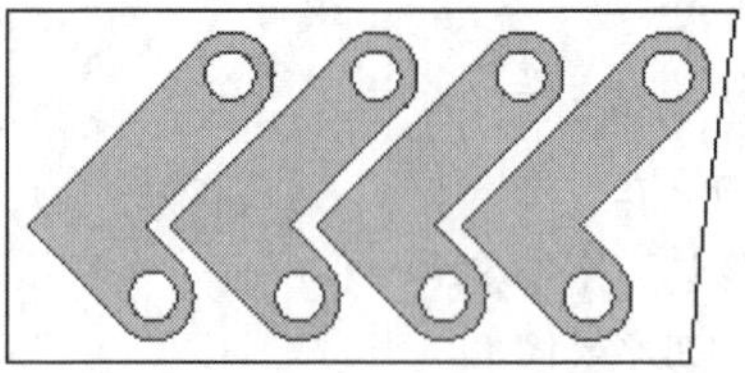 适用于T形、L形、S形、十字形、椭圆形制件	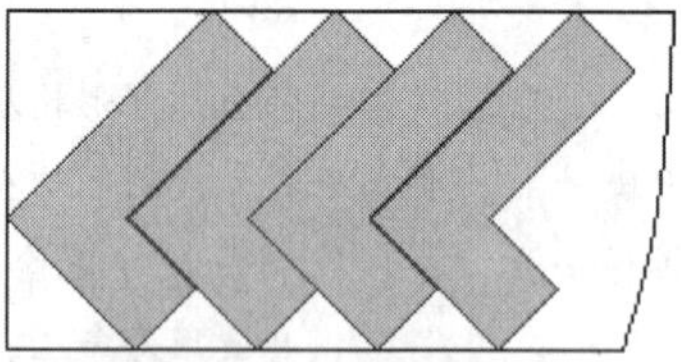 适用于L形或其他形状的制件，在外形上允许有不大的缺陷
直对排	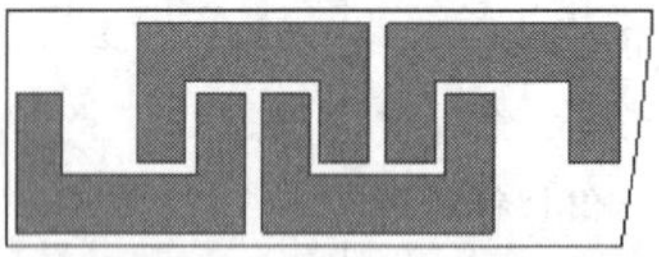 适用于T形、梯形、山形、三角形、半圆形、Π形制件	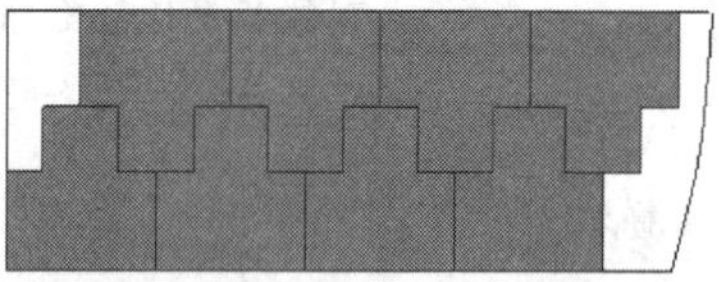 适用于T形、梯形、山形、三角形、半圆形、Π形制件，在外形上允许有不大的缺陷
斜对排	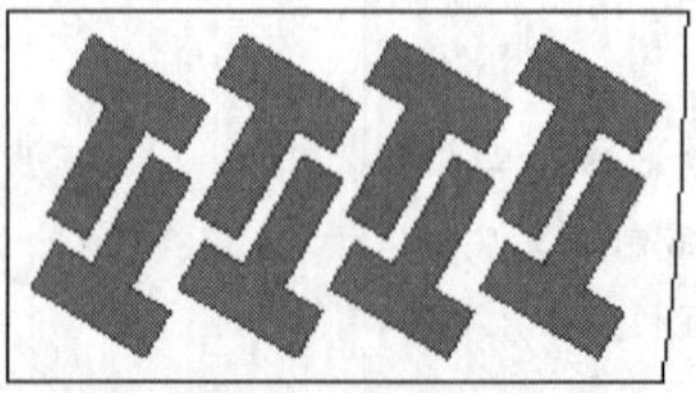 适用于材料利用率比直对排时高的情况	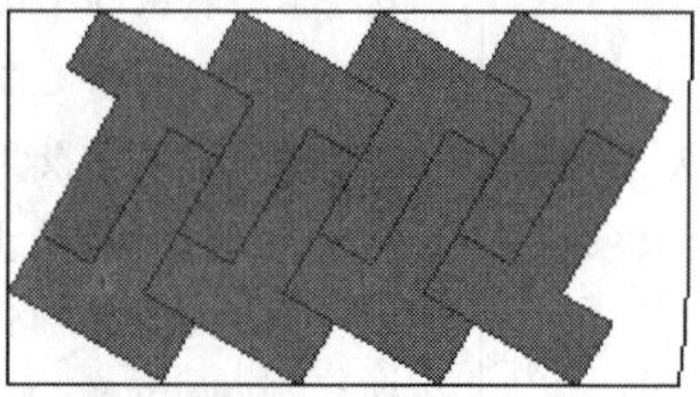 多用于T形制件

续表

排样形式	有废料排样	少废料、无废料排样
混合排	适用于材料及厚度都相同的两种或两种以上的制件	适用于两个外形互相嵌入的不同制件，如铰链等
多行排	适用于大批量生产中尺寸不大的圆形、六角形、方形、矩形制件	适用于大批量生产中尺寸不大的方形、矩形、六角形制件
裁搭边	适用于大批量生产小的窄形制件（如表针及类似制件）或带料的连续拉深	适合用宽度均匀的材料冲制长形制件

对于形状复杂的制件，常利用试验方法进行排样，即用厚纸片剪成 3 ~ 5 个样件，摆出各种不同的布置方案，从中确定废料最少的排样形式。目前，还可以采用计算机排样，如借助 UG 工程模向导（EDW）、UG 级进模向导（PDW）等。排样时除考虑提高材料利用率外，同时也要对生产操作、生产效率和模具结构、使用寿命等方面做适当的考虑。

（2）搭边值的确定

搭边作为工艺余料，也是废料，从节省材料的角度出发，搭边值越小越好。但在工艺上搭边却有着很大的作用，其主要作用是补偿定位误差，保证冲出合格的制件。搭边还可以保持条料有一定的刚度，便于条料的送进。

搭边值需要合理确定。搭边值过大，则材料利用率低。搭边值过小，在冲裁中会将材料拉断，使制件产生毛刺，有时还会将拉断的材料挤入凹模和凸模中间，损坏模具刃口，缩短模具使用寿命。一般来说，搭边值是由经验来确定的，影响搭边值大小的因素包括材料的力学性能、材料的厚度、制件的形状和尺寸、送料方式和挡料方式等。表 2—1—8 列出了常用冲裁金属材料的最小搭边值。

表 2—1—8　　冲裁金属材料的最小搭边值　　mm

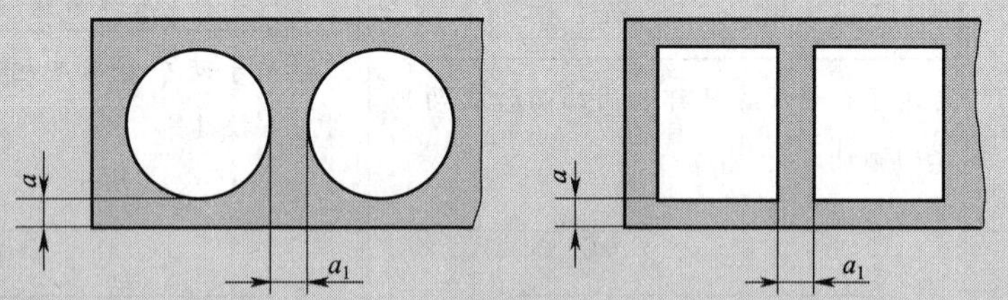

料厚	手送料						自动送料	
	圆形		非圆形		往复送料			
	a	a_1	a	a_1	a	a_1	a	a_1
~1	1.5	1.5	2	1.5	3	2	3	2
>1~2	2	1.5	2.5	2	3.5	2.5	3	2
>2~3	2.5	2	3	2.5	4	2.5	3	2
>3~4	3	2.5	3.5	3	5	4	4	3
>4~5	4	3	5	4	6	5	5	4
>5~6	5	4	6	5	7	6	6	5
>6~8	6	5	7	6	8	7	7	6
>8	7	6	8	7	9	8	8	7

进行非金属材料（如皮革、纸板、石棉等）冲裁时，其搭边值应乘以 1.5~2。

（3）条料宽度的计算

在排样方案和搭边值确定后，就可以确定冲压加工用条料的宽度，进而确定导料板之间的距离。

1）有侧压装置的模具。采用有侧压装置的模具，即在一侧导料板装有侧压装置的模具，其结构如图 2—1—6 所示，能使条料始终接触基准导料板送料，为了保证条料有足够的搭边，条料宽度可按简化公式 $B_{-\Delta}^{\ 0} = (D_{\max} + 2a)_{-\Delta}^{\ 0}$ 计算，其中，搭边值 a 已经考虑了剪料公差所引起的减小值，条料宽度的偏差值 Δ 见表 2—1—9。

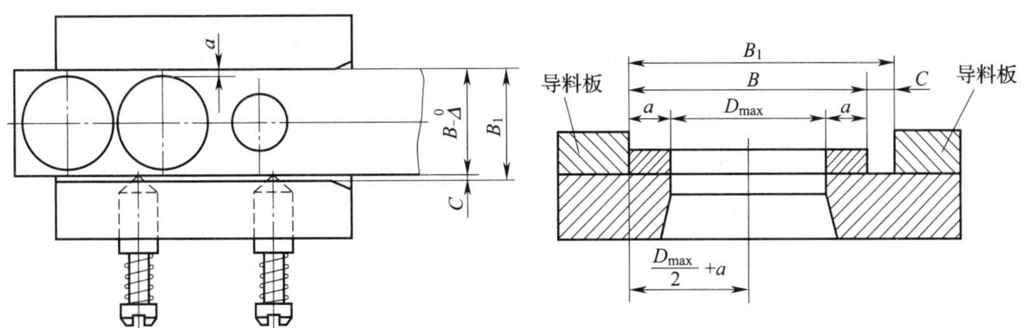

图 2—1—6 有侧压装置的模具结构

表 2—1—9 条料宽度的偏差值 Δ mm

条料宽度 B	材料厚度 t			
	~1	1~2	2~3	3~5
~50	0.4	0.5	0.7	0.9
50~100	0.5	0.6	0.8	1.0
100~150	0.6	0.7	0.9	1.1
150~220	0.7	0.8	1.0	1.2
220~300	0.8	0.9	1.1	1.3

2）无侧压装置的模具。采用无侧压装置的模具结构如图 2—1—7 所示，应考虑在送料过程中因条料的摆动而使侧面搭边减少的问题。在极端情况下，即条料为最小尺寸，送料为最偏斜位置时，对角线方向的搭边将减少一半左右的公差。为了补偿侧面搭边的减少，保证有足够的搭边，条料宽度应增加一个条料可能的摆动量，其值可按简化公式 $B_{-\Delta}^{0}=(D_{max}+2a+C)_{-\Delta}^{0}$ 计算。

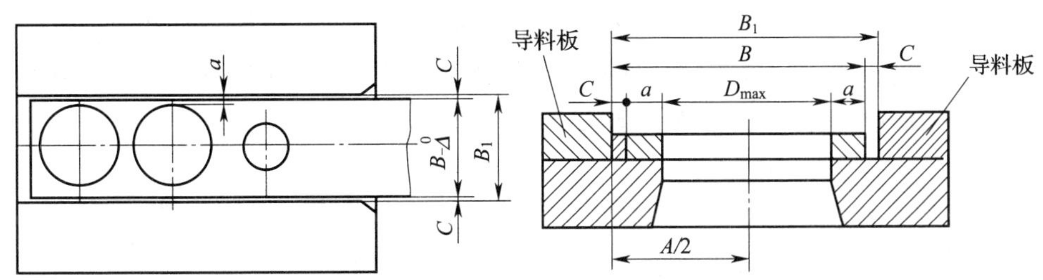

图 2—1—7 无侧压装置的模具结构

3）采用侧刃定距的模具。采用侧刃定距的模具结构如图 2—1—8 所示，条料宽度必须增加侧刃切去的部分，其值可按简化公式 $B_{-\Delta}^{0}=(D_{max}+2a+2b_1)_{-\Delta}^{0}$ 计算，其中，b_1 为侧刃余量，其值可按表 2—1—10 选取。

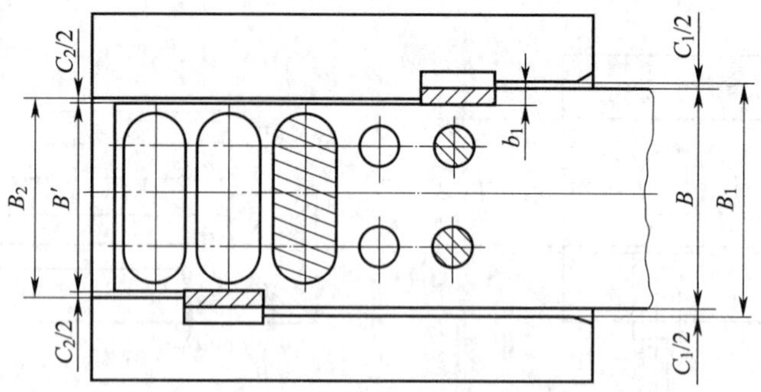

图 2—1—8　侧刃定距模具结构

表 2—1—10　　侧刃余量 b_1 及出端导料间隙 C_2　　mm

材料厚度 t	b_1		C_2
	金属材料	非金属材料	
≤1.5	1.5	2	0.1
>1.5～2.5	2.0	3	0.15
>2.5～3	2.5	4	0.20

2. 冲压力与压力中心的计算

(1) 冲压力的计算

在冲裁过程中，冲压力是冲裁力、卸料力、推件力和顶件力的总称。计算冲压力的目的是合理选择冲压设备及设计模具。

1) 冲裁力的计算。冲裁时所需的压力称为冲裁力，它是冲裁时材料对凸模的最大抵抗力，是选用冲压设备和校验冲模强度的重要依据。

冲裁过程中，冲裁力的大小是不断变化的，从图 2—1—9 所示的冲裁力—凸模行程曲线，可以明显地看出冲裁变形过程的三个阶段。*AB* 段是冲裁弹性变形阶段；*BC* 段是塑性变形阶段，*C* 点的冲裁力最大，在该点材料开始剪裂；*CD* 段为断裂阶段。*DE* 段所使用的压力主要用于克服摩擦力及将冲裁件（或冲孔废料）从凹模中排出。

影响冲裁力的主要因素有板料的力学性能、厚度、冲件轮廓周长及其他因素等。对于普通平刃口冲裁，冲裁力 F 一般按下式计算：

$$F = KLt\tau \qquad (2—1—1)$$

式中　F——冲裁力，N；

K——安全系数，一般取 $K=1.3$；

L——冲裁周边长度，mm；

t——板料厚度，mm；

τ——材料抗剪强度，MPa。

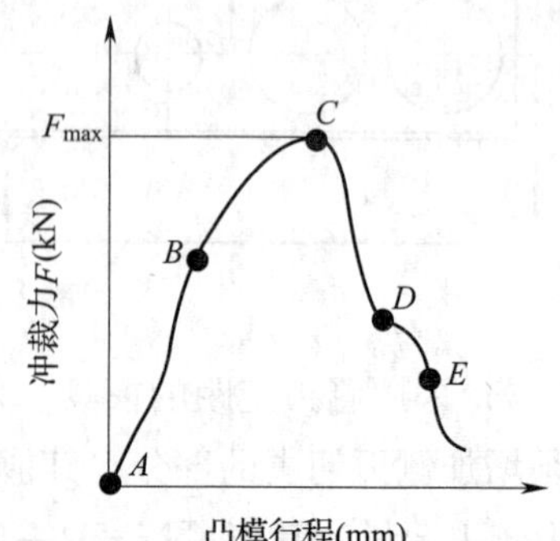

图 2—1—9　冲裁力—凸模行程曲线

安全系数主要考虑的因素有刃口钝化、模具间隙不均匀、材料力学性能与厚度的波动等。另外，对于同一种材料，抗拉强度约为抗剪强度的1.3倍，即 $R_m \approx 1.3\tau$ 。

在冲裁高强度材料或厚度大、周边长的制件时，所需冲裁力往往很大，并可能出现超过现有压力机吨位的情况。为此，有必要采取措施降低冲裁力。

实际生产中，为了实现小设备冲裁大制件，或使冲裁过程平稳以减少振动，常采用阶梯凸模冲裁、斜刃冲裁和加热冲裁等方法来降低冲裁力。阶梯凸模冲裁、斜刃冲裁如图2—1—10所示。

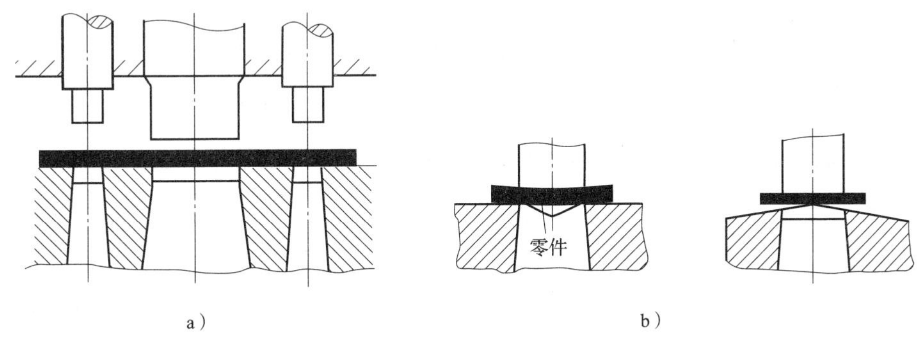

图2—1—10 阶梯凸模冲裁和斜刃冲裁
a）阶梯凸模冲裁 b）斜刃冲裁

2）卸料力、推件力和顶件力的计算。冲裁结束时，由于材料的弹性回复及摩擦作用，冲落部分可能会梗塞在凹模孔中，而带孔部分则可能会紧箍在凸模上。为使冲裁工作顺利进行，必须将它们卸下和（或）推出，如图2—1—11所示。这些力的影响因素很多，类似于冲裁力，在设计模具时常按经验公式计算，具体情况见表2—1—11。

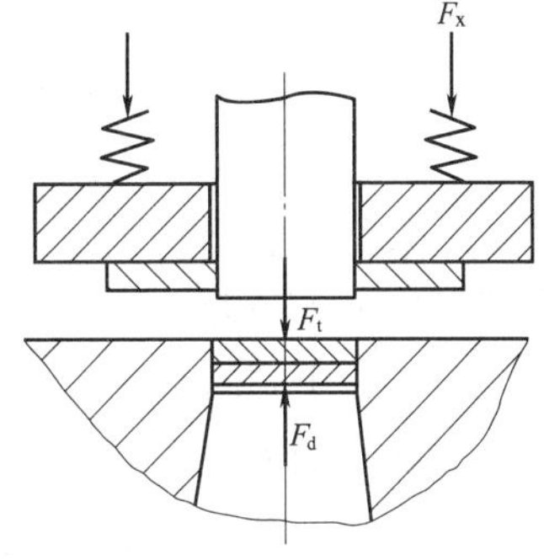

图2—1—11 卸料力、推件力、顶件力

3）冲压力的计算。在计算压力机所需总压力时，必须考虑冲裁力、卸料力、推件力和顶件力。如果采用橡皮、弹簧或气动卸料器时，还必须加上这些缓冲装置的压缩力。即：

表2—1—11 卸料力、推件力、顶件力及其计算公式

力的类型	含义	计算用经验公式	相关说明
卸料力	从凸模或凸凹模上将制件或废料卸下所需的力	$F_x = K_x F$	K_x、K_t、K_d分别为卸料力、推件力、顶件力系数，见表2—1—12。 n为同时卡在凹模内的冲落部分制件或废料数量，其值为凹模洞口直刃壁高度与板料厚度的比值
推件力	从凹模内顺冲裁方向将制件或废料推出所需的力	$F_t = K_t F n$	
顶件力	从凹模内逆冲裁方向将制件顶出所需的力	$F_d = K_d F$	

表 2—1—12　　卸料力、推件力、顶件力系数

材料	板料厚度（mm）	K_x	K_t	K_d
钢	≤0.1	0.06～0.09	0.01	0.14
	>0.1～0.5	0.04～0.07	0.065	0.08
	>0.5～2.5	0.025～0.06	0.05	0.06
	>2.5～6.5	0.02～0.05	0.045	0.05
	>6.5	0.015～0.04	0.025	0.03
铝、铝合金		0.03～0.08	0.03～0.07	
黄铜、纯铜		0.02～0.06	0.03～0.09	

采用刚性卸料装置时　　$F_{\Sigma} = F + F_x$　　（2—1—2）

采用弹性卸料装置时　　$F_{\Sigma} = F + F_x + F_t$ 或 $F_{\Sigma} = F + F_x + F_d$　　（2—1—3）

（2）压力中心的计算

冲压合力的作用点称为模具的压力中心。为保证冲模正确和平衡地工作，设计冲模时，应尽量使冲模的压力中心通过模柄轴线而与压力机的中心线重合；否则，会产生偏心载荷，使模具歪斜，间隙不均匀，严重时会造成啃刃，加速压力机和模具等导向部分与刃口的磨损。对于制件外形尺寸大、形状复杂、多凸模的冲裁模和级进模，正确确定压力中心尤为重要。

确定压力中心的常用方法是解析计算法，其计算根据是“力矩定理”。当然，借助 SolidWorks、UG 等软件可更方便、快捷地得到压力中心位置。

1）简单几何图形模具压力中心的确定。简单几何图形模具压力中心的确定比较简单、方便，即：冲裁形状对称的制件时，其压力中心位于制件轮廓图形的几何中心；冲裁直线段时，其压力中心位于直线段的中点；冲裁圆弧线段时，如图 2—1—12 所示，其压力中心的位置可按 $x_0 = R\dfrac{180°\sin\alpha}{\pi\alpha} = R\dfrac{b}{l}$ 计算获得。

2）复杂形状制件模具压力中心的确定。对于形状复杂的凸模，其压力中心的确定常用的是解析法。除此之外，还有图解法和合成法可供选用。采用解析法确定压力中心时，首先将凸模刃口外形轮廓分为直线段和圆弧段，并确定各段长度；然后分别确定直线段和圆弧段的压力中心位置；最后根据“力矩定理”确定凸模压力中心坐标。具体步骤可参见表 2—1—13。

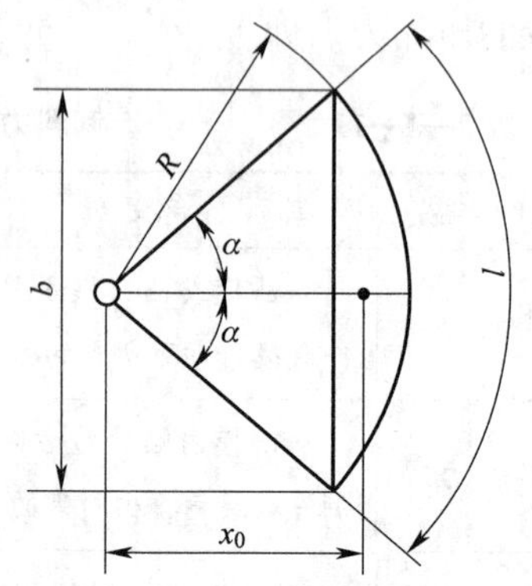

图 2—1—12　冲裁圆弧线段时的压力中心

表 2—1—13　　用解析法计算压力中心的步骤

步骤	内容说明
1	选定坐标轴 x 和 y
2	将组成制件图形的轮廓线划分为若干简单的线段，求出各线段长度 L_1、L_2、…、L_m
3	确定各线段的中心位置（X_1，Y_1）、（X_2，Y_2）、…、（X_m，Y_m），如图 2—1—13 所示
4	根据“力矩定理”：各分力对某坐标轴力矩的代数和等于各分力的合力对该轴的力矩，求出压力中心的坐标（X_c，Y_c） $X_c = \dfrac{L_1X_1 + L_2X_2 + \cdots + L_mX_m}{L_1 + L_2 + \cdots + L_m}$ $Y_c = \dfrac{L_1Y_1 + L_2Y_2 + \cdots + L_mY_m}{L_1 + L_2 + \cdots + L_m}$

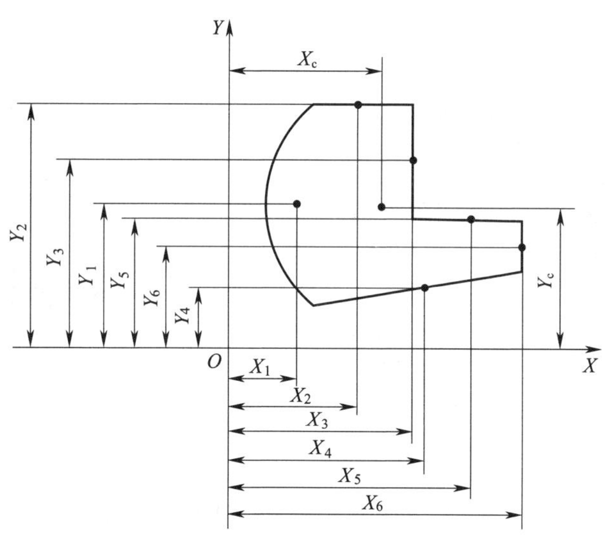

图 2—1—13　解析法求压力中心

3）多凸模模具压力中心的确定。确定多凸模模具的压力中心（图 2—1—14）时，是将各凸模的压力中心确定后，再计算模具的压力中心。

3. 工艺计算示例

垫圈制件如图 2—1—15 所示，材料为未经退火的 Q235A 钢板，料厚 2 mm，其工艺计算如下：

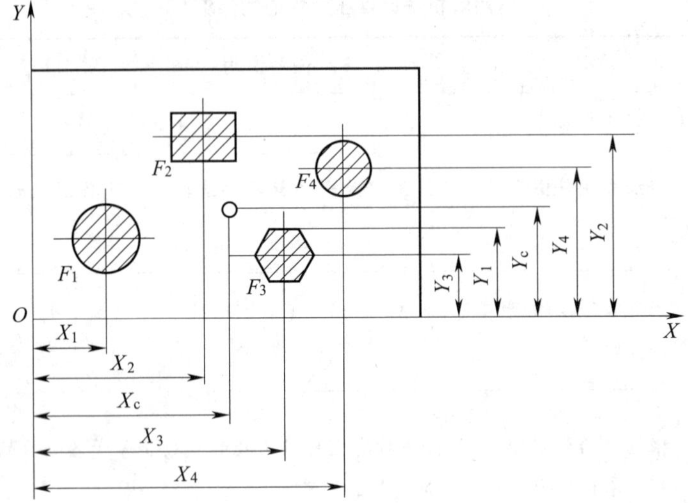

图 2—1—14　多凸模模具压力中心的确定

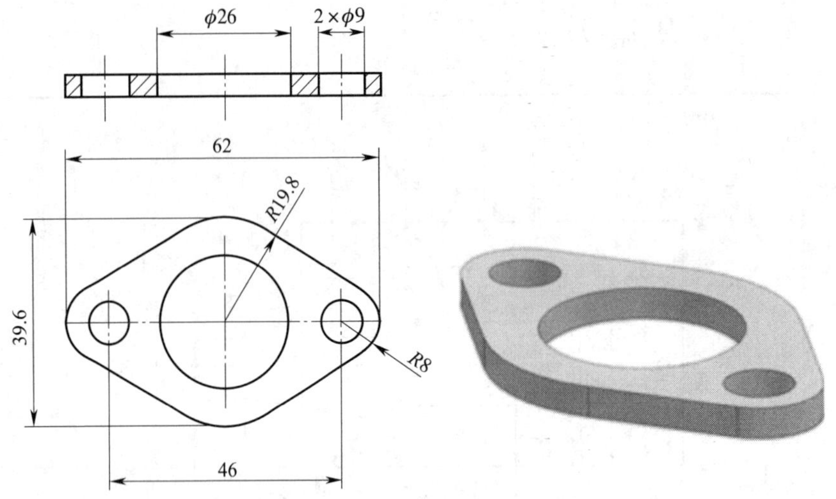

图 2—1—15　垫圈制件

（1）排样设计

根据制件外形轮廓特点，采用斜排方案，如图 2—1—16 所示。其中，制件按矩形取搭边值 $a=2$ mm，侧边取搭边值 $a_1=2$ mm；步距取 $45.34+2=47.34$ mm，取整为 48 mm；条料宽度取值为 $(39.6+2\times2)_{-0.2}^{\ 0}\approx44_{-0.2}^{\ 0}$ mm。

（2）冲压力计算

假设该模具采用刚性卸料和下出料方式，经分析计算冲裁件周边长为 154.66 mm。

1）落料力。对于未经退火的 Q235A 钢板，取 $\tau=310$ MPa，则 $F_{落}=1.3\times154.66\times2\times310\approx124.7$ kN。

2）冲孔力。中心孔 $F_{孔1}=1.3\times26\times\pi\times2\times310\approx65.8$ kN

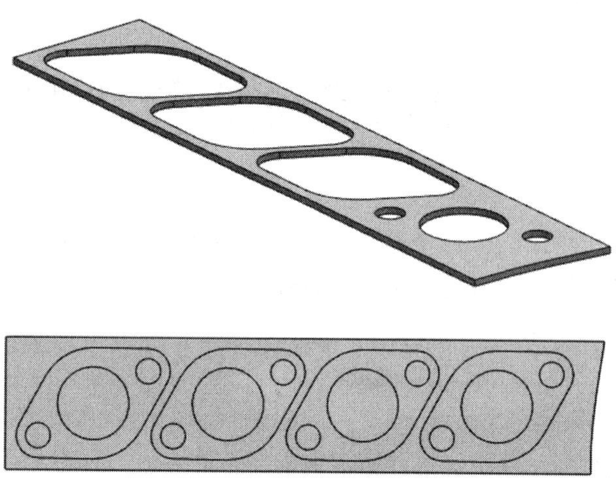

图 2—1—16 排样图

两个小孔 $F_{孔2}=1.3\times9\times\pi\times2\times2\times310\approx45.6$ kN

3）冲孔时推件力。查表 2—1—12 得 $K_t=0.05$，假设凹模刃口高度为 4 mm，则冲落部分数为 4/2 = 2 个。

故落料时 $F_t=0.05\times124.7\times2\approx12.5$ kN

冲孔时 $F_{t1}=0.05\times65.8\times2\approx6.6$ kN

冲孔时 $F_{t2}=0.05\times45.6\times2\approx4.6$ kN

则最大冲压力 $F_{总}=124.7+65.8+45.6+12.5+6.6+4.6=259.8$ kN

（3）确定模具压力中心

如图 2—1—17 所示，因为冲压件图形对称，故落料时 $F_{落}$的压力中心在 O_1点；冲孔时 $F_{孔1}$、$F_{孔2}$的压力中心在 O_2点。

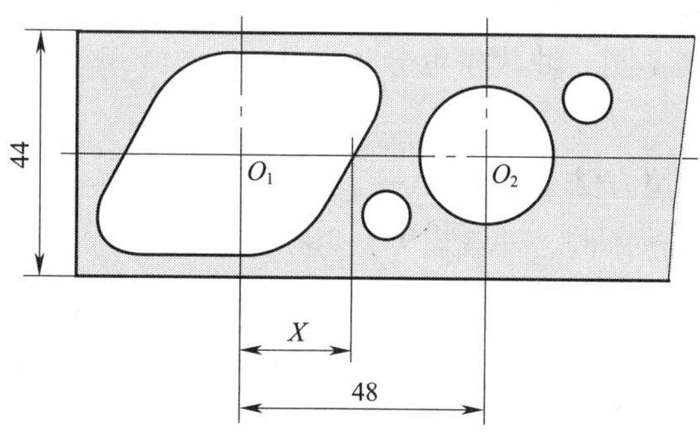

图 2—1—17 模具压力中心

设模具压力中心离 O_1点的距离为 X，根据力矩平衡原理，$F_{落}X=(48-X)\times(F_{孔1}+F_{孔2})$，得 $X\approx22.65$ mm。

第二节　冲裁模分类与典型结构

冲裁生产离不开冲裁模，它是通过分离工序成形出所需形状与尺寸制件的冲模。由于冲裁模结构形式很多，为便于讨论和研究，工程上通常按不同特征对冲裁模进行分类。

一、冲裁模分类

冲裁模的形式多种多样，一般可按下列不同特征分类。

1．按工序性质分类

按工序性质不同，冲裁模可分为落料模、冲孔模、切断模、切舌模、整修模、精冲模等。

2．按工序组合程度分类

按工序组合程度不同，冲裁模可分为单工序模、级进模和复合模。

3．按导向方式分类

按导向方式不同，冲裁模可分为无导向的开式模、有导向的导板模、导柱模等。

4．按送料、出件及排出废料方式分类

按送料、出件及排出废料方式不同，冲裁模可分为手动模、半自动模、自动模。

5．按卸料方式分类

按卸料方式不同，冲裁模可分为刚性卸料模和弹性卸料模。

6．按凸模、凹模材料分类

按凸模、凹模材料不同，冲裁模可分为硬质合金模、钢带模、锌基合金模、聚氨酯橡胶模等。

7．按送料步距定位方法分类

按送料步距定位方法不同，冲裁模可分为挡料销式模、导正销式模、侧刃式模等。

尽管冲裁模种类繁多，有的甚至结构复杂（如多工位级进模等），但总的来说可分为上模和下模两大部分。上模固定在压力机的滑块上，并随滑块一起运动，称为冲裁模的活动部分；下模固定在压力机的工作台上，称为冲裁模的固定部分，如图2—2—1所示。

二、冲裁模典型结构

上述各种分类方法从不同的角度反映了模具结构的不同特点。冲裁模结构的合理性和先进性，与冲裁件的质量和精度、冲裁加工的生产效率和经济效益、模具的使用

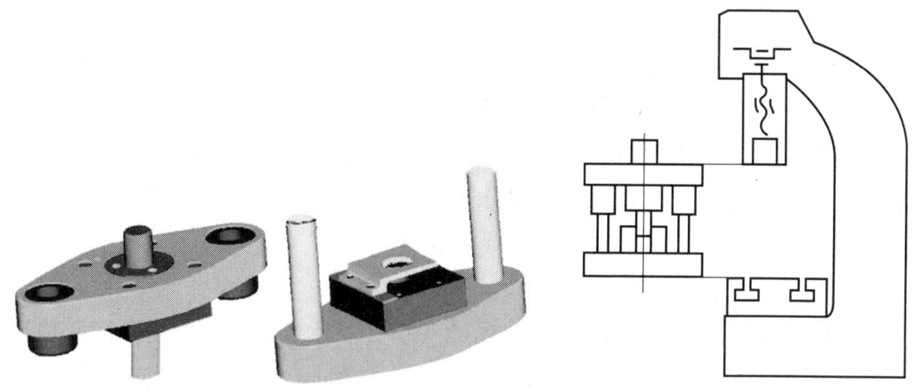

图 2—2—1 上模、下模及固定方式

寿命和操作安全等有着密切的关系。下面以工序组合方式，分别分析各类典型冲裁模的结构及其特点。

1. 单工序冲裁模

（1）无导向固定卸料板式落料模

无导向固定卸料板式落料模的结构及排样图如图 2—2—2 所示。该冲裁模的基本组成如下：工作零件为凸模 2 和凹模 4；导料板和固定卸料板 3 制成一体，为整体式结构；定位零件为回带式挡料装置 6。

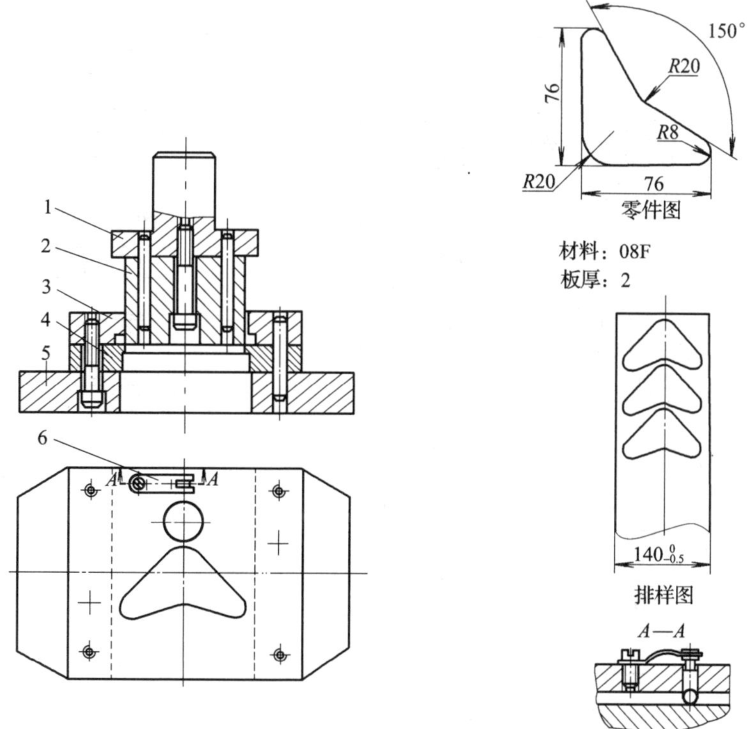

图 2—2—2 无导向固定卸料板式落料模的结构及排样图

1—模柄 2—凸模 3—固定卸料板 4—凹模 5—模座 6—回带式挡料装置

工作时，条料沿导料板送至定位装置后进行冲裁，分离后的制件靠凸模直接从凹模洞口依次推出，箍在凸模上的废料由固定卸料板刮去。如此循环，完成冲裁工作。

无导向固定卸料板式落料模结构简单，制造周期短，成本较低，由于模具本身无导向，需依靠压力机滑块进行导向，安装模具时调整冲裁间隙较困难，且不易均匀，故冲裁件质量差，模具使用寿命短，操作不够安全。因此，这种结构的冲裁模适用于质量要求不高、批量小、形状简单的冲裁件的生产。

（2）固定导板式落料模

固定导板式落料模的结构及排样图如图 2—2—3 所示。该模具的主要特征是其上模、下模的导向是依靠导板 4 与凸模 2 的间隙配合（一般为 H7/h6）进行的，故称为导板模。另外，下模定位销的设置也有其特殊性，凹模 6 与下模座 7 用两个销钉定位，导板 4 与凹模 6 单独用两个销钉定位，并在下模座 7 的相应处开设通孔，两块导料板 5 用四个小销钉与导板 4 单独定位。这样可以保证使用过程中凸模与导板不脱离，以保持其导向精度和导板的使用寿命。甚至在刃磨时也不允许凸模与导板脱离。因此，应选择滑块行程较短且可调节的冲床。在结构上，为了拆装和调整间隙的方便，导板 4 与下模座 7 的连接螺钉由下向上连接，而不是像一般模具那样由上向下连接。当该模具上模的平面尺寸与下模导板的平面尺寸相同时，为了保证导板与凸模不脱离，在上模对应导板与凹模的定位销处应有通孔，以便于打出销钉。但如果结构允许，可不设计成上述通孔，而将上模设计得比下模小些，留出打销钉的空间，这时导板与凹模的连接螺钉也可由上向下连接。

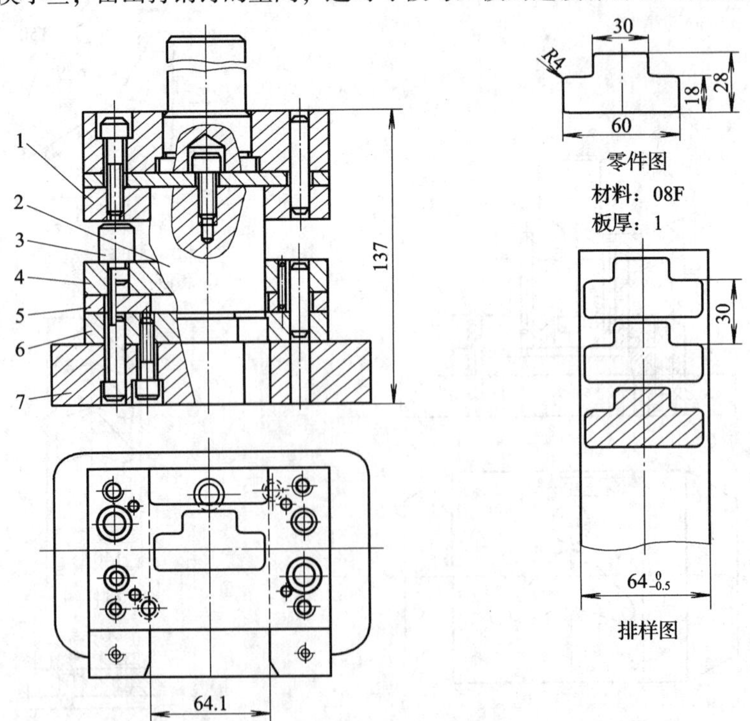

图 2—2—3　固定导板式落料模的结构及排样图

1—固定板　2—凸模　3—限位柱　4—导板　5—导料板　6—凹模　7—下模座

由于凸模与导板已有良好的配合且始终不脱离，因而凸模采用了工艺性能很好的直通式结构，与固定板 1 的型孔取 H9/h8 的间隙配合，而不是一般模具采用的过渡配合。另外，还可省略凸模固定板的定位销。在导板 4 上装了两个限位柱，其高度可按模具不工作时控制凸模进入凹模的深度为 0.5～1 mm 来确定，其作用是阻止上模下落到底面降低导向精度。在模具工作时，将上模下死点调到使凸模端面与凹模面平齐或略低于凹模面；在模具刃磨后，限位柱应磨去相当于凸模与凹模刃磨量的总和，以防冲裁过程中限位柱与固定板冲撞。

导板模比无导向模的精度高，使用寿命长，使用时安装也较容易，卸料可靠，操作比较安全。虽然轮廓尺寸不大，但复杂冲裁件导板的导孔制造比较困难，所以，导板模一般用于冲裁形状比较简单、尺寸不大、厚度大于 0.8 mm 的冲裁件。

（3）导柱导向式落料模

导柱导向式落料模的结构及排样图如图 2—2—4 所示。该结构冲模上模与下模的正确位置利用导柱 19 和导套 20 的导向来保证。在进行冲裁之前，导柱已进入导套，从而保证了在冲裁过程中凸模 10 和凹模 12 之间间隙的均匀性。上、下模座和导套、导柱装配组成的部件构成模架，并已标准化，参见《冲模滑动导向模架》（GB/T 2851—2008）。

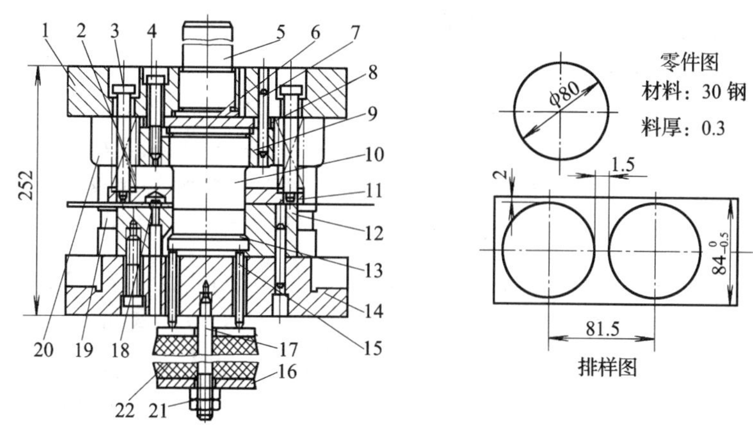

图 2—2—4　导柱导向式落料模的结构及排样图

1—上模座　2—卸料弹簧　3—卸料螺钉　4—螺钉　5—模柄　6—防转销　7—销钉　8—垫板　9—凸模固定板　10—凸模　11—弹压卸料板　12—凹模　13—顶件板　14—下模座　15—顶杆　16—板　17—螺栓　18—固定挡料销　19—导柱　20—导套　21—螺母　22—橡皮

该模具冲裁过程如下：当材料沿导料销（未画出）送至固定挡料销 18 后进行落料；箍在凸模上的边料靠弹压卸料装置进行卸料，弹压卸料装置由弹压卸料板 11、卸料螺钉 3 和卸料弹簧 2 组成；逆出件由顶件板 13 来完成，其反顶力由安装在下模的弹压顶出结构通过顶杆 15 提供。

导柱导向式冲裁模比导板模的导向可靠，精度高，使用寿命长，使用及安装方便，但轮廓尺寸较大，模具较重，制造工艺复杂，成本高。它广泛用于生产批量大，精度

要求高的冲裁件。

（4）导柱导向式冲孔模

导柱导向式冲孔模的结构如图 2—2—5 所示，该模具能实现电动机转子冲片冲槽功能。其特点是在工序件上一次冲出所有的槽形，因而必须在所有凸模与凹模配合的状态下，把凸模用低熔点合金、环氧树脂或无机黏结剂浇注固定在凸模固定板 13 上，以保证所有凸模的位置精度与相应凹模孔的一致性，使凸模与凹模正确配合。为了节约模具钢，把凹模 7 设计得较小，但它与凹模套圈 8 的配合为 U8/h7，套圈紧固于下模座内，中间加设一块凹模垫板 9。

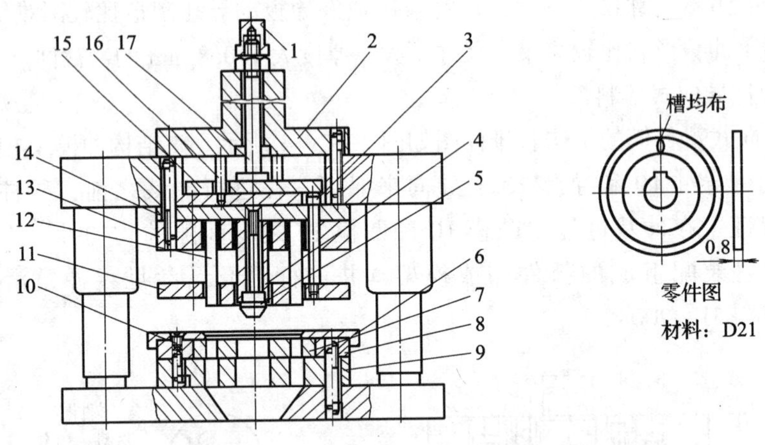

图 2—2—5 导柱导向式冲孔模的结构

1—保护螺母 2—凸缘模柄 3—连杆推杆 4、12—凸模 5—导正销 6—定位板 7—凹模 8—凹模套圈 9—凹模垫板 10—沉头螺钉 11—卸料板 13—凸模固定板 14—垫板 15—推板 16—支承柱 17—打杆

该模具是利用前道工序的落料件在定位板 6 中以外形定位，在冲孔之前的瞬间，导正销 5 先插入工序件的轴孔，把工序件导正，进行精定位，从而保证冲片槽形与轴孔的相对位置精度。冲裁后，转子冲片卡在凸模上，随着上模上升，当上升到接近上死点时，压力机上的打杆机构开始推动冲模上的刚性推杆装置，工件即被卸下。刚性卸料装置由打杆 17、推板 15、连杆推杆 3 和卸料板 11 组成。

2. 级进冲裁模

级进冲裁模是一种多工位、高效率的冲模。它在一副模具中有规律地安排多道工序进行冲压。级进冲裁模的设计十分灵活，采用不同的排样形式、卸料方式、定距方式和导向方式，同一个制件的级进冲裁模可设计成多种结构形式，但无论怎样设计，必须遵循一条规律，即为保证送料的连续性，制件与材料的完全分离要在最后的工位上。每个工位可以安排一道或多道工序，也可以安排一个或多个空位，以增加凹模的壁厚，加大凹模的外形尺寸，提高凹模的强度，避免模具零件过于贴近而造成加工和安装困难。

级进模工位较多，因而用级进模冲裁制件必须解决材料的准确定位问题，才有可能保证冲压件的质量。

（1）挡料销定距级进冲裁模

如图 2—2—6 所示为挡料销和导正销定位的级进模结构及排样图。该模具的工位只有两个，采用了固定挡料销 8 和导正销 6 定位。工作时，为减少浪费，在第 1 工位上设置了始用挡料销 10 初始定位，进行冲孔。始用挡料销在弹簧作用下复位后，材料再送进一个步距，用固定挡料销粗定位，落料时，装在落料凸模端面上的导正销 6 先插入已冲好的孔内，对材料进行精确定位，以保证孔与边缘的位置精度。在最后的落料工位上，制件与材料完全分离，完成制件的全部冲裁。在落料的同时，在冲孔工位上又完成冲孔，这样连续进行冲裁直至材料冲完为止。级进模一般都有导向装置，该模具上、下模由凸模 4 与导板 5 间隙配合导向，导板兼作卸料板。

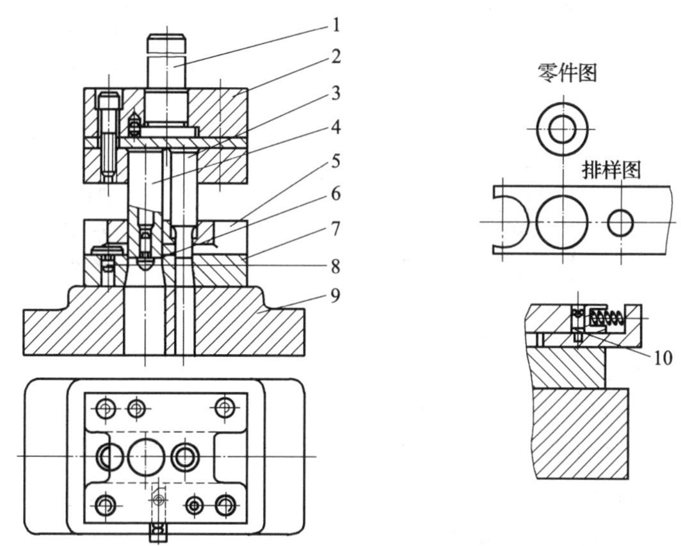

图 2—2—6　挡料销和导正销定位的级进模结构及排样图

1—模柄　2、3—上模座　4—凸模　5—导板（兼卸料板）

6—导正销　7—凹模　8—固定挡料销　9—下模座　10—始用挡料销

（2）侧刃定距级进冲裁模

如图 2—2—7 所示为双侧刃定距级进冲裁模的结构及排样图。它以侧刃代替了始用挡料销，挡料销和导正销控制材料的送进距离（步距）。侧刃是特殊功用的凸模，侧刃横截面的长度等于步距。当侧刃从材料的侧边冲出长度等于步距的狭条后，由于在送料方向上侧刃前后两导料板间距不同，前宽后窄形成一个凸肩，所以，材料上只有切出料边部分才能通过，通过的距离即等于步距。

该模具采用了标准的冷冲模导板模模架（中间导柱弹压模架），装在弹压导板 4 上的压板 5 与截面较小的冲孔凸模 2 和 3 采用小间隙配合，可对凸模进行导向保护，防止其折断。由于制件材料为比较贵重的黄铜，为了减小料尾损耗，采用两个侧刃前后对角排列。制件形状为 T 形，采用直对排排样，一次冲裁可获得两个制件，但两个

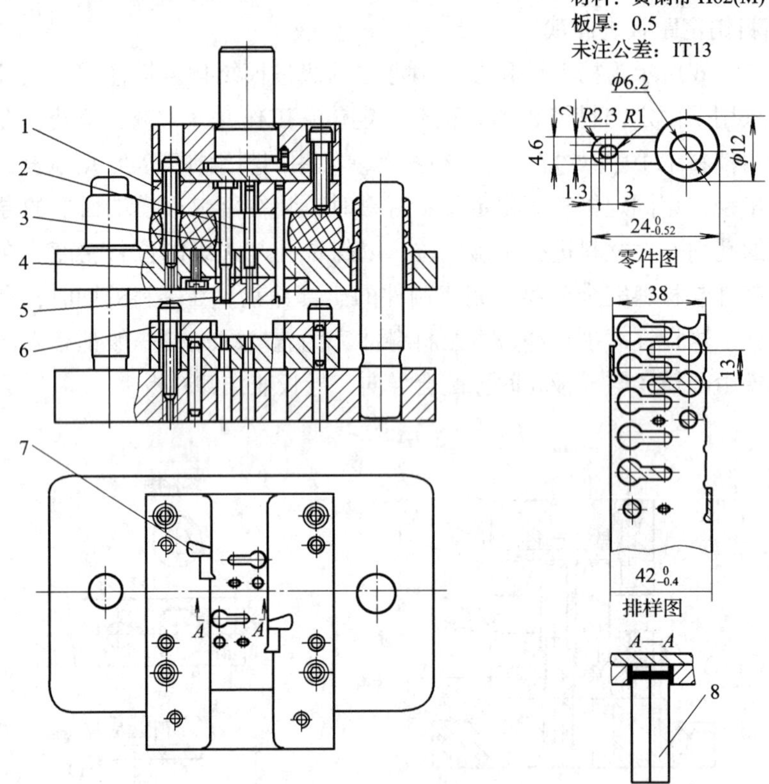

图 2—2—7　双侧刃定距级进冲裁模的结构及排样图

1—固定板　2、3—冲孔凸模　4—弹压导板　5—压板　6—导料板　7—侧刃挡块　8—落料凸模

制件的落料工位要离开一定的距离，以提高凹模的强度，便于模具加工和装配。考虑到制件为焊片，生产量较大，因此设置了侧刃挡块 7，以提高导料板 6 的耐用度。截面为非圆形的冲孔凸模 2 和落料凸模 8 采取直通式结构，与固定板 1 通过环氧树脂粘接固定。这种模具适用于冲压制件尺寸小而复杂、需要保护凸模的场合。

比较上述两种定位的级进模可知，如果板料厚度较小，用导正销定位时，孔的边缘可能被导正销压弯变形，因而不能起正确导正和定位的作用；窄长形的冲压件（步距小于 6 mm）不能安装始用挡料销和挡料销；落料凸模尺寸不大时，如在凸模上安装导正销，将影响凸模强度。因此，挡料销和导正销定位的级进模一般适用于冲裁板料厚度大于 0. 3 mm、步距大于 6 mm、材料较硬的冲压件。不满足上述条件的板料宜用侧刃定位。侧刃定位的级进模不存在上述问题，生产效率比较高，定位准确，但材料消耗较多，冲裁力较大，模具也比较复杂。

总而言之，在实际生产中，对于精度要求高的冲压件和工位多的连续冲裁，可采用既有侧刃又有导正销定位的级进模。

3. 复合冲裁模

复合冲裁模是一种多工序的冲裁模，它在一副冲裁模中一次送料定位可以同时完成几道工序。与级进模相比，冲裁件的内孔与外缘的相对位置精度较高，材料的定位精度要求较低，冲模轮廓尺寸较小。其结构的主要特征是有一个既是落料凸模又是冲孔凹模的凸凹模。其基本结构形式有两种：落料凹模装在下模时的顺装复合冲裁模（或称为正装复合冲裁模）；落料凹模装在上模时的倒装复合冲裁模。

（1）顺装复合冲裁模

顺装复合冲裁模的结构及排样图如图 2—2—8 所示，凸凹模 6 位于上模，落料凹模 8 和冲孔凸模 12 位于下模。工作时，板料以导料销 17 和固定挡料销 16 进行导料与挡料，上模下压，凸凹模外端和落料凹模 8 进行落料，落下的料卡在凹模内；同时，冲孔凸模与凸凹模内端进行冲孔，冲孔的废料卡在凸凹模的孔内，冲裁后箍在凸凹模上的材料由弹压卸料板 7 卸下。卡在凹模中的制件由顶杆 15 等组成的顶件装置顶出。顶件力来自安装在下模座 14 下的通用弹顶装置（图中未画）。当上模上升至上死点时，卡在凸凹模中的冲孔废料由打料装置推出。打料装置由推杆 5 和 4、打板 3 及打杆 2 组成。每冲裁一次，冲孔废料被推下一次，凸凹模孔内不积存废料，胀力小，不易破裂。不过冲孔废料落在下模工作面上，清除废料较麻烦。由于采用固定挡料销和导料销，在弹压卸料板 7 上需设计让位孔。

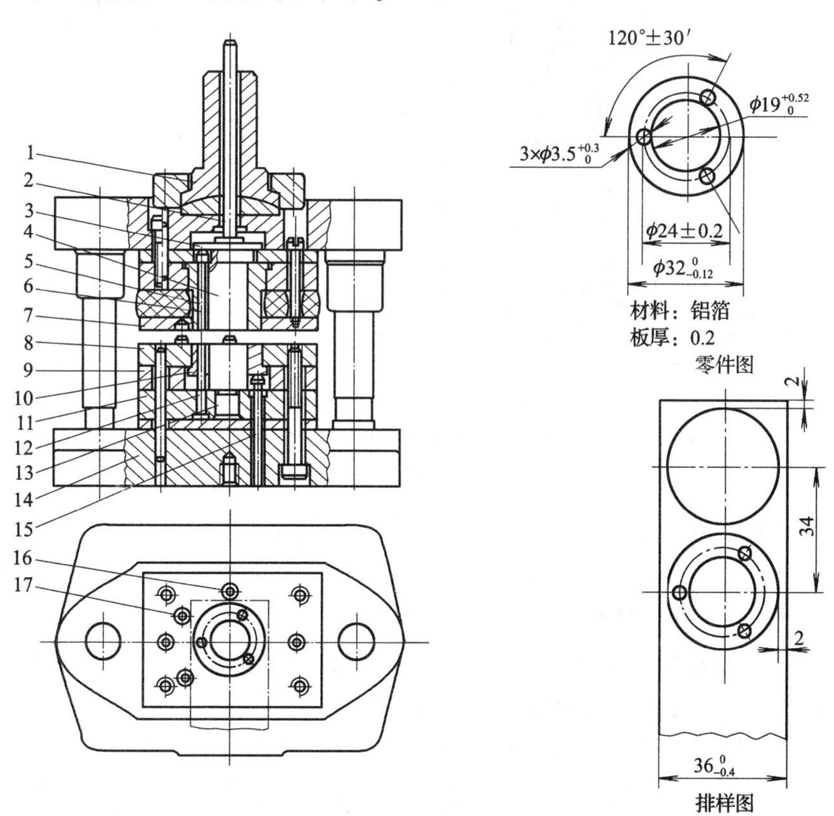

图 2—2—8　顺装复合冲裁模的结构及排样图

1—浮动模柄　2—打杆　3—打板　4、5—推杆　6—凸凹模　7—弹压卸料板　8—落料凹模　9—凹模垫板　10、15—顶杆　11—固定板　12、13—冲孔凸模　14—下模座　16—固定挡料销　17—导料销从上述工作过程可以看出，顺装复合冲裁模工作时，板料在压紧状态下进行分离，故冲制成形的制件比较平直。但是，由于弹性顶件器和弹压卸料装置的作用，分离后的制件容易嵌入条料中，影响操作，降低生产效率。

（2）倒装复合冲裁模

倒装复合冲裁模的结构如图2—2—9所示。凸凹模1位于下模，落料凹模3和冲孔凸模6、7位于上模。板料由两个导料销2和一个挡料销4进行导料与挡料，均采用活动式结构，并与弹压卸料板11采用H8/f9配合。非工作行程时，挡料销4由弹性元件顶起，可供定位用。工作时，挡料销被压下，上端面与板料平齐。由于采用橡胶弹顶挡料装置，故在凹模上不必设计相应的通孔，但实践证明，这种挡料装置的工作可靠性较差。

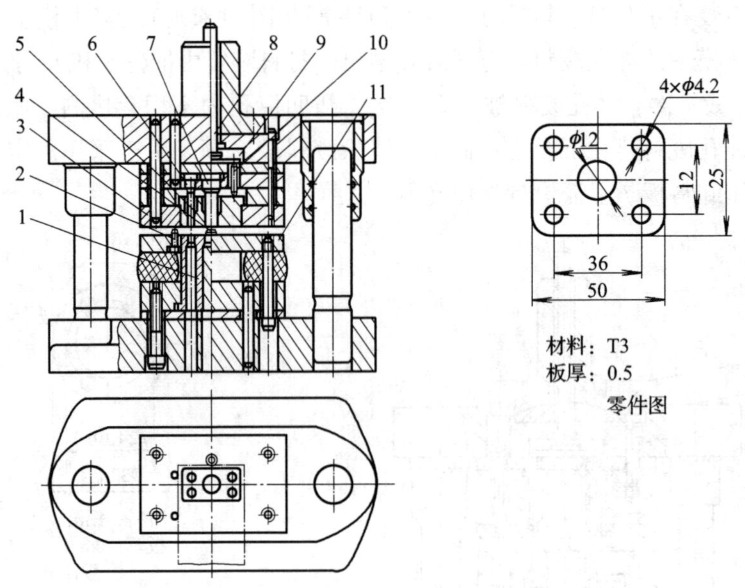

图2—2—9　倒装复合冲裁模的结构

1—凸凹模　2—导料销　3—落料凹模　4—挡料销　5—推板
6、7—冲孔凸模　8—打杆　9—打板　10—推杆　11—弹压卸料板

冲裁回程时，弹压卸料板11将箍在凸凹模1上的材料卸下。推板5、推杆10、打板9和打杆8组成推件装置，回程中，当打杆8撞到压力机滑块上的打杆横梁时，撞击力传至推板5，便可将冲入落料凹模3的制件推下。冲孔废料顺凸凹模1的漏料孔排出。由于没有顶件装置，模具结构简单，操作方便，但凸凹模内有积存废料，胀力较大，当凸凹模壁厚较小时，可能导致凸凹模破裂。

采用刚性推件的倒装复合冲裁模，由于板料在未被压紧的情况下冲裁，因此制件平直度不高。故这种模具结构适用于冲裁较硬的或厚度大于0.3 mm的板料。如果在上模内设置了弹性元件，即采用弹性推件，就可用于冲制材质较硬或厚度小于0.3 mm的平直度要求较高的冲裁件。

从顺装和倒装复合冲裁模的结构中可以看出，两者各有优劣，顺装复合冲裁模不仅适用于材质较软或板料较薄的平直度要求高的冲裁件，还适用于孔边距离较小的冲裁件；而倒装复合冲裁模则结构简单，且可以直接利用压力机的打杆装置进行推件，卸件可靠，便于操作，故应用十分广泛。

第三节 标准模架与标准零件

尽管各类冲裁模的结构形式和复杂程度不同，组成模具的零件多种多样，但总的来说，按模具零件的作用不同，无外乎两大类零件：一是在完成冲压工序时与材料或制件直接发生接触的工艺零件；二是在模具的制造和使用中起装配、安装、定位、导向作用的结构零件。这就给冲模标准化工作的开展带来了极大的方便。

冲模标准化主要包括模具设计标准化和模具标准件。我国已经颁发了《冲模术语》《冲模技术条件》《冲裁间隙》《冲模模架零件技术条件》《冲模模架技术条件》《冲模滑动导向模架》《冲模滚动导向模架》和冲模零部件的国家标准或行业标准，冲模的专业化生产也在积极组织和实施中。冲模标准模架和标准零件如图 2—3—1 所示，在冲模设计中，要优先选用符合标准的零部件。

图 2—3—1　冲模标准模架和标准零件

一、冲模标准化的意义

开展冲模标准化工作意义重大，具体表现如下：首先，提高了模具制造精度、质量和使用性能，满足了工业产品大批量生产规模的使用寿命需求；其次，大幅度缩减了模具设计与制造周期，据估计，标准化后可节约工时 25% ~45%；再次，可大幅度降低生产消耗和成本；最后，有利于国内和国际的合作与交流。

尤为重要的是，模具数字化设计与生产技术的应用使模具结构设计更为直观、合理和精确，并为概念设计、并行工程等生产技术的应用奠定基础。

二、标准模架

模架是上、下模座与导向件的组合体。作为应用量大、使用范围广、已形成标准化的通用模架，在冲模中比比皆是。国家和行业标准《冲模模架技术条件》（JB/T 8050—2008）、《冲模滑动导向模架》（GB/T 2851—2008）、《冲模滚动导向模架》（GB/T 2852—2008）等对标准模架的结构、尺寸规格与标记、技术要求等做了详细规定，给设计和选用带来了极大的方便。

1. 冲模滑动导向模架

滑动模架由上模座、下模座、滑动导向导柱、滑动导向导套组成。作为模具的骨架，模具的全部零件都固定在它的上面，并承受冲压过程的全部载荷。模具上模座和下模座分别与冲压设备的滑块和工作台固定。上模、下模间精确位置的确定由滑动导柱、导套的导向来实现。

（1）结构和尺寸规格

根据国家标准《冲模滑动导向模架》（GB/T 2851—2008），标准模架有五种结构类型，即对角导柱模架、后侧导柱模架、中间导柱模架、中间导柱圆形模架和四导柱模架。

1）对角导柱模架。对角导柱模架的结构如图 2—3—2 所示，其上模座、下模座工作平面的横向尺寸 L 一般大于纵向尺寸 B，常用于横向送料的级进模、纵向送料的单工序模或复合模。对角导柱模架的尺寸规格可参见教材附录五。

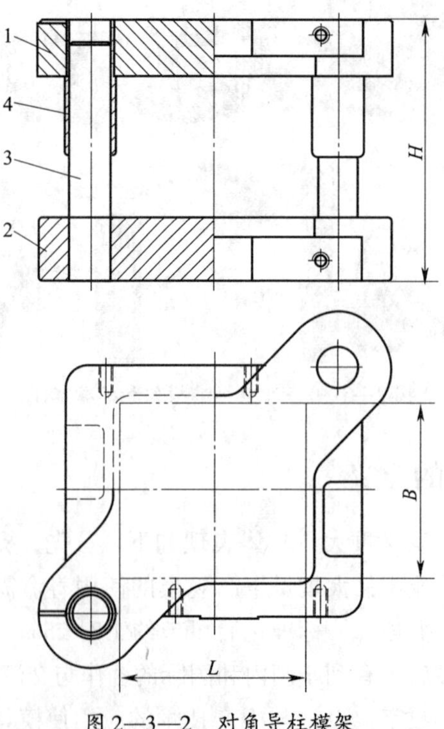

图 2—3—2　对角导柱模架

1—上模座　2—下模座　3—导柱　4—导套

2）后侧导柱模架。后侧导柱模架结构如图 2—3—3 所示，其特点是导向装置在后侧，横向和纵向送料都比较方便，但如果有偏心载荷，压力机导向又不精确，就会造成上模歪斜，导向装置和凸、凹模都容易磨损，从而影响模具的使用寿命。因此，该模架一般用于较小的冲模。后侧导柱模架的尺寸规格可参见《冲模滑动导向模架》（GB/T 2851—2008）。

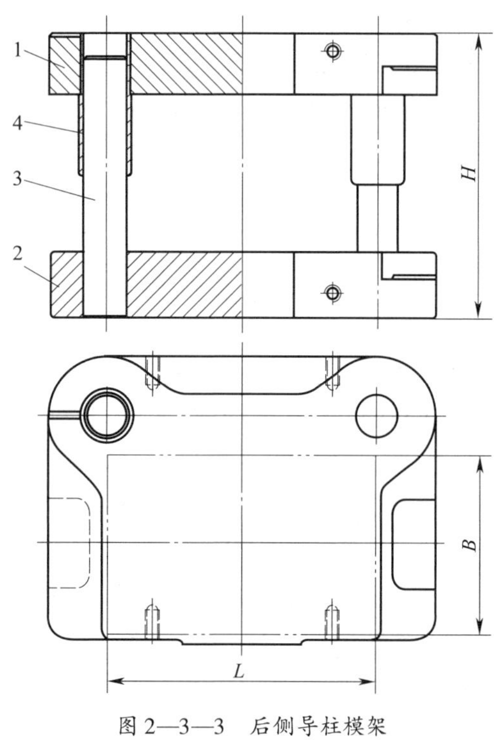

图 2—3—3　后侧导柱模架

1—上模座　2—下模座　3—导柱　4—导套

3）中间导柱模架。中间导柱模架结构如图 2—3—4 所示，该模架只能采用纵向送料，一般用于单工序模或复合模。中间导柱模架的尺寸规格可参见《冲模滑动导向模架》（GB/T 2851—2008）。

4）中间导柱圆形模架。中间导柱圆形模架结构如图 2—3—5 所示，该模架只能采用纵向送料，一般用于单工序模或复合模。中间导柱圆形模架的尺寸规格可参见《冲模滑动导向模架》（GB/T 2851—2008）。

5）四导柱模架。四导柱模架结构如图 2—3—6 所示，该模架常用于精度要求较高或尺寸较大冲件的生产及大批量生产用的自动模。四导柱模架的尺寸规格可参见《冲模滑动导向模架》（GB/T 2851—2008）。

需要强调的是，除后侧导柱模架外，其他结构模架的共同特点是导向装置都安装在模具的对称线上，滑动平稳，导向准确可靠。所以要求导向精确可靠的都考虑采用这些结构形式。

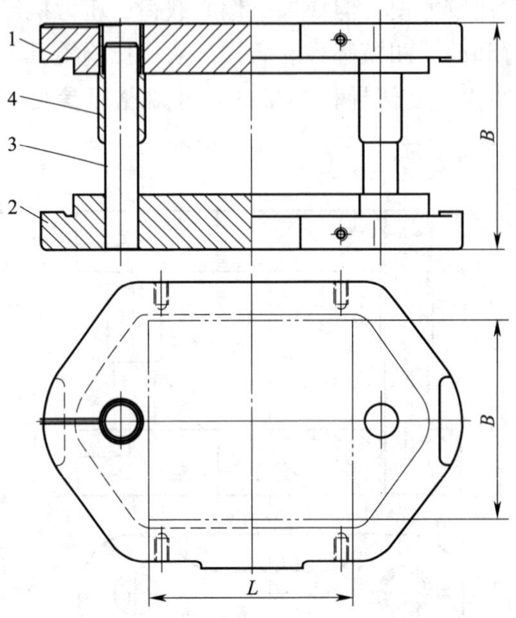

图 2—3—4　中间导柱模架

1—上模座　2—下模座　3—导柱　4—导套

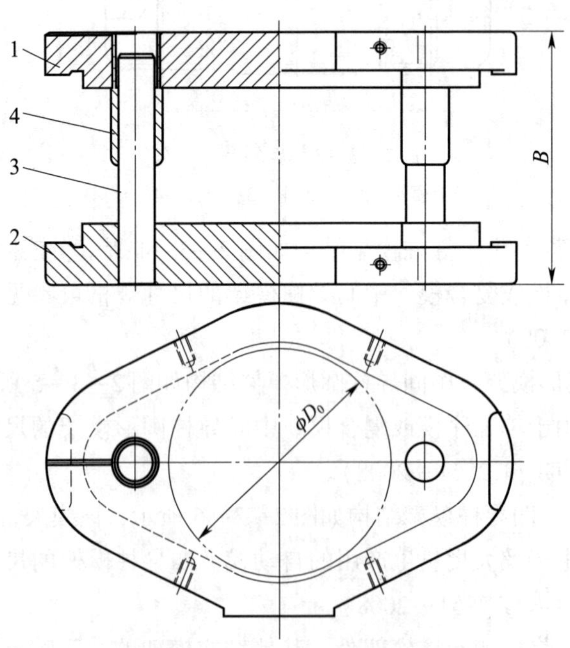

图 2—3—5　中间导柱圆形模架

1—上模座　2—下模座　3—导柱　4—导套

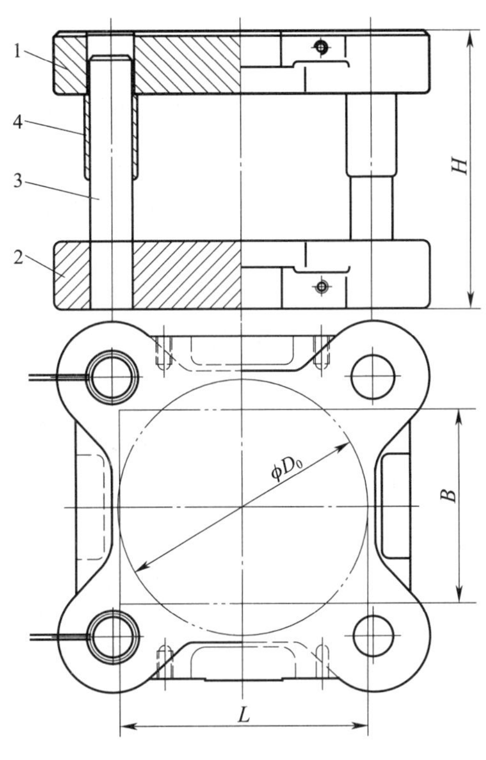

图 2—3—6 四导柱模架

1—上模座 2—下模座 3—导柱 4—导套

(2) 要求和标记

1) 要求。根据机械行业标准《冲模模架技术条件》(JB/T 8050—2008),冲模滑动导向模架应满足相应的要求,具体内容见表 2—3—1。

表 2—3—1 冲模滑动导向模架应满足的要求

序号	要求内容
1	组成模架的零件应符合相应的标准要求和技术条件规定
2	模架的精度分为Ⅰ级和Ⅱ级。各级精度的模架应符合表 2—3—2 所规定的各项技术指标
3	组装后的钢板模架上、下模座两个对应的基准面在同一平面内,误差应≤0.05:300
4	装入模架的每对导柱和导套(包括可卸导柱和导套)的配合间隙值(或过盈量)应符合表 2—3—3 的规定。Ⅰ级精度模架导套、导柱配合精度为 H6/h5 时应符合表 2—3—3 的配合间隙值;Ⅱ级精度模架导套、导柱配合精度为 H7/h6 时应符合表 2—3—3 的配合间隙值
5	装配后的模架,其上模座沿导柱上、下移动应平稳和无滞住现象
6	装配后的导柱的固定端面与下模座下平面应保留 1 ~ 2 mm 距离,选用 B 型导套时,装配后其固定端面应低于上模座上平面 1 ~ 2 mm

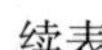

续表

序号	要求内容
7	模架的各零件工作表面不允许有裂纹和影响使用的砂眼、缩孔、机械损伤等缺陷
8	在保证标准规定重量的情况下，允许用其他工艺方法（如环氧树脂、厌氧胶、低熔点合金浇注等）固定导柱、导套，其零件结构尺寸允许作相应改动
9	成套模架一般不装配模柄

表 2—3—2　　模架分级技术指标

项	检查项目	被测尺寸（mm）	模架精度等级	
			0 Ⅰ级、Ⅰ级	0 Ⅱ级、Ⅱ级
			公差等级	
A	上模座上平面对下模座下平面的平行度	≤400	5	6
		>400	6	7
B	导柱轴心线对下模座下平面的垂直度	≤160	4	5
		>160	5	6

注：公差等级按 GB/T 1184—1996。

表 2—3—3　　导柱导套配合间隙（或过盈量）　　mm

配合形式	导柱直径	模架精度等级		配合后的过盈量
		Ⅰ级	Ⅱ级	
		配合后的间隙量		
滑动配合	≤18	≤0.010	≤0.015	—
	>18～30	≤0.011	≤0.017	
	>30～50	≤0.014	≤0.021	
	>50～80	≤0.016	≤0.025	
滚动配合	>18～30	—	—	0.01～0.02
	>30～50	—	—	0.015～0.025

2）标记。标准冲模滑动导向模架的标记应包含相应内容，具体情况及示例见表 2—3—4。

表 2—3—4　　标准冲模滑动导向模架标记内容及示例

标记内容	(1) 滑动导向模架 (2) 结构形式：对角导柱、后侧导柱、中间导柱、中间导柱圆形、四导柱 (3) 凹模周界尺寸 L、B 或 D_0，以 mm 为单位 (4) 模架闭合高度 H，以 mm 为单位 (5) 模架精度等级：Ⅰ级、Ⅱ级 (6) 标准代号，即 GB/T 2851—2008
标记示例	模架描述： $L=200$ mm、$B=125$ mm、$H=170\sim205$ mm、Ⅰ级精度的冲模滑动导向对角导柱模架 标记表示： 滑动导向模架　对角导柱　200×125×170～205　Ⅰ　GB/T 2851—2008

2. 冲模滚动导向模架

冲模滚动导向模架在导柱和导套间装有钢球保持圈和钢球。导柱、导套间的导向通过钢球的滚动摩擦来实现，因而导向精度高、使用寿命长，主要用于高精度、高寿命的硬质合金模、薄材冲裁模以及高速精密级进模。

(1) 结构和尺寸规格

根据国家标准《冲模滚动导向模架》（GB/T 2852—2008），标准模架有如图 2—3—7 所示的四种结构类型：对角导柱模架、中间导柱模架、四导柱模架和后侧导柱模架，它们各自的尺寸规格可参见《冲模滚动导向模架》（GB/T 2852—2008）。

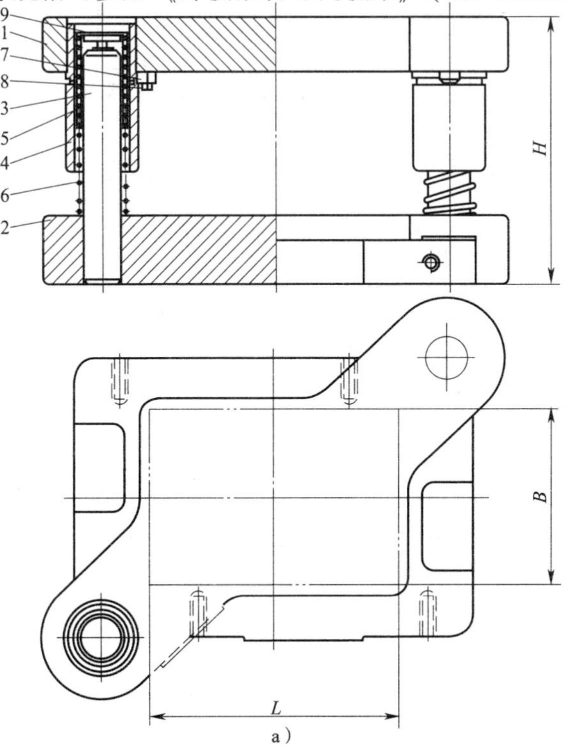

a）

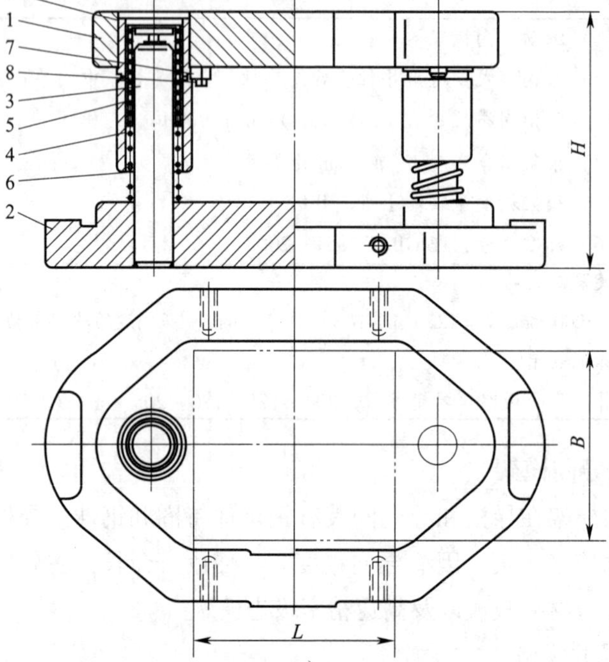

b）

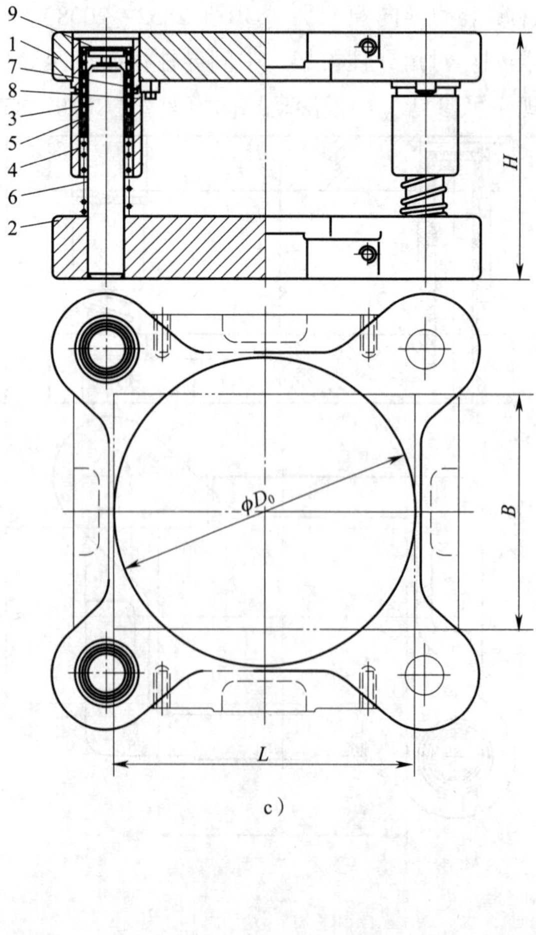

c）

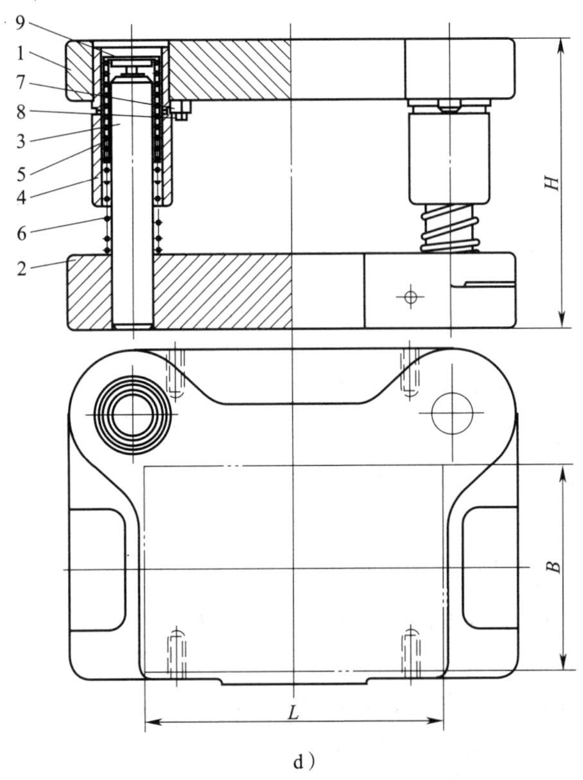

d）

图 2—3—7 冲模滚动导向模架

a）对角导柱模架 b）中间导柱模架 c）四导柱模架 d）后侧导柱模架

1—上模座 2—下模座 3—导柱 4—导套 5—钢球保持圈 6—弹簧

7—压板 8—螺钉 9—限程器

（2）要求和标记

根据机械行业标准《冲模模架技术条件》（JB/T 8050—2008），冲模滚动导向模架应满足相应的要求，除模架的精度分为0Ⅰ级和0Ⅱ级外，其他要求均与冲模滑动导向模架要求相同。

标准冲模滚动导向模架的标记内容与标准冲模滑动导向模架类似，具体情况及示例见表2—3—5。

表 2—3—5 标准冲模滚动导向模架标记内容及示例

标记内容	（1）滚动导向模架 （2）结构形式：对角导柱、中间导柱、四导柱、后侧导柱 （3）凹模周界尺寸 L、B 或 D_0，以 mm 为单位 （4）模架闭合高度 H，以 mm 为单位 （5）模架精度等级：0Ⅰ级、0Ⅱ级 （6）标准代号，即 GB/T 2852—2008

续表

标记示例	模架描述： $L=200$ mm、$B=160$ mm、$H=220$ mm、0Ⅰ级精度的冲模滚动导向对角导柱模架 标记表示： 滚动导向模架　对角导柱　200×160×220　0Ⅰ　GB/T 2852—2008

三、标准零件

随着冲模标准化工作的开展，冲模中的大多数零件实现了标准化，甚至包括一些工作零件。与此同时，标准零件的专业化生产也迅速发展，标准零件可以直接购得，并可根据需要进行追加加工。现以 MISUMI 冲压模具用零件为例加以说明。

1. 凸模零件

标准凸模零件有肩型凸模、顶料型凸模、定位销孔型凸模、定位销孔顶料型凸模、厚板冲裁用凸模、厚板冲裁用顶料型凸模、厚板冲裁用定位销孔型凸模、杆部止动肩型凸模、杆部止动顶料型凸模、肩型台阶凸模、厚板冲裁用台阶凸模、螺纹固定型凸模、螺纹固定顶料型凸模、杆部止动螺纹固定型凸模、螺纹固定台阶型凸模、键槽型凸模、键槽顶料型凸模、直杆型凸模、直杆顶料型凸模和直杆螺纹固定型凸模等，它们的结构见表 2—3—6。

表 2—3—6　　标准凸模零件结构

凸模名称	结构	凸模名称	结构
肩型		顶料型	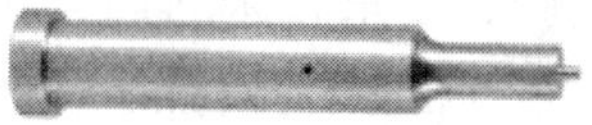
定位销孔型	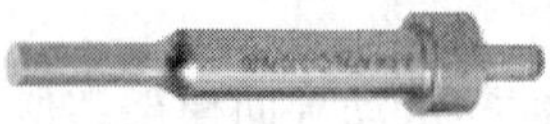	定位销孔顶料型	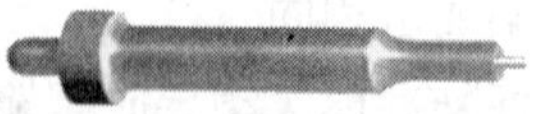
厚板冲裁用	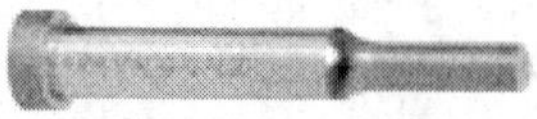	厚板冲裁用顶料型	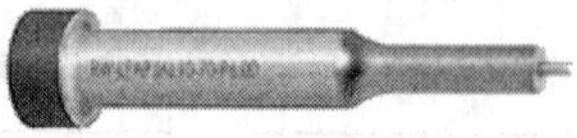
厚板冲裁用定位销孔型		杆部止动肩型	
杆部止动顶料型	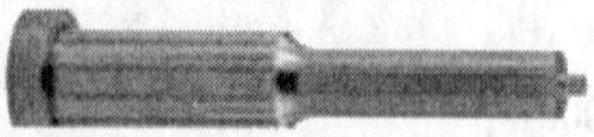	肩型台阶	

续表

凸模名称	结构	凸模名称	结构
厚板冲裁用台阶		螺纹固定型	
螺纹固定顶料型		键槽型	
键槽顶料型		直杆顶料型	

2. 凹模零件

标准凹模零件有肩型凹模、直杆型凹模、防废料回跳凹模、防废料堆积凹模、锥度凹模、防废料回跳锥度凹模、刃口长型凹模等，它们的结构如图 2—3—8 所示。

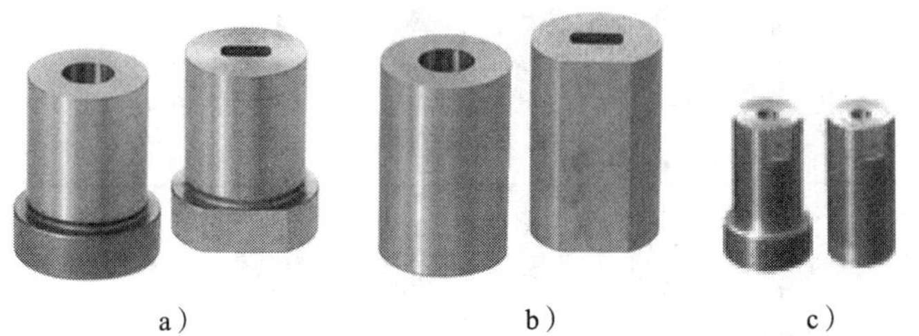

a） b） c）

图 2—3—8 标准凹模零件

a）肩型凹模 b）直杆型凹模 c）防废料堆积凹模

3. 成形加工用凸模和凹模

标准成形加工用凸模和凹模零件包括翻边凸模、翻边凹模部件、无废料型翻边凸模、压花凸模、拉深凸模、拉深顶料型凸模、拉深凹模、弯曲凸模、弯曲凹模等，它们的结构如图 2—3—9 所示。

a） b） c）

图 2—3—9 成形加工用凸模和凹模

a）翻边凸模 b）翻边凹模部件 c）拉深凸模

4. 导向零件

标准导向零件有卸料板导柱和导套、钢球衬套和钢球衬套用弹簧、高刚性卸料板滚针导柱组件、滚针衬套及滚针用固定型挡块和滚针用弹簧、模架用导柱和导套等，它们的结构如图2—3—10所示。

图2—3—10　导向零件

a）卸料板导套　b）卸料板导柱　c）钢球衬套

d）高刚性卸料板滚针导柱组件　e）模架用导柱导套

5. 材料导向、顶料相关零件

材料导向、顶料相关的标准零件有导向顶杆组件、浮料销组件、带气孔型浮料销、方形顶块组件、材料导板、材料导向装置、材料定位组件、顶出销、推杆等，它们的结构如图2—3—11所示。

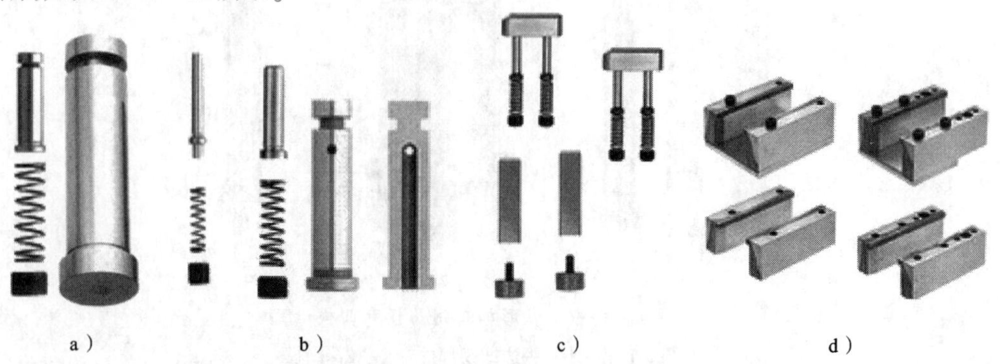

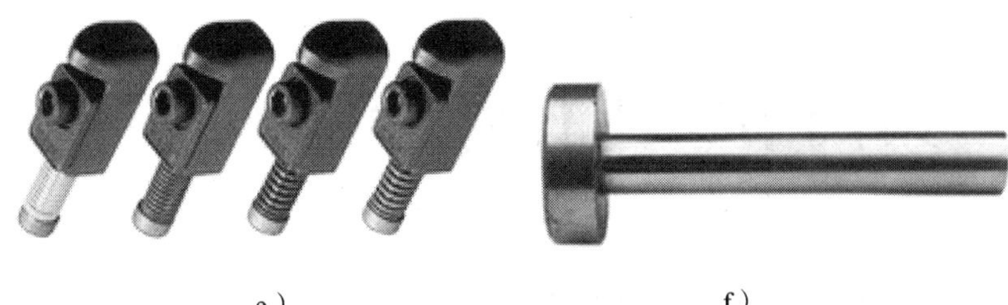

e）　　f）

图 2—3—11　材料导向、顶料相关标准零件

a）导向顶杆组件　b）浮料销组件　c）方形顶块组件

d）材料导向装置　e）材料定位组件　f）顶出销

6. 其他零件

冲压模具用其他标准零件有定位销、定位销衬套、内六角螺栓、螺塞、限位块、卸料螺栓、模柄、弹簧、误送料检测相关零件、连续自动送进模具用零件、顶料组件用气缸等，他们的结构如图 2—3—12 所示。

a）　b）　c）　d）

e）　f）　g）

h）　i）

图 2—3—12　其他零件

a）定位销　b）定位销衬套　c）内六角螺栓　d）限位块　e）卸料螺栓

f）弹簧　g）材料导正架　h）顶料组件用气缸　i）误送料检测部件

第四节　工作零件结构设计

工作零件是直接对板料进行冲压加工的零件。冲裁模中的工作零件包括凸模、凹模、凸凹模。

工作零件用于板料的冲切成形，其刃口在工作过程中受到强烈的摩擦和冲击，要求具有高的耐磨性、冲击韧性以及耐疲劳断裂性能。以图 2—4—1 所示某落料模为例，其工作零件的材料选用 CrWMn，凹模硬度要求为 60 ~ 64HRC，凸模硬度要求为 58 ~ 62HRC。

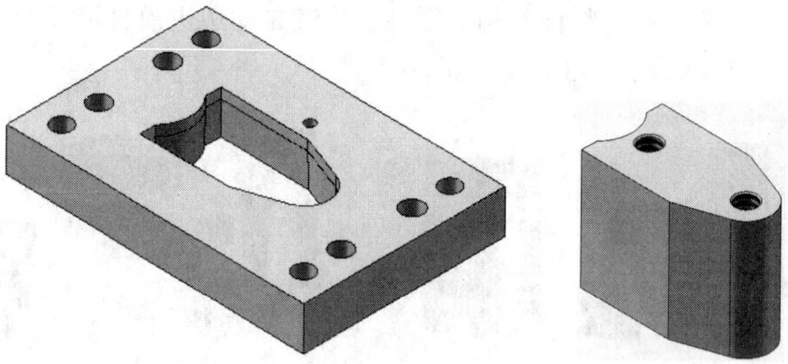

a）

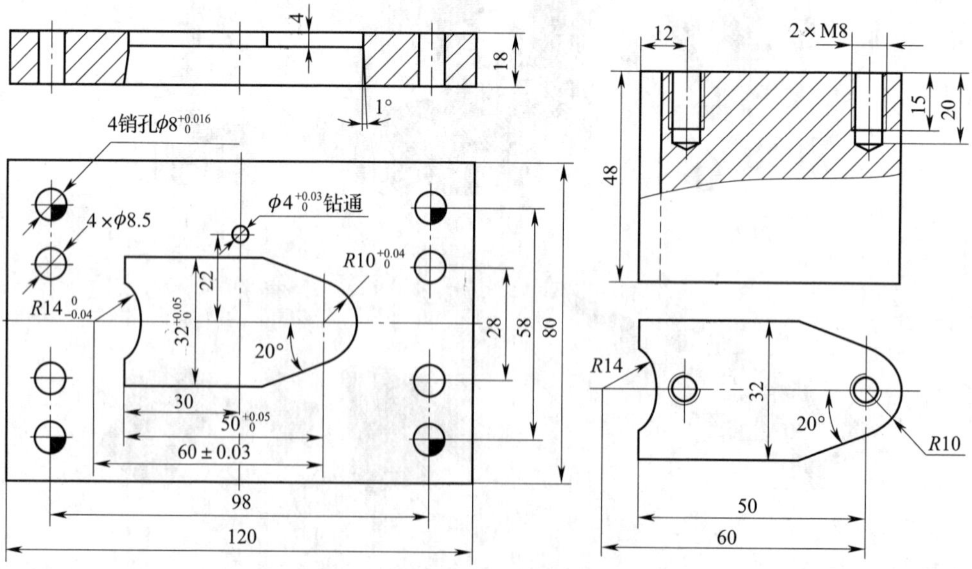

b）

图 2—4—1　某落料模工作零件

a）实物　b）零件图

一、凸模结构

1. 凸模结构形式

作为冲压加工制件内孔或内表面的工作零件，根据需要，凸模可能采用不同的结构形式。

凸模常用结构形式如图 2—4—2 所示，它们的选用可参见表 2—4—1。

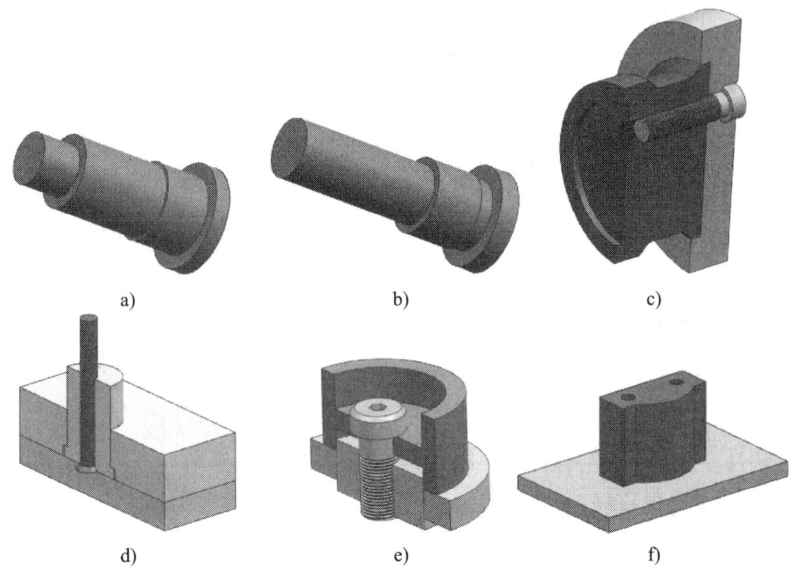

图 2—4—2 凸模常用结构形式

a）小圆孔凸模 b）中型圆孔凸模 c）大型圆孔或落料凸模

d）带护套凸模 e）镶块式凸模 f）阶梯式非圆形凸模

表 2—4—1 凸模常用结构形式的选用

结构形式	选用说明
小圆孔凸模	适用于冲裁 ϕ1 ~ 15 mm 的小圆孔，为了增强凸模的强度与刚度，避免应力集中，将凸模非工作部分做成逐渐增大的圆滑过渡的阶梯形式
中型圆孔凸模	适用于冲裁 ϕ8 ~ 30 mm 的中型圆孔，因直径较大，可不在中部增加过渡阶梯
大型圆孔或落料凸模	采用止口定位，通过螺钉紧固，为减小精加工面积，凸模外圆非工作表面直径可略小一些，端面要设计成凹坑形状
带护套凸模	用于冲制孔径与料厚相近的小孔，将凸模装在护套里，再将护套固定在凸模固定板上。采用该结构既可以提高凸模的抗弯能力，又能节省模具钢

续表

结构形式	选用说明
镶块式凸模	工作部分采用工具钢制造并进行热处理，非工作部分采用一般的结构钢材料
阶梯式 非圆形凸模	为便于加工，该结构形式凸模的安装部分通常做成简单的圆形或方形，用台肩或铆接方式固定在固定板上，当安装部分为圆形时，应在固定端接缝处打入防转销

对于圆凸模，我国制定了机械行业标准，例如，《冲模 圆柱头直杆圆凸模》（JB/T 5825—2008）、《冲模 圆柱头缩杆圆凸模》（GB/T 5826—2008）、《冲模 60°锥头缩杆圆凸模》（JB/T 5828—2008）等，这些标准规定了相关凸模的尺寸规格、适用直径范围（如直径在 1 ~ 36 mm 的圆柱头直杆圆凸模）、材料指南、硬度要求、凸模标记等。

2. 凸模主要技术要求

（1）凸模材料

由于模具刃口要求有较高的耐磨性，并能承受冲裁时的冲击力，因此应有高的硬度与适当的韧性。形状简单且模具使用寿命要求不高的凸模可选用 T8A、T10A 等材料制造；形状复杂且模具有较高使用寿命要求的凸模应选 Cr12、Cr12MoV、CrWMn 等材料制造；要求高使用寿命、高耐磨性的凸模，可选用硬质合金材料或高速钢材料。

（2）通用技术要求

不同的凸模技术条件不尽相同，通用的技术条件主要有：凸模顶面与凸模固定板装配后应一起磨平，刃口锋利不得倒钝，工作部位表面光滑，*Ra* 值一般要求 1.6 ~ 0.4 μm，小直径凸模轴端不允许打中心孔等。

3. 凸模固定方式

凸模常见的固定方式有四种，即台阶固定、铆接固定、螺钉和销钉固定、浇注黏结固定，它们的各自特点及应用见表 2—4—2。

表 2—4—2　　凸模的常见固定方式

固定方式	图例	特点	应用
台阶固定		依靠其柱面和台阶压紧在凸模固定板中。凸模安装部分设有大于安装尺寸的台阶，以防凸模从固定板中脱落。凸模与固定板多采用 H7/m6 配合，装配稳定性好	应用广泛

续表

固定方式	图例	特点	应用
铆接固定		凸模装入固定板后，将凸模上端铆出(1.5～2.5) mm×45°的斜面，以防凸模脱落。凸模一般做成直通式	多用于断面形状不规则的小凸模的安装
螺钉和销钉固定		用螺钉及销钉将凸模直接固定在凸模固定板或模座上，安装与拆卸简便，稳定性好	大中型凸模的安装
浇注黏结固定		采用低熔点合金、环氧树脂、无机黏结剂等将凸模黏结固定在凸模固定板上。可简化模具的加工和装配	冲裁件厚度小于2 mm的冲裁模

此外，对于大型冲模中冲小孔的易损凸模，可以考虑采用如图2—4—3所示的快换式凸模的固定方式，以便于修理与更换。

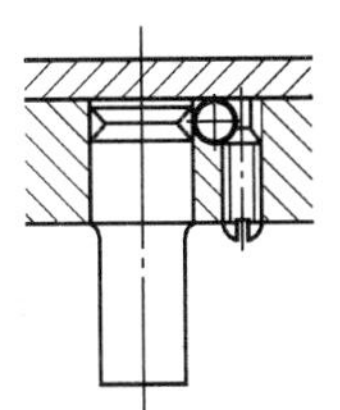
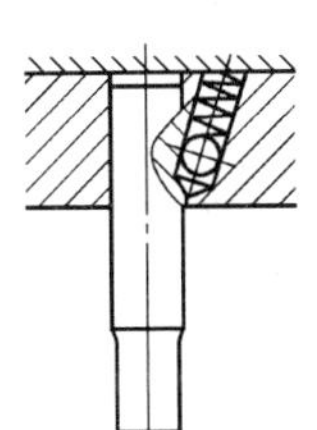
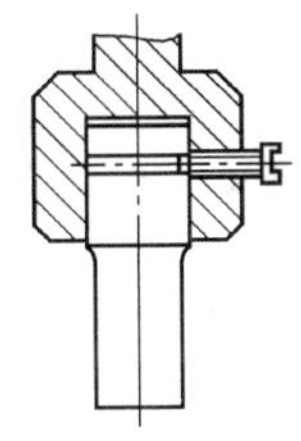
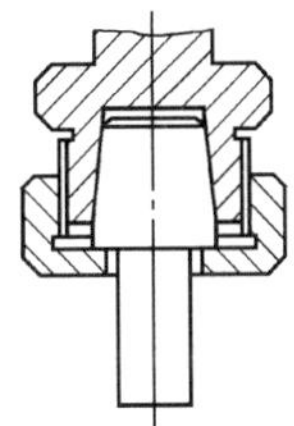

图2—4—3　快换式凸模的固定方式

4. 凸模长度确定

设计凸模时，还需确定其长度尺寸。若长度过短，将不能实现对板料的冲切；若长度过长，将降低其工作时的稳定性。所以，应根据模具的具体结构，并考虑凸模的修磨量及凸模固定板与卸料板之间的安全距离等因素。具体计算时，通常根据卸料方式分两种情况进行考虑，详细内容见表 2—4—3。

表 2—4—3　　凸模长度的确定

卸料方式	图例	计算方法	参数说明
固定卸料板（加导料板）		$L=h_1+h_2+h_3+h$	L——凸模长度，mm h_1——固定板厚度，mm h_2——卸料板厚度，mm h_3——导料板厚度，mm t——板料厚度，mm h——附加长度，包括凸模修磨量、凸模进入凹模的深度、凸模固定板与卸料板之间的安全距离等，一般取 $h=$ 10 ~ 15 mm
弹压卸料板		$L=h_1+h_2+t+h$	

二、凹模结构

1. 凹模结构形式

作为一般冲压加工制件外形或外表面的工作零件，凹模的结构形式也较多。按结构不同可分为整体式凹模和组合式（镶拼式）凹模；按外观形状可分为标准圆凹模和板状凹模；按刃口形式可分为平刃凹模和斜刃凹模。

整体式和组合式凹模的特点及应用见表 2—4—4，供设计时选用参考。

表 2—4—4　　整体式和组合式凹模的特点及应用

结构形式	图例	特点	应用
整体式		模具结构简单，强度好，但制造成本高，刃口局部磨损、损坏后必须总体更换	冲裁中小型冲压件的模具及尺寸精度要求比较高的模具

续表

结构形式	图例	特点	应用
组合式		其结构由各种镶块拼接而成，比整体式凹模便于加工，热处理变形小，并能节省贵重钢材，且个别损坏的镶块可以更换，以免整个凹模报废	冲裁形状复杂并带有凸出部分或尖角的大中型及精度要求不高的冲压件模具

另外，从孔口形式来看，有如图 2—4—4 所示的柱形孔口（直筒式）、锥形孔口凹模之分。其中，图 2—4—4a、b、c 为柱形孔口凹模，其特点是制造方便，刃口强度高，刃磨后工作部分尺寸不变，故广泛用于冲裁精度要求较高、形状复杂的精密制件。但因料片的聚集而增大了推件力和凹模的胀裂力，给凸模、凹模的强度都带来了不利影响，一般复合模和上出件的冲裁模采用如图 2—4—4a、c 所示结构，而下出件的冲裁模采用如图 2—4—4a、b 所示结构。如图 2—4—4d、e 所示为锥形孔口凹模，该孔口形式凹模内不聚集料片，侧壁磨损小，但刃口强度差，刃磨后刃口径向尺寸略有增大，故适合冲裁形状简单、尺寸精度要求不高、板料厚度较薄、生产批量不大的制件。

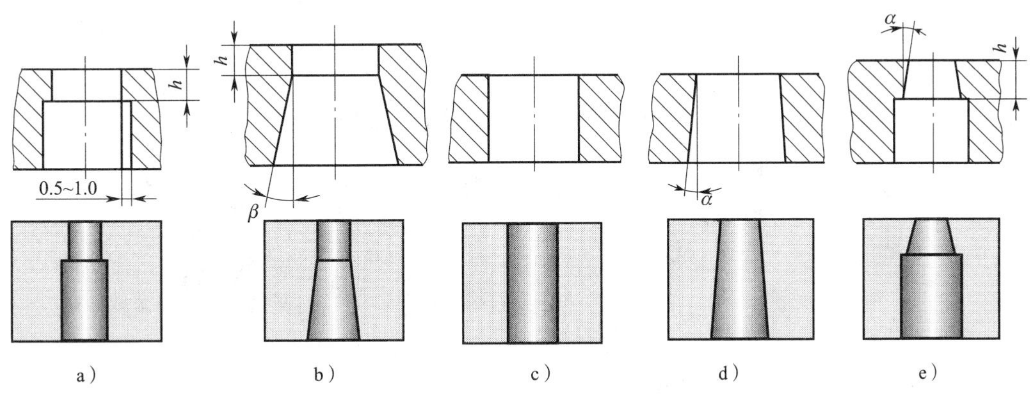

图 2—4—4　凹模孔口形式

a)、b)、c) 柱形孔口　d)、e) 锥形孔口

对于冲裁厚度0.5 mm以下软而薄的金属或非金属材料制件，还可以采用如图2—4—5所示的低硬度（一般为40HRC左右）凹模结构，其特点是，可用手锤敲击刃口外侧斜面，以达到调整凸模、凹模间隙的目的。

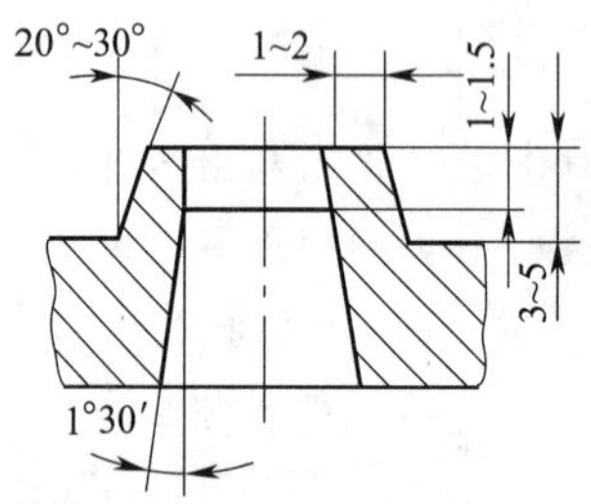

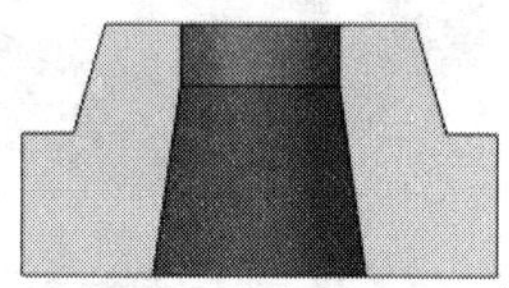

图2—4—5　低硬度凹模结构

凹模的有关参数，如凹模锥角α、后角β和孔口高度h，均随制件材料厚度的增加而增大，具体选择时可参照表2—4—5。

表2—4—5　凹模有关参数

制件厚度 t/ mm	凹模直刃口高度 h/ mm	凹模锥角 α	后角 β
≤0.5	≥5~7	15′	1°30′
>0.5~1.5	≥6~9	15′	2°
>1.5~3	≥8~12	20′	2°
>3~6	≥10~16	20′	3°
>6	>12	30′	3°

对于圆凹模，我国制定了机械行业标准《冲模 圆凹模》（JB/T 5830—2008），该标准规定了圆凹模的尺寸规格和公差、材料指南和硬度要求、标记及直径适用范围（1~36 mm）。根据该标准，圆凹模可以采用A型和B型两种结构形式，如图2—4—6所示。

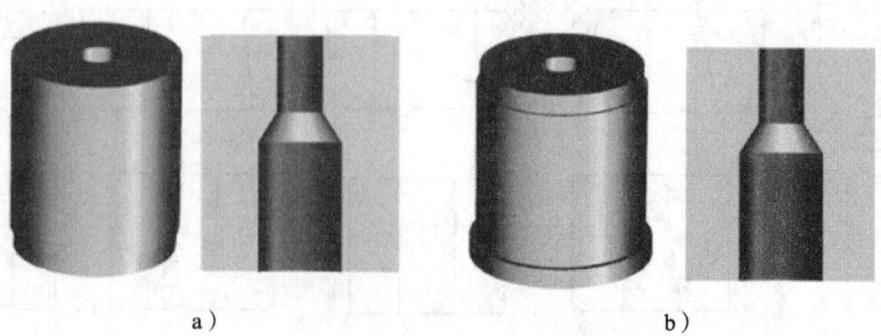

a）　　b）

图2—4—6　圆凹模结构形式

a）A型　b）B型

2. 凹模主要技术要求

（1）凹模材料

凹模与凸模选择同种材料制造，但热处理后的硬度应略高于凸模，通常为 60 ~ 64HRC。这是因为凹模比凸模制造困难，在两模刃口相撞时应保护凹模。

（2）通用技术要求

凹模一般用 M8 ~ 12 的螺钉和 ϕ6 ~ 10 的销钉与模座连接和定位。凹模孔洞轴线应与凹模端面保持垂直，上下平面应保持平行。型孔的表面粗糙度（表面结构）要求 $Ra = 0.8 \sim 0.4$ μm。

3. 凹模固定方式

凹模多采用机械法固定，常见方式有台阶固定、过盈配合固定、螺钉和销钉固定，其相关内容见表 2—4—6。

表 2—4—6　　凹模的常见固定方式

固定方式	图例	特点
台阶固定		依靠其柱面和台阶压紧在凹模固定板中。凹模安装部分设有大于安装尺寸的台阶，以防凹模从固定板中脱落。凹模与固定板多采用 H7/m6 配合，装配稳定性好，应用广泛
过盈配合固定		将凹模压入凹模固定板或模座内固定
螺钉和销钉固定		用螺钉及销钉将凹模直接固定在模座上，安装与拆卸简便，稳定性好，适用于大中型凹模的安装

4. 凹模外形尺寸确定

凹模外形尺寸包括凹模厚度尺寸和凹模周界尺寸。冲裁时，凹模要承受冲裁力和侧向力的作用，由于凹模结构形式不一，受力状态比较复杂，生产中通常不采用理论计算法确定凹模尺寸，而采用经验公式概略地计算凹模尺寸。

凹模外形尺寸是选择标准模架的依据。现以整体式凹模为例加以说明，具体计算见表2—4—7。

表2—4—7　　　　凹模外形尺寸的确定

整体式凹模图例	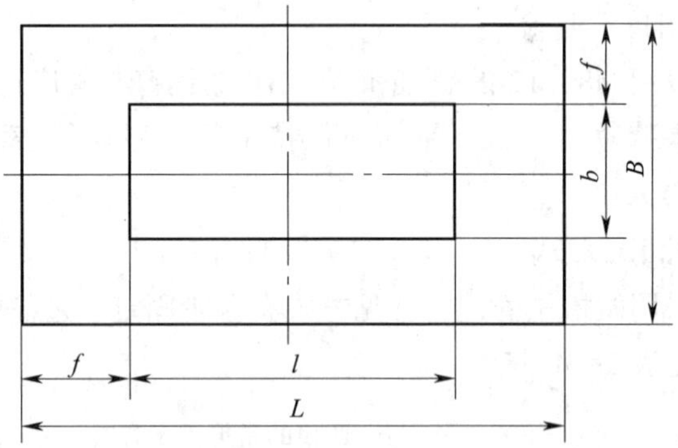 f　b　B　f　l　L
凹模外形尺寸计算	$L = l + 2f$　　$B = b + 2f$　　$H = kb$（≥15 mm）
参数说明	L——凹模长度，mm B——凹模宽度，mm H——凹模厚度，mm l——沿凹模长度方向（垂直于送料方向）刃口型孔的最大尺寸，mm b——沿凹模宽度方向（平行于送料方向）刃口型孔的最大尺寸，mm k——凹模厚度修正系数，见表2—4—8

表2—4—8　　　　凹模厚度修正系数 k

料厚 t/mm 孔口尺寸 b/mm	0.5	1.0	2.0	3.0	>3.0
≤50	0.30	0.35	0.42	0.50	0.60
>50～100	0.20	0.22	0.28	0.35	0.42
>100～200	0.15	0.18	0.20	0.24	0.30
>200	0.10	0.12	0.15	0.18	0.22

需要说明的是，我国机械行业标准《冲模模板 第1部分：矩形凹模板》（JB/T 7643.1—2008）和《冲模模板 第4部分：圆形凹模板》（JB/T 7643.4—2008）对凹模板的尺寸规格、标记及有关要求作了相应规定，并对凹模板材料的选择进行了推荐。

三、凸凹模

作为同时具有凸模和凹模作用的工作零件，在冲裁复合模中，凸凹模既是落料凸模，又是冲孔凹模。凸凹模的内外缘均为刃口，内外缘之间的壁厚取决于冲裁件的尺寸。

从强度方面考虑，其壁厚应受最小值限制。凸凹模的最小壁厚与模具结构有关：当模具为正装结构时，内孔不积存冲裁废料，胀力小，最小壁厚可以小些；当模具为倒装结构时，若内孔为柱形孔口形式，且采用下出料方式，则内孔积存废料，胀力大，故最小壁厚应大些。

凸凹模的最小壁厚值，一般按经验数据确定，倒装复合模的凸凹模最小壁厚值见表2—4—9。正装复合模的凸凹模最小壁厚值的取值可适当小些。

表2—4—9　　倒装复合模的凸凹模最小壁厚　　mm

制件料厚	0.4	0.6	0.8	1.0	1.2	1.4	1.6	1.8	2.0	2.2	2.5
最小壁厚	1.4	1.8	2.3	2.7	3.2	3.6	4.0	4.4	4.9	5.2	5.8
制件料厚	2.8	3.0	3.2	3.5	3.8	4.0	4.2	4.4	4.6	4.8	5.0
最小壁厚	6.4	6.7	7.1	7.6	8.1	8.5	8.8	9.1	9.4	9.7	10.0

四、工作零件刃口尺寸计算

冲裁制件的尺寸精度主要取决于模具刃口的尺寸精度，模具的合理间隙值也要靠模具刃口尺寸及制造精度来体现。因此，正确确定模具工作部分刃口尺寸和公差对保证冲裁制件的尺寸精度和模具使用寿命至关重要。

1. 计算原则

由于冲裁时落料件的尺寸接近于凹模刃口尺寸，而冲孔件的尺寸接近于凸模刃口尺寸，因此，计算模具刃口尺寸时，应按落料和冲孔两种情况分别计算。凸、凹模刃口尺寸计算原则见表2—4—10。

表2—4—10　　凸、凹模刃口尺寸计算原则

原则	说明
落料件尺寸取决于凹模尺寸 冲孔件尺寸取决于凸模尺寸	设计落料模时，应先决定凹模尺寸，用减小凸模尺寸来保证合理间隙 设计冲孔模时，应先决定凸模尺寸，用增大凹模尺寸来保证合理间隙
考虑刃口磨损对冲裁制件尺寸的影响	规则形状（圆形、方形）凹模刃口磨损后尺寸变大，故其刃口的基本尺寸应接近或等于冲裁件的最小极限尺寸 规则形状（圆形、方形）凸模刃口磨损后尺寸变小，故其刃口的基本尺寸应接近或等于冲裁件的最大极限尺寸

续表

原则	说明
考虑冲裁制件精度与模具精度间的关系	选择凸、凹模制造公差时，既要保证冲裁件的精度要求，又要保证合理间隙值。通常冲裁模精度较冲裁件精度至少高 1～2 级，若制件没有标注公差，对于非圆形件，按国家标注非配合尺寸的 IT14 级精度来处理；对于圆形件，一般可按 IT10 级精度来处理。模具制造精度与制件精度的关系见表 2—4—11，规则形状制件冲裁时，凸、凹模制造公差见表 2—4—12

表 2—4—11　　模具制造精度与制件精度的关系

模具制造精度	材料厚度 t/ mm								
	0.5	0.8	1.0	1.5	2	3	4	5	6～12
IT6～IT7	IT8		IT9	IT10					
IT7～IT8	IT9		IT10		IT12				
IT9	IT12								IT14

表 2—4—12　　规则形状制件冲裁时，凸、凹模制造公差　　mm

公称尺寸	凸模 δ_p	凹模 δ_d	公称尺寸	凸模 δ_p	凹模 δ_d
≤18	0.020	0.020	>180～260	0.030	0.045
>18～30	0.020	0.025	>260～360	0.035	0.050
>30～80	0.020	0.030	>360～500	0.040	0.060
>80～120	0.025	0.035	>500	0.050	0.070
>120～180	0.030	0.040			

2. 计算方法

凸、凹模刃口部分尺寸，按对其加工方法的不同，应分别进行计算。对于圆形或简单形状制件，其凸模和凹模往往采用分开加工；对于形状复杂或厚度较薄的制件，为便于保证凸、凹模间的间隙值，其凸模和凹模通常采用配合加工。

凸、凹模刃口尺寸的计算方法见表 2—4—13。

表 2—4—13　　　　　　　凸、凹模刃口尺寸计算方法

加工方法	工序性质	制件尺寸标准形式	凸模尺寸	凹模尺寸
分开加工	落料	D_{Δ}^{0}	$D_p=(D_{\max}-x\Delta-Z_{\min})_{-\delta_p}^{0}$	$D_d=(D_{\max}-x\Delta)_{0}^{+\delta_d}$
	冲孔	$d_{0}^{+\Delta}$	$d_p=(d_{\min}+x\Delta)_{-\delta_p}^{0}$	$d_d=(d_{\min}+x\Delta+Z_{\min})_{0}^{+\delta_d}$
配合加工	落料	磨损后变大 $A_{-\Delta}^{0}$	按凹模尺寸配制，保证冲裁间隙为 $Z_{\min}\sim Z_{\max}$	$A_d=(A-x\Delta)_{0}^{+0.25\Delta}$
		磨损后变小 $B_{0}^{+\Delta}$		$B_d=(B+x\Delta)_{-0.25\Delta}^{0}$
		磨损后不变 $C\pm\Delta$		$C_d=C\pm0.25\Delta$
	冲孔	磨损后变大 $A_{-\Delta}^{0}$	$A_p=(A-x\Delta)_{0}^{+0.25\Delta}$	按凸模尺寸配制，保证冲裁间隙为 $Z_{\min}\sim Z_{\max}$
		磨损后变小 $B_{0}^{+\Delta}$	$B_p=(B+x\Delta)_{-0.25\Delta}^{0}$	
		磨损后不变 $C\pm\Delta$	$C_d=C\pm0.25\Delta$	

注：(1) 凸模、凹模的制造偏差和磨损均使间隙变大，故新模具的初始间隙应取最小合理间隙，一般条件下的冲裁模合理间隙值见表 2—4—14。

(2) 落料时凹模尺寸为制件要求尺寸，间隙值由减小凸模尺寸获得；冲孔时凸模尺寸为制件孔要求尺寸，间隙值由增大凹模尺寸获得。

(3) 分开加工时，应保证满足 $\delta_p+\delta_d\leqslant Z_{\max}-Z_{\min}$，或应满足四六分配原则：$\delta_p=0.4\ (Z_{\max}-Z_{\min})$，$\delta_d=0.6\ (Z_{\max}-Z_{\min})$。

(4) 配合加工时，落料模以凹模为基准件配制凸模，冲孔模以凸模为基准件配制凹模。基准件尺寸按其磨损后尺寸变大、变小、不变的规律分别进行计算。计算前，务必将相关尺寸转换成表格中的标准形式，以免发生计算错误。

(5) 配合加工时，基准件中磨损后变大的尺寸，按简单件落料凹模尺寸公式计算；磨损后变小的尺寸，按简单件冲孔凸模公式计算；制造公差均取制件相应尺寸公差的 1/4。对于配合加工中的配合件，只需在图样上注明：凸模（或凹模）按凹模（或凸模）实际尺寸配制，保证最小间隙 $Z_{\min}$ 的字样。

(6) 为了避免冲裁制件尺寸偏向极限尺寸，x 值在 0.5 ~ 1 之间选取，并与制件精度有关，可查表 2—4—15，或按下面关系选取：制件精度 IT10 以上，$x=1$；制件精度 IT11 ~ IT13，$x=0.75$；制件精度 IT14，$x=0.5$。

应当指出的是，各种手册、文献和技术资料中推荐的合理间隙值并不一致，有的甚至相差很大。这是因为各种冲压件对其断面质量和冲裁精度要求不同，生产条件存在差异所致。另外，冲裁间隙值也可按经验公式确定。当冲裁板料厚度不大于 3 mm 时，冲裁间隙值取料厚的 6% ~12%（软材料取小值，硬材料取大值）；当冲裁板料厚度大于 3 mm 时，冲裁间隙值取料厚的 15% ~25%。

表 2—4—14　　冲裁模合理间隙值（双面）　　mm

材料名称	45、T7、T8（退火）、65Mn、磷青铜（硬）、铍青铜（硬）		10、15、20 冷轧带钢、30 钢板、H62、H68（硬）、硅钢片		Q215、Q235、08、10、15、H62、H68（半硬）、纯铜（硬）、磷青铜（软）、铍青铜（软）		H62、H68（软）、纯铜（软）、防锈铝 LF21、LF2 软铝 L2 ~ L6、LY12（退火）		酚醛环氧层压玻璃布板、酚醛层压纸板		钢纸板、绝缘纸板、云母板、橡胶板	
厚度 t	初始间隙 Z											
	Z_{min}	Z_{max}	Z_{min}	Z_{max}	Z_{min}	Z_{max}	Z_{min}	Z_{max}	Z_{min}	Z_{max}	Z_{min}	Z_{max}
0. 1	0. 015	0. 035	0. 01	0. 03	—	—	—	—	—	—	—	—
0. 2	0. 025	0. 045	0. 015	0. 035	0. 01	0. 03	—	—	—	—	—	—
0. 3	0. 04	0. 06	0. 03	0. 05	0. 02	0. 04	0. 01	0. 03	—	—	—	—
0. 5	0. 08	0. 10	0. 06	0. 08	0. 04	0. 06	0. 025	0. 045	0. 01	0. 02	—	—
0. 8	0. 13	0. 16	0. 10	0. 13	0. 07	0. 10	0. 045	0. 075	0. 015	0. 03	—	—
1. 0	0. 17	0. 20	0. 13	0. 16	0. 10	0. 13	0. 065	0. 095	0. 025	0. 04	0. 01 ~ 0. 03	0. 015 ~ 0. 045
1. 2	0. 21	0. 24	0. 16	0. 19	0. 13	0. 16	0. 075	0. 105	0. 035	0. 05		
1. 5	0. 27	0. 31	0. 21	0. 25	0. 15	0. 19	0. 10	0. 14	0. 04	0. 06		
1. 8	0. 34	0. 38	0. 27	0. 31	0. 20	0. 24	0. 13	0. 17	0. 05	0. 07		
2. 0	0. 38	0. 42	0. 30	0. 34	0. 22	0. 26	0. 14	0. 18	0. 06	0. 08		
2. 5	0. 49	0. 55	0. 39	0. 45	0. 29	0. 35	0. 18	0. 24	0. 07	0. 10		
3. 0	0. 62	0. 68	0. 49	0. 55	0. 36	0. 42	0. 23	0. 29	0. 10	0. 13	0. 04	0. 06
3. 5	0. 73	0. 81	0. 58	0. 66	0. 43	0. 51	0. 27	0. 35	0. 12	0. 16		
4. 0	0. 86	0. 94	0. 68	0. 76	0. 50	0. 58	0. 32	0. 40	0. 14	0. 18		
4. 5	1. 00	1. 08	0. 78	0. 86	0. 58	0. 66	0. 37	0. 45	0. 16	0. 20	—	—
5. 0	1. 13	1. 23	0. 90	1. 00	0. 65	0. 75	0. 42	0. 52	0. 18	0. 23	0. 05	0. 07
6. 0	1. 40	1. 50	1. 10	1. 20	0. 82	0. 92	0. 53	0. 63	0. 24	0. 29		
8. 0	2. 00	2. 12	1. 6	1. 72	1. 17	1. 29	0. 76	0. 88	—	—	—	—
10	2. 60	2. 72	2. 10	2. 22	1. 56	1. 68	1. 02	1. 14	—	—	—	—
12	3. 30	3. 42	2. 60	2. 72	1. 97	2. 09	1. 30	1. 43	—	—	—	—

表 2—4—15　　系数 x

材料厚度 t/mm	非圆形			圆形	
	1	0. 75	0. 5	0. 75	0. 5
	制件公差 Δ/ mm				
<1	≤0. 16	0. 17 ~ 0. 35	≥0. 36	<0. 16	≥0. 16
1 ~ 2	≤0. 20	0. 21 ~ 0. 41	≥0. 42	<0. 20	≥0. 20
2 ~ 4	≤0. 24	0. 25 ~ 0. 49	≥0. 50	<0. 24	≥0. 24
>4	≤0. 30	0. 31 ~ 0. 59	≥0. 60	<0. 30	≥0. 30

3. 计算示例

垫圈图样如图 2—4—7 所示，材料为 Q235A，厚度为 3 mm，大批量生产，拟采用级进模冲裁成形，其工作零件刃口冲裁及公差计算如下。

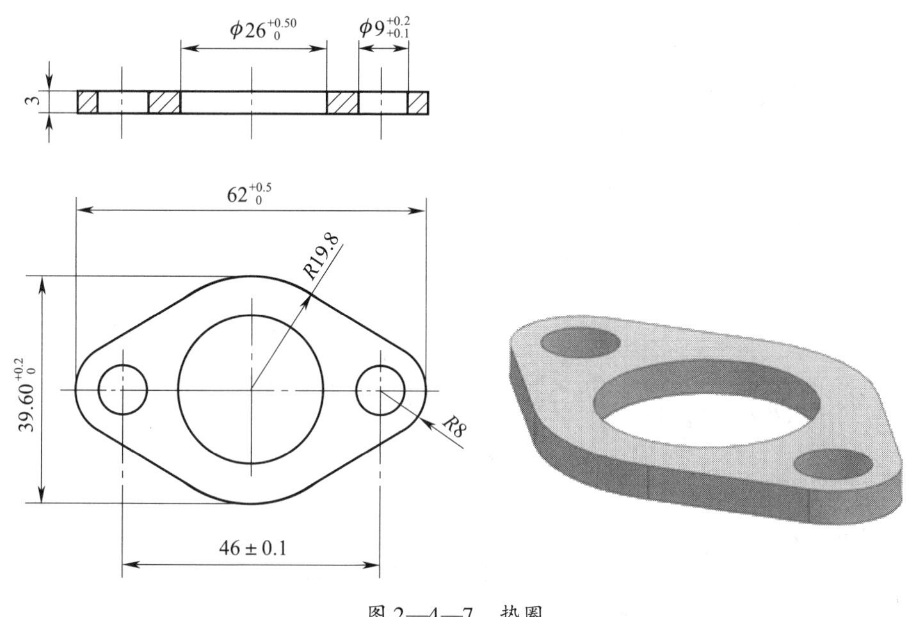

图 2—4—7 垫圈

(1) 冲孔部分尺寸

对于冲孔 $\phi26$ mm 和 $\phi9$ mm 的工作零件，采用凸模、凹模分开加工的方法。最大、最小间隙取值为 $Z_{min}=0.36$ mm，$Z_{max}=0.42$ mm。

冲孔 $\phi26$ mm 时，凸模制造公差 $\delta_p=0.020$ mm，凹模制造公差 $\delta_d=0.025$ mm，两者之和为 0.045 mm；冲孔 $\phi9$ mm 时，凸模和凹模制造公差均为 0.020 mm，两者之和为 0.040 mm。均满足凸模、凹模制造公差之和不超过模具间隙公差的条件。

另查得系数 $x=0.5$，故冲裁 $\phi26$ mm 孔时：

$$d_p=(26+0.5\times0.5)^{\ 0}_{-0.02}=26.25^{\ 0}_{-0.02}\text{ mm}$$

$$d_d=(26.25+0.36)^{+0.025}_{\ 0}=26.61^{+0.025}_{\ 0}\text{ mm}$$

冲裁 $\phi9$ mm 孔时，尺寸作如下转化，即 $\phi9^{+0.2}_{+0.1}=\phi9.1^{+0.1}_{\ 0}$，查得系数 $x=0.75$，故：

$$d_p=(9.1+0.75\times0.1)^{\ 0}_{-0.02}=9.175^{\ 0}_{-0.02}\text{ mm}$$

$$d_d=(9.175+0.22)^{+0.02}_{\ 0}=9.395^{+0.02}_{\ 0}\text{ mm}$$

(2) 落料部分尺寸

对于外轮廓的落料，考虑到形状相对复杂，故采用配作加工的方法。当以凹模为基准件时，其磨损后刃口部分所有尺寸都将增大。图样中未注公差的尺寸按 IT14 考虑：$R8$ 取 $R8_{-0.36}^{0}$，$R19.8$ 取 $R19.8_{-0.52}^{0}$。

刃口尺寸确定时，尺寸作如下转化，即 $62_{0}^{+0.5}$ 取 $62.5_{-0.5}^{0}$，$39.6_{0}^{+0.2}$ 取 $39.8_{-0.2}^{0}$。

另查得系数 $x=0.5$（制件公差≥0.24 时）或 $x=0.75$（制件公差<0.24 时），故落料时凹模刃口尺寸如下：

$A_{d8}=(8-0.5\times0.36)_{0}^{+0.36/4}=7.82_{0}^{+0.09}$ mm

$A_{d19.8}=(19.8-0.5\times0.52)_{0}^{+0.52/4}=19.54_{0}^{+0.13}$ mm

$A_{d62.5}=(62.5-0.5\times0.5)_{0}^{+0.5/4}=62.25_{0}^{+0.125}$ mm

$A_{d39.8}=(39.8-0.75\times0.2)_{0}^{+0.2/4}=39.65_{0}^{+0.05}$ mm

落料时，凸模刃口各部分尺寸按凹模相应部分尺寸配制，保证双面间隙值 Z_{min} ~ Z_{max}。

第五节　定位零件结构设计

为保证冲裁出外形完整的合格制件，冲裁过程中，条料必须准确送到模具的正确位置上。在冲模中，条料的正确位置是由定位零件来保证的。根据毛坯形状、尺寸及模具的结构形式，可以选用不同的定位零件，常见的定位零件有：挡料销、导正销、侧刃、定位板、定位钉、导料板（导尺）和导料销、侧压装置等，如图 2—5—1 所示。

图 2—5—1　定位零件

保证条料的定位基本在两个方向上：一是与条料垂直的方向，二是条料的送料方向。前者保证条料沿正确的方向送进，称为送进导向，其定位零件包括导料销、导料板和侧压装置等；后者控制条料一次送进的距离（步距），称为送料定距，其定位零件包括挡料销、导正销和侧刃等。至于定位板或定位钉则属于条料或工序件的定位零件。

一、挡料销

作为确定板料或制件正确位置的圆柱形零件，挡料销可分为固定挡料销和活动挡料销。

1. 固定挡料销

固定挡料销结构简单、制造容易、应用广泛，且已标准化。根据标准《冲模挡料和弹顶装置 第 10 部分：固定挡料销》（JB/T 7649. 10—2008），其结构如图 2—5—2 所示。

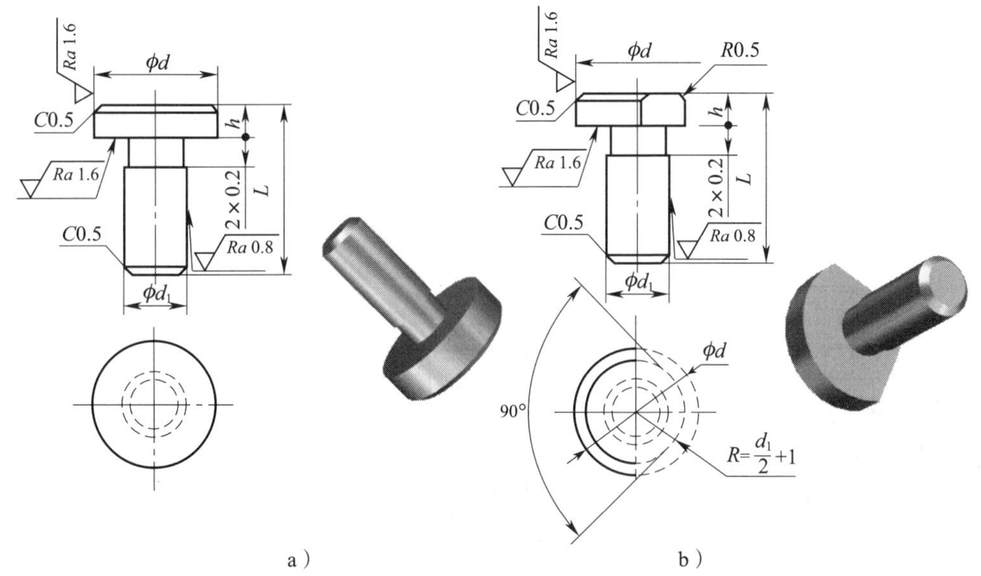

图 2—5—2 固定挡料销

a）A 型 b）B 型

标准规定了冲模固定挡料销的尺寸规格和标记，材料推荐采用 45 钢，硬度为43～48HRC。当然模具设计和制造者可以根据需要自行选定材料。例如，对于直径（d）为 10 mm 的 A 型（标准）固定挡料销，可标记为“固定挡料销 A 10 JB/T 7649. 10—2008”。

另外，根据实际需要，还可采用钩形挡料销。

2. 活动挡料销

活动挡料销结构及应用如图 2—5—3 所示。活动挡料销也已标准化，其标准为《冲模挡料和弹顶装置 第 9 部分：活动挡料销》（JB/T 7649. 9—2008）。

标准规定了冲模活动挡料销的尺寸规格和标记。活动挡料销的直径尺寸（d）有 3 mm、4 mm、6 mm、8 mm 和 10 mm 等规格，长度尺寸（L）有 8 mm、10 mm、12 mm、14 mm、16 mm、18 mm、20 mm、22 mm、24 mm 等规格。活动挡料销的材料可由设计、制造者选定，推荐采用 45 钢，硬度要求为 43～48HRC。

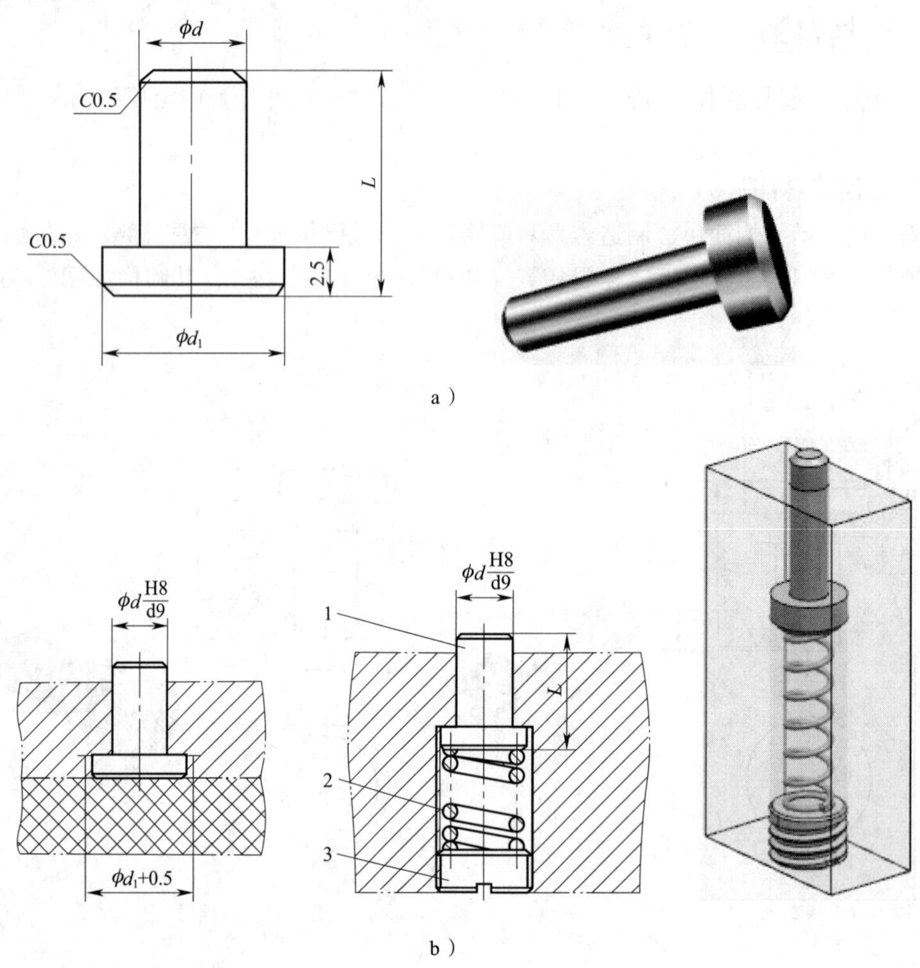

图 2—5—3 活动挡料销结构及应用

a）结构 b）应用

1—螺塞 2—弹簧 3—挡料销

需要说明的是，始用挡料装置、回带式挡料装置等已经标准化，其结构分别如图 2—5—4 和图 2—5—5 所示。它们的尺寸规格和标记等可参见《冲模挡料和弹顶装置 第 1 部分：始用挡料装置》（JB/T 7649. 1—2008）、《冲模挡料和弹顶装置 第 7 部分：回带式挡料装置》（JB/T 7649. 7—2008）等。

二、导正销

作为与导正孔配合、确定制件正确位置和消除送料误差的圆柱形零件，导正销主要用于级进模中对条料进行精确定位，以保证制件外形与内孔相互位置的正确。在落料前，导正销先进入已冲好的孔内，使孔与外形的相对位置正确，然后落料，其工作过程如图 2—5—6 所示。

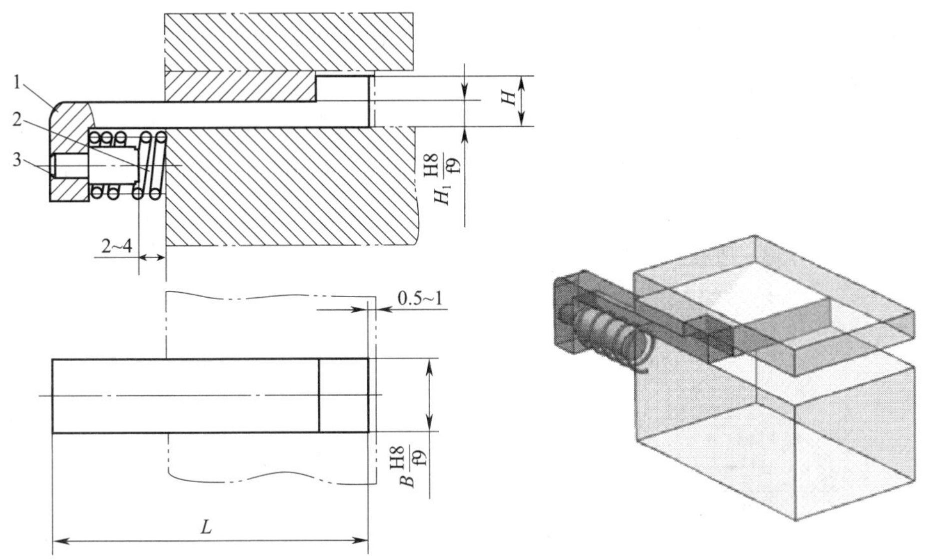

图 2—5—4 始用挡料装置

1—始用挡料块 2—弹簧 3—弹簧芯柱

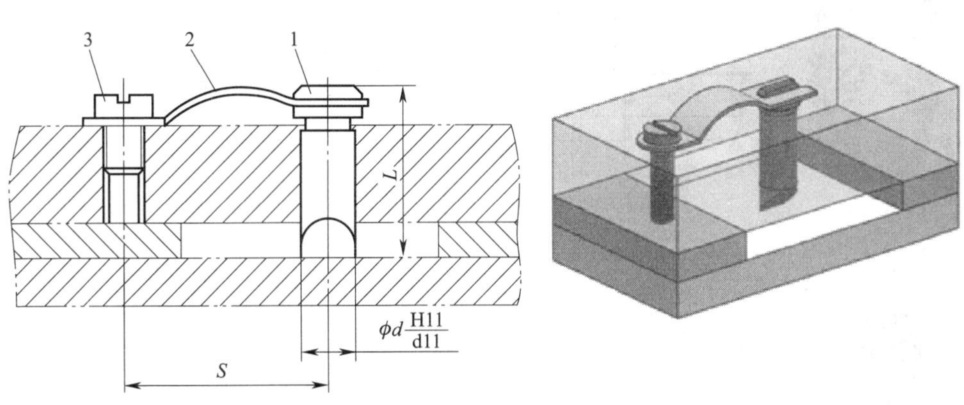

图 2—5—5 回带式挡料装置

1—回带式挡料销 2—片弹簧 3—螺钉

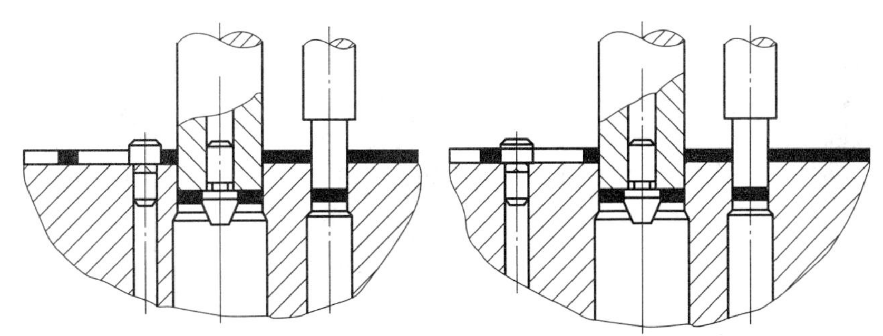

图 2—5—6 导正销工作过程

导正销主要由圆锥（台）体的导入部分和圆柱体的导正部分构成。导正部分与导正孔采取 H7/h6 或 H7/h7 配合，导正部分的高度取板料厚度的 0.8 ~1.2 倍。

导正销已标准化。根据我国机械行业标准，导正销分为 A 型、B 型、C 型和 D 型四种型号，其结构及应用分别如图 2—5—7 和图 2—5—8 所示，相应标准为《冲模导正销 第 1 部分：A 型导正销》（JB/T 7647.1—2008）、《冲模导正销 第 2 部分：B 型导正销》（JB/T 7647.2—2008）、《冲模导正销 第 3 部分：C 型导正销》（JB/T 7647.3—2008）和《冲模导正销 第 4 部分：D 型导正销》（JB/T 7647.4—2008）。

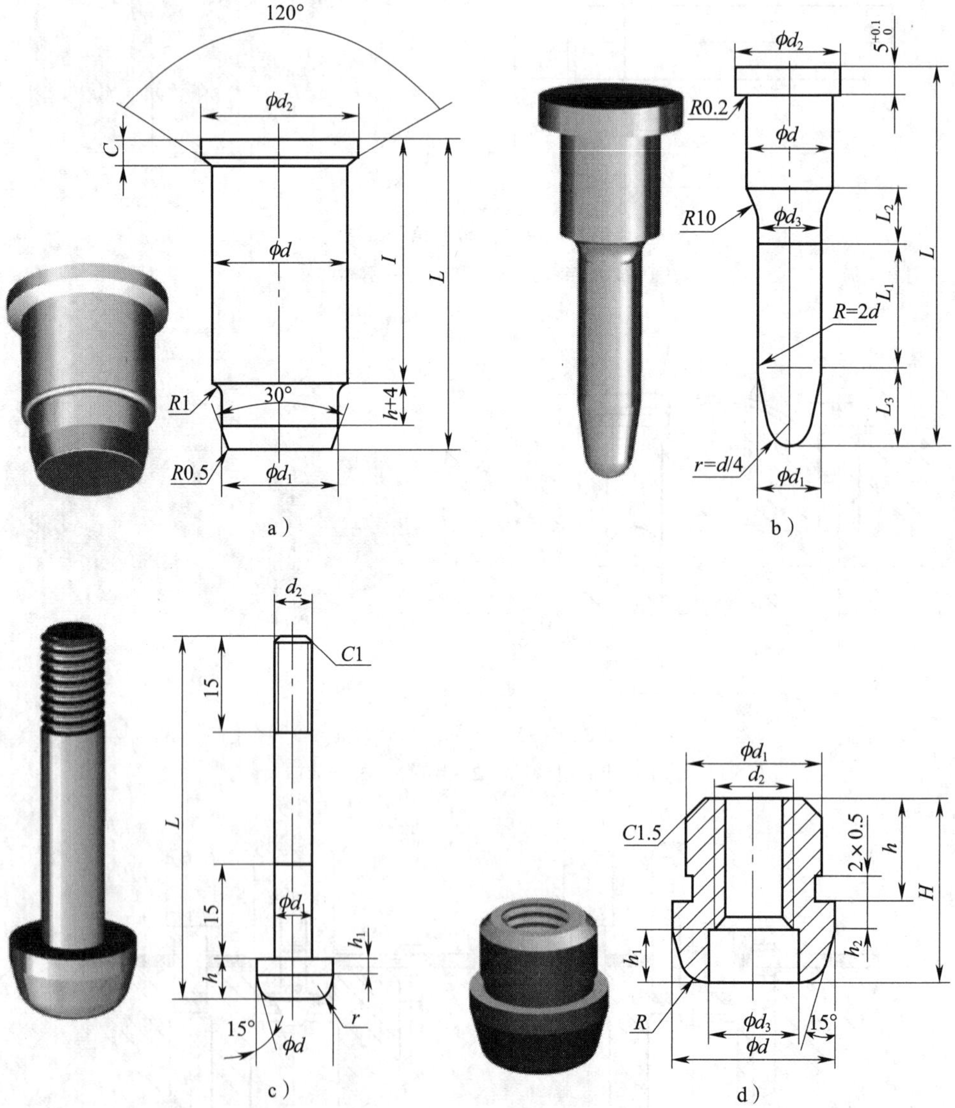

图 2—5—7　导正销结构

a）A 型　b）B 型　c）C 型　d）D 型

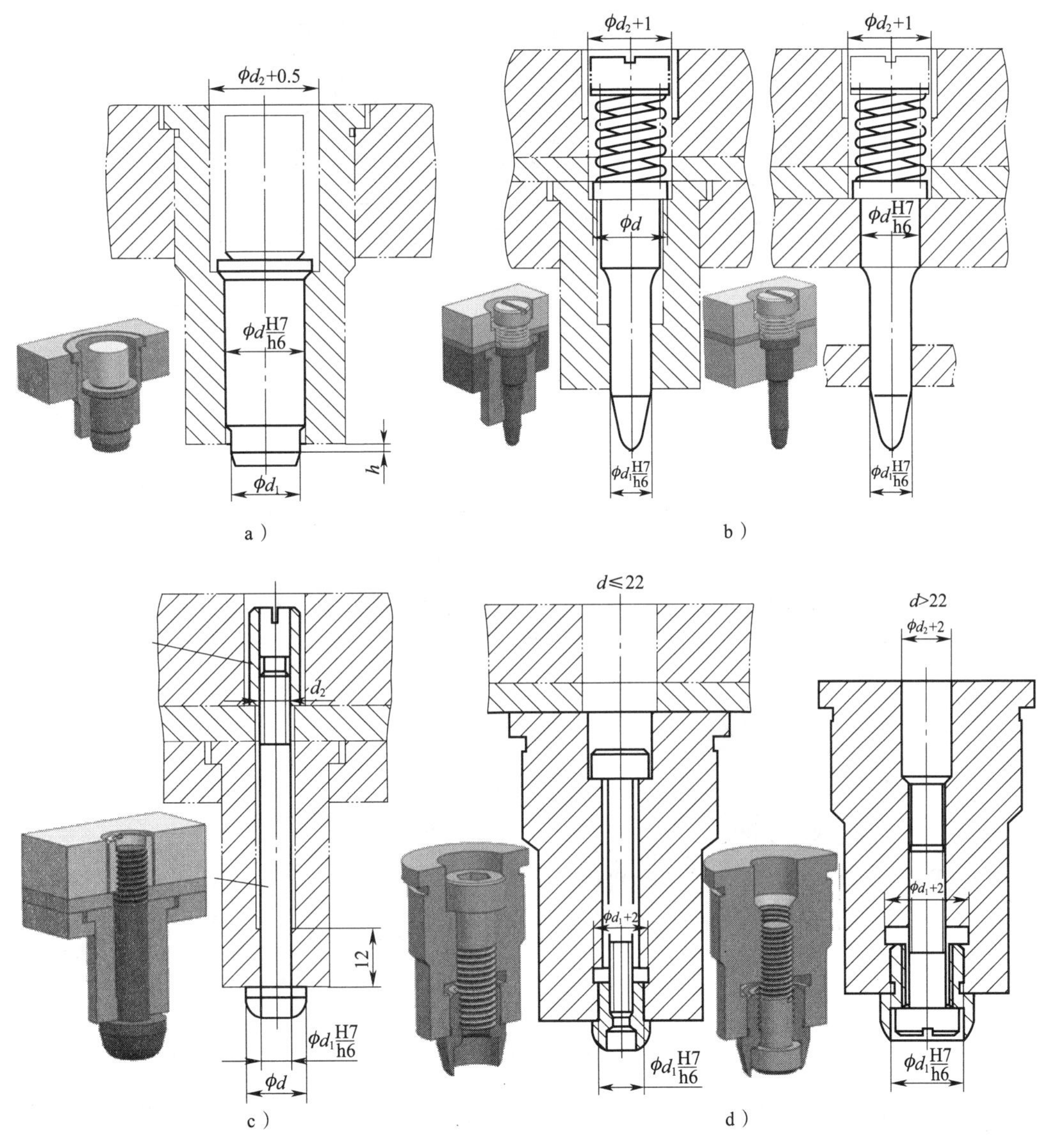

图 2—5—8 导正销的应用

a）A 型 b）B 型 c）C 型 d）D 型

标准规定了各种型号导正销的各种尺寸规格和标记，对它们的材料选用进行了推荐（9Mn2V），并提出了热处理硬度要求（52～56HRC）。其中，A 型导正销导向部分直径（d_1）为 0.99～15.9 mm；B 型导正销导向部分直径（d_1）为 0.99～31.9 mm；C 型导正销杆直径（d）为 4～12 mm；D 型导正销直径（d）为 12～50 mm。

需要说明的是，对于工步较少的级进模，导正销一般装在落料凸模上。当制件上没有适合导正销导正用的孔时，对于工步较多、制件精度要求较高的级进模，应在条料两侧的空位处设置工艺孔，以供导正销导正条料所用。此时，导正销固定在凸模固定板上或弹压卸料板上，其结构如图 2—5—9 所示。

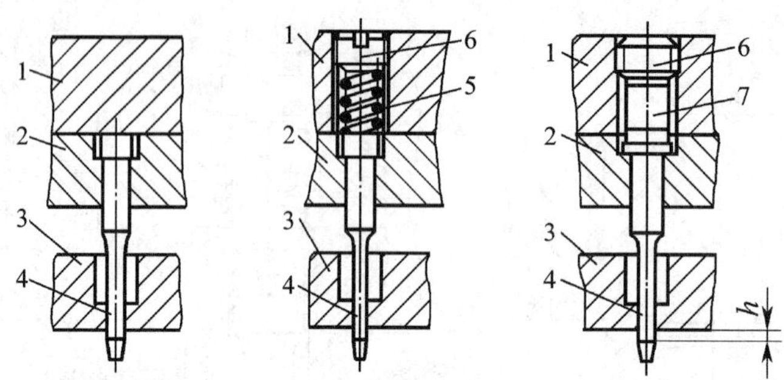

图 2—5—9　固定在凸模固定板上的导正销

1—上模座　2—凸模固定板　3—卸料板　4—导正销　5—弹簧　6—螺塞　7—顶销

三、侧刃

在薄料冲裁用级进模中，为了限定条料送进距离，往往采用侧刃作为定位零件。侧刃实质上是一个裁切边料的凸模，只是用其中两侧刃口切去条料边缘的部分材料，形成一个台阶。条料切去部分边料后，宽度变窄才能继续向前送料，送进的距离为切去的长度（送料步距），其工作过程如图 2—5—10 所示。

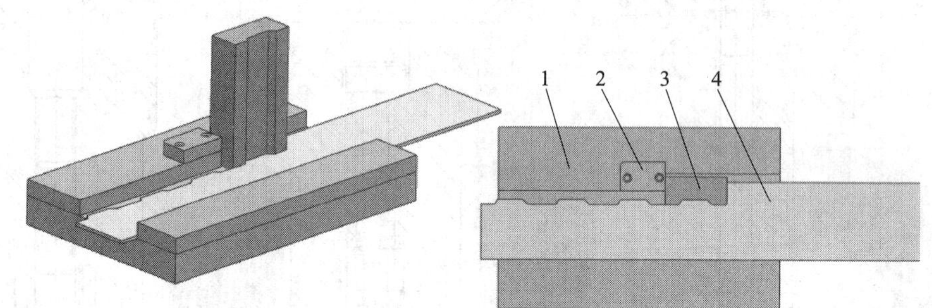

图 2—5—10　侧刃工作过程

1—导料板　2—侧刃挡块　3—侧刃　4—条料

侧刃已标准化，根据机械行业标准《冲模侧刃和导料装置 第 1 部分：侧刃》(JB/T 7648. 1—2008)，标准侧刃包括ⅠA 型、ⅠB 型、ⅠC 型、ⅡA 型、ⅡB 型和ⅡC 型，其结构如图 2—5—11 所示。

ⅠA 型和ⅡA 型侧刃断面为矩形，称为矩形侧刃，其结构简单，制造方便，但由于刃角部分制造或磨损原因，使切出的条料台肩角部分出现圆角和毛刺，送料时不能使台肩直边紧靠侧刃挡块，致使条料不能准确到位。因此，矩形侧刃定距的定位误差较大，出现的毛刺也使送料工作不够畅通。矩形侧刃常用于料厚为 1.5 mm 以下且精度要求不高的一般冲裁件的定位。

ⅠB 型和ⅡB 型侧刃为成型侧刃。对于成型侧刃，尽管在条料上仍有圆角或毛刺产生，但是因圆角和毛刺离开了定位面，所以定位准确可靠。由于其侧刃形状较IA 型和ⅡA 型复杂，而且增加了材料的消耗，所以常用于冲裁厚度在 0.5 mm 以下或公差要求

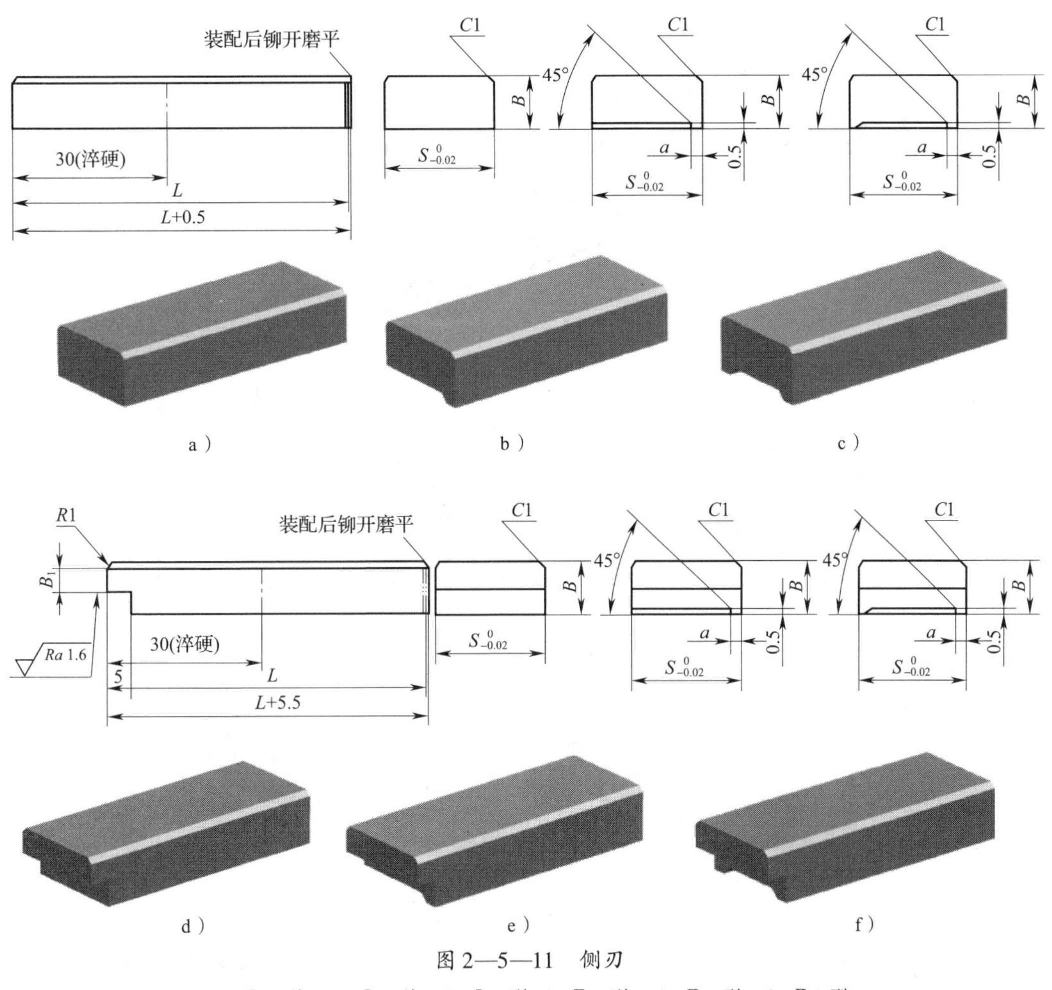

图 2—5—11 侧刃

a) ⅠA 型 b) ⅠB 型 c) ⅠC 型 d) ⅡA 型 e) ⅡB 型 f) ⅡC 型

较严的制件。成型侧刃外斜为 45°，冲去条料边缘的废料容易跳回模面而影响侧刃的正常工作，所以常在大批量生产中将侧刃做成内斜 60°以上的燕尾槽形（其应用见图 2—5—12），以增大废料与凹模的摩擦力，使废料在侧刃的推动下向下漏料。

在模具结构中，可根据制件的结构和材料的情况，采用单侧刃或双侧刃。单侧刃一般用于工步数少、材料较硬或厚度较大的级进模中；双侧刃用于工步数较多、材料较薄的级进模中，采用并列布置或对角布置。用双侧刃定距较单侧刃定距定位精度高，但材料的利用率略有下降。

设计时，侧刃宽度通常按公式 $b=[S+(0.05\sim0.1)]_{-\delta_c}^{\ 0}$ 取值，其中 b 为侧刃宽度，S 为送料步距，δ_c 为侧刃宽度制造公差。另外，与侧刃相配的侧刃孔（又称侧刃凹模）按侧刃凸模实际尺寸加单面间隙配制。

另外，在冲裁贵重金属时，可以考虑采用如图 2—5—13 所示的尖角形侧刃。尖角形侧刃与弹簧挡料销配合使用，可节省材料。但考虑到操作麻烦、生产效率低等因素，故不常采用。

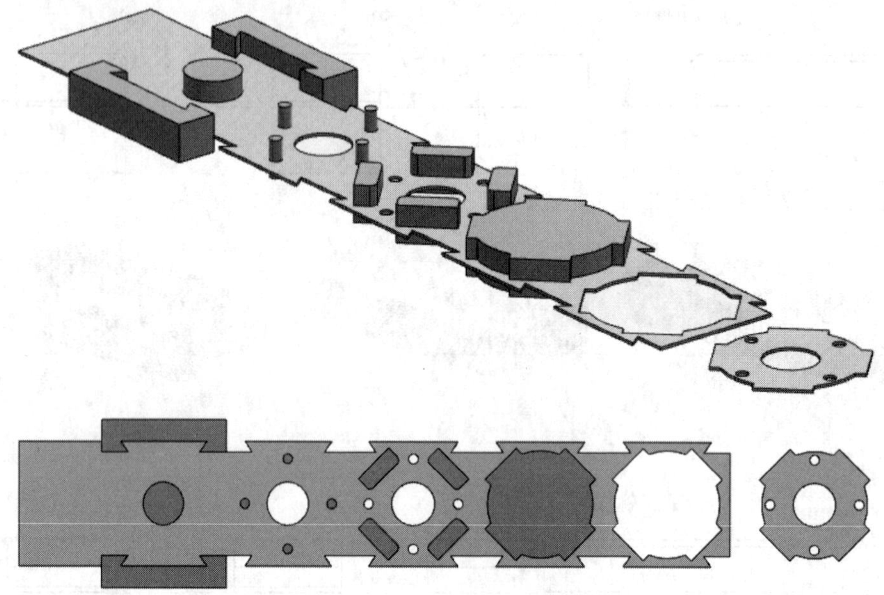

图 2—5—12　燕尾槽形侧刃的应用

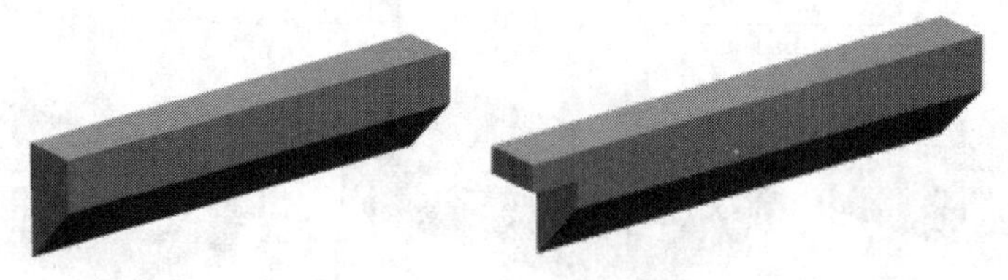

图 2—5—13　尖角形侧刃

需要说明的是，与侧刃配合使用的侧刃挡块（图 2—5—14）也已标准化，其标准包括《冲模侧刃和导料装置 第 2 部分：A 型侧刃挡块》（JB/T 7648. 2—2008）、《冲模侧刃和导料装置 第 3 部分：B 型侧刃挡块》（JB/T 7648. 3—2008）、《冲模侧刃和导料装置 第 4 部分：C 型侧刃挡块》（JB/T 7648. 4—2008）。

四、导料板和导料销

1. 导料板

作为确定板料送进方向的板状零件，导料板（又称为导尺）是控制条料宽度方向在模具中位置的定位零件，设在条料两侧。工作时，条料靠一侧的导料板，沿着设计的送料方向导向送进。导料板结构及工作过程如图 2—5—15 所示，其中，标准结构导料板与卸料板或导板分开制造；整体结构导料板则与卸料板制成一个整体。

机械行业标准《冲模侧刃和导料装置 第 5 部分：导料板》（JB/T 7648. 5—2008）规定了冲模导料板的尺寸规格和标记，并推荐了导料板采用材料（45 钢）及热处理要求（28 ~ 32HRC）。例如，对于长度（L）为 100 mm、宽度（B）为 32 mm、厚度

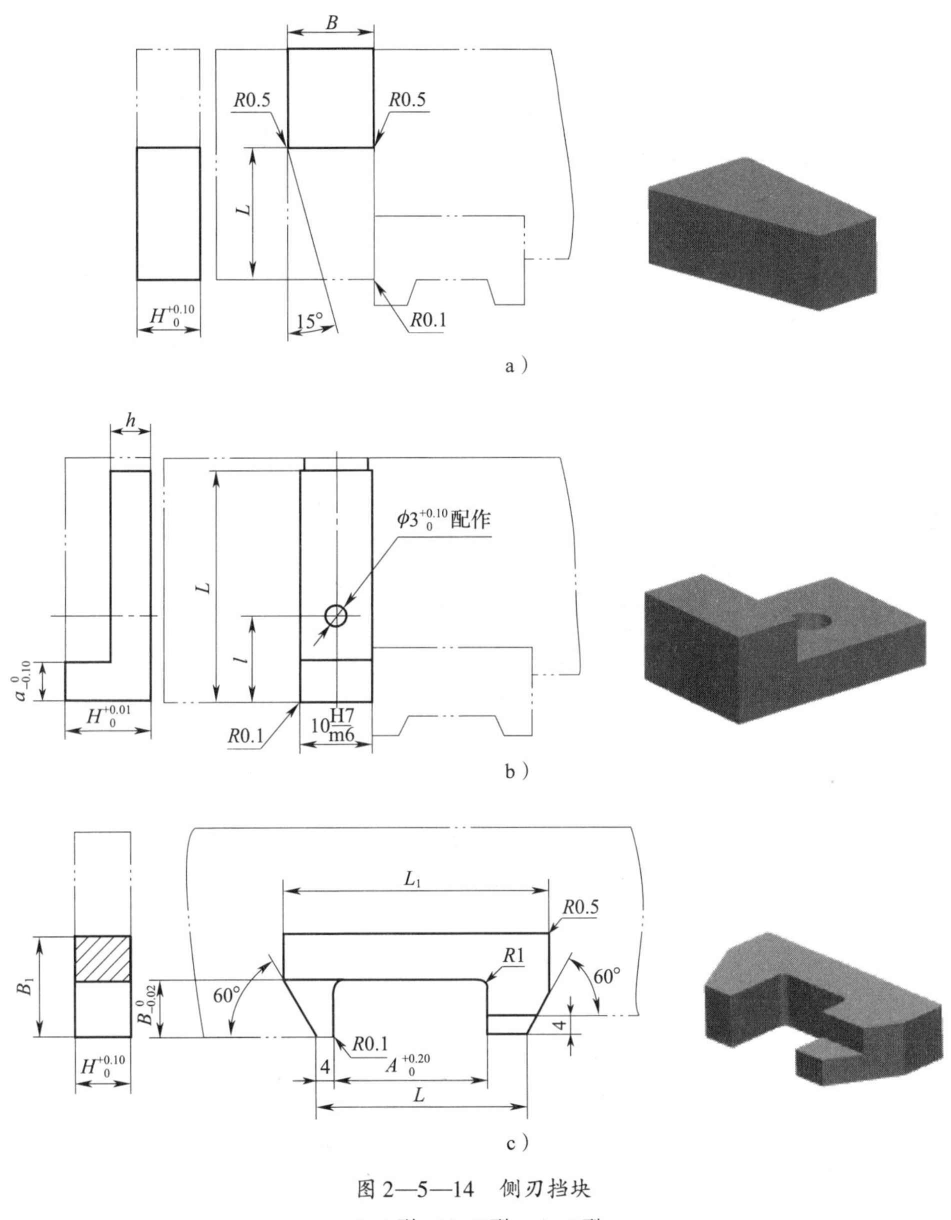

图 2—5—14　侧刃挡块

a）A 型　b）B 型　c）C 型

（H）为 8 mm 的标准导料板，其标记为“导料板 100×32×8 JB/T 7648. 5—2008”。当然，导料板材料也可由设计、制造者自行选定。

2. 导料销

导料销一般用于单工序模和复合模上，其结构与挡料销相同。采用导料销时，至少要选用两个，并位于条料的同侧，如图 2—5—16 所示。

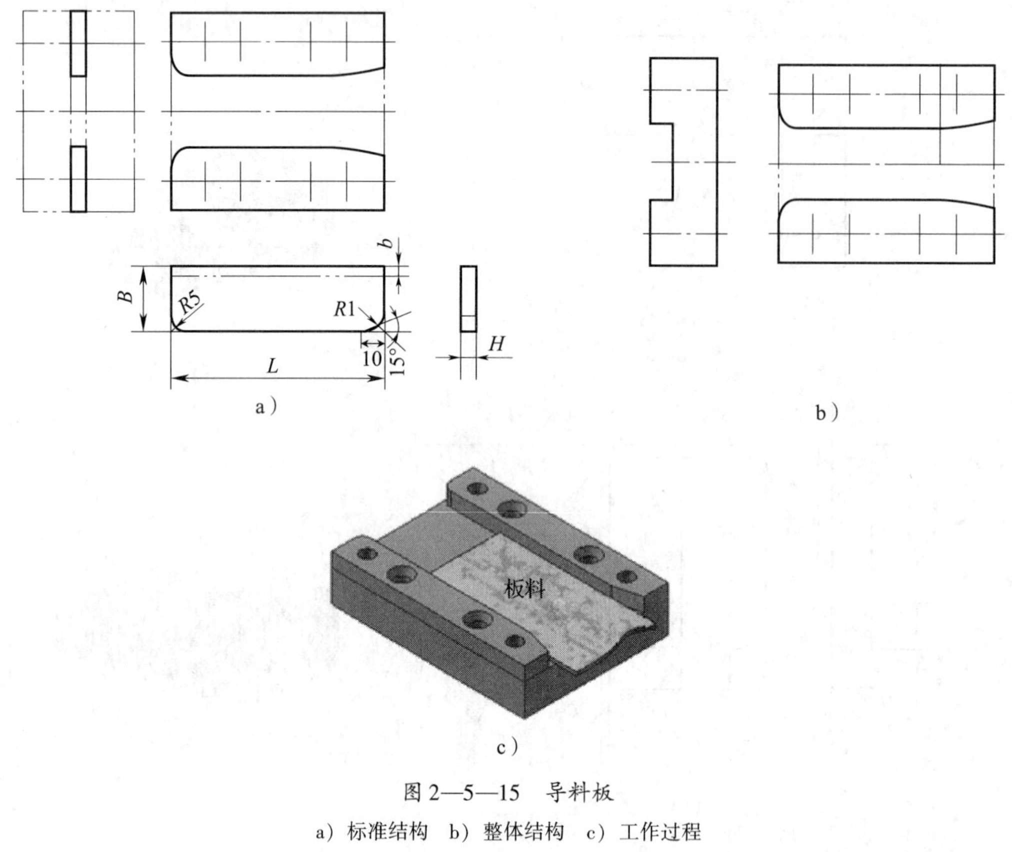

图 2—5—15　导料板

a）标准结构　b）整体结构　c）工作过程

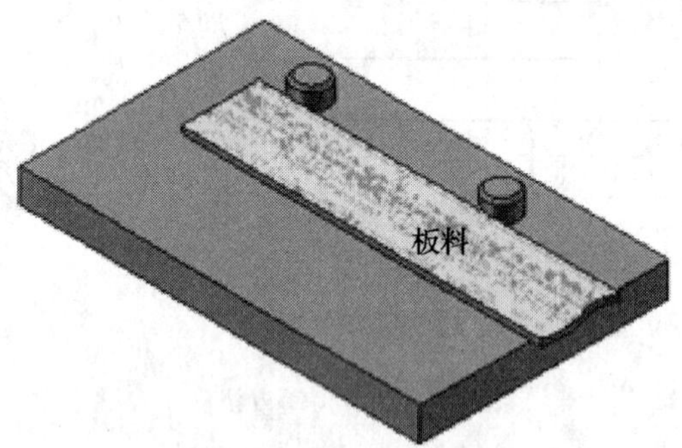

图 2—5—16　导料销定位

五、定位板和定位钉

定位板和定位钉是用于单个毛坯的定位装置，其作用是保证前后工序的相对位置精度或工件内孔与外轮廓的位置精度要求。设计时，定位板的厚度或定位钉的定位高度应比坯料或工序件厚度大 1 ~2 mm。如图 2—5—17 所示为用定位板和定位钉定位外轮廓，用定位板和定位钉定位内轮廓如图 2—5—18 所示。

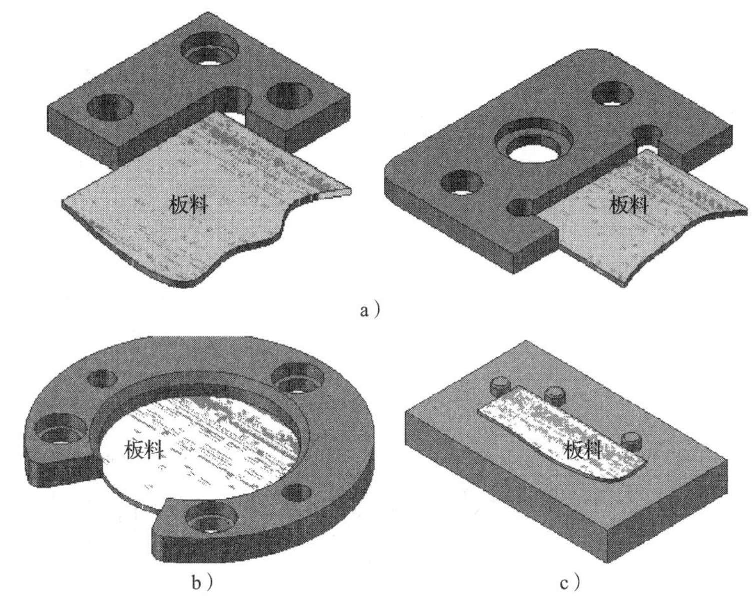

图 2—5—17 用定位板和定位钉定位外轮廓

a）矩形毛坯用定位板 b）圆形毛坯用定位板 c）定位钉定位

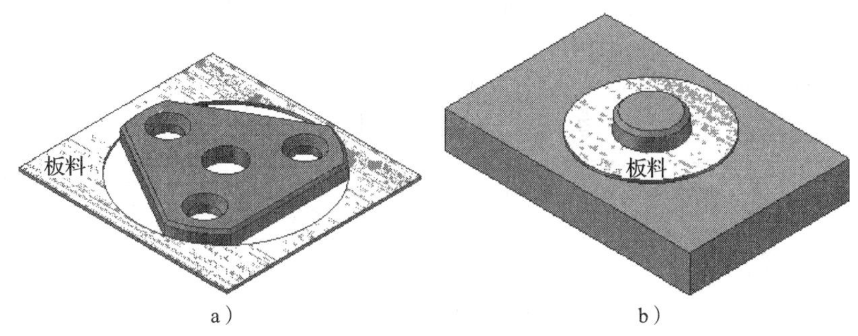

图 2—5—18 用定位板和定位钉定位内轮廓

a）定位板 b）定位钉

六、侧压装置

对于宽度尺寸公差较大的条料，为避免其在导料板中偏摆，需采用侧压装置以使最小搭边得到保证。侧压装置的结构形式主要包括弹簧式、簧片式、簧片压块式、板式等，它们的结构如图 2—5—19 所示。

机械行业标准《冲模挡料和弹顶装置 第 3 部分：弹簧侧压装置》（JB/T 7649.3—2008）对弹簧侧压装置（图 2—5—20）的尺寸规格和标记等作了详尽规定，设计时可参考选用。

需要提醒的是，对于板料厚度在 0.3 mm 以下的薄板，以及辊轴自动送料装置的模具，不宜设置侧压装置。

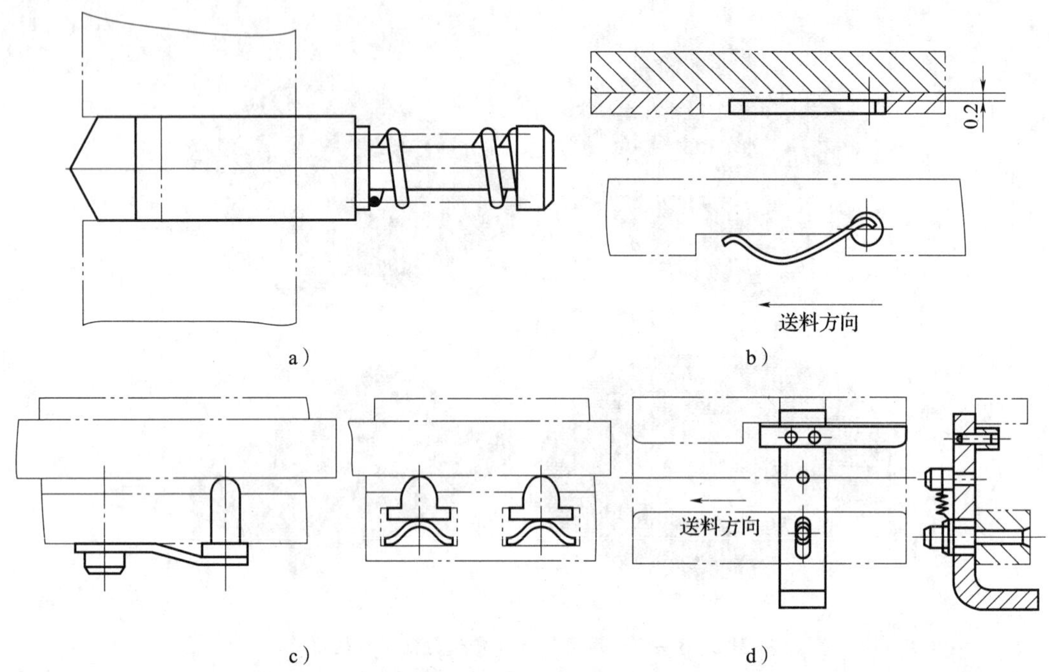

图 2—5—19　侧压装置的结构

a）弹簧式　b）簧片式　c）簧片压块式　d）板式

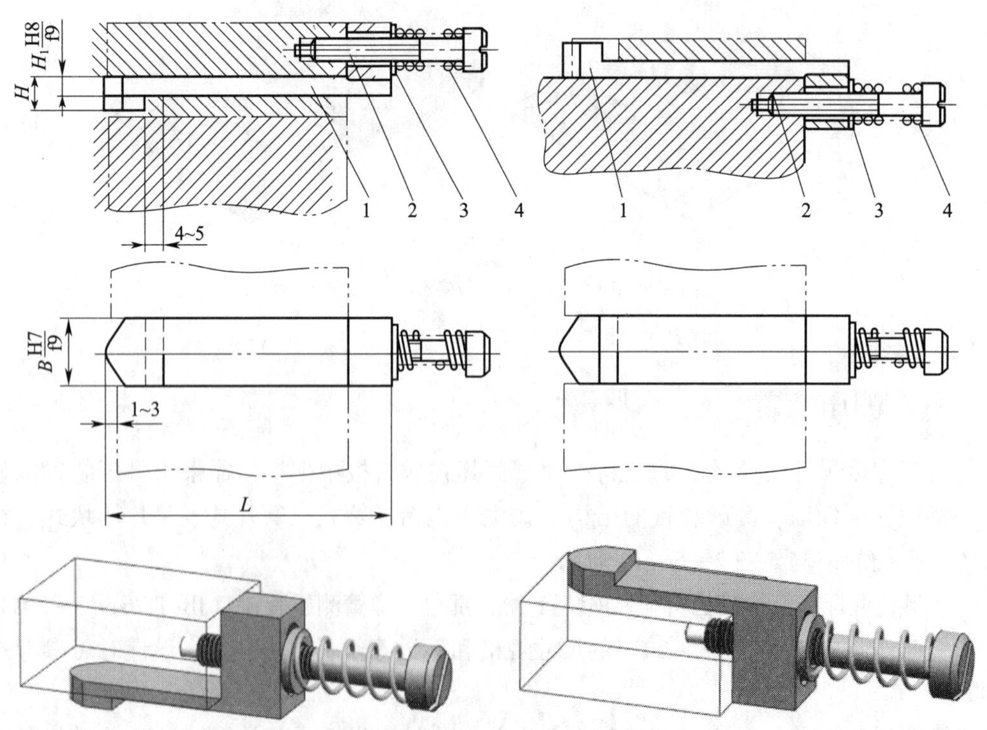

图 2—5—20　弹簧侧压装置的结构

1—侧压板　2—螺钉　3—垫圈　4—弹簧

第六节　压料、卸料、送料零件结构设计

在国家标准《冲模术语》（GB/T 8845—2006）中，将压住板料和卸下或推出制件与废料的零件称为压料、卸料、送料零件，也就是通常所说的压料、卸料、推件和顶件等零部件，即卸料装置。卸料装置的作用在于，当冲裁模完成一次冲压后，把制件或废料从模具工作零件上卸下来，以便冲压工作继续进行。

一、卸料装置的结构

一般来说，卸料是指把制件或废料从凸模上卸下来，以保证下次冲压的正常进行。常用的卸料方式有三种：固定卸料、弹性（弹压）卸料和废料切刀卸料。

1. 固定卸料装置

固定卸料也称为刚性卸料，采用固定卸料板结构。固定卸料板是指固定在冲模上位置不动，有时兼具凸模导向作用的卸料板，常用于较硬、较厚且精度要求不高，尤其是平直度要求不高的制件冲裁后的卸料，其常用结构如图 2—6—1 所示。其中，图 2—6—1a 所示为与导料板制成一体的整体式卸料板，其结构简单，但装配调整不便；图 2—6—1b 所示为与导料板分开的分体式（也称为组合式）卸料板，其导料板装配方便，在冲裁模中应用最为广泛；图 2—6—1c 所示为悬臂式卸料板，用于窄长制件的冲孔或切口后的卸料；图 2—6—1d 所示为拱桥式卸料板，用于空心件或弯曲件冲孔后的卸料。

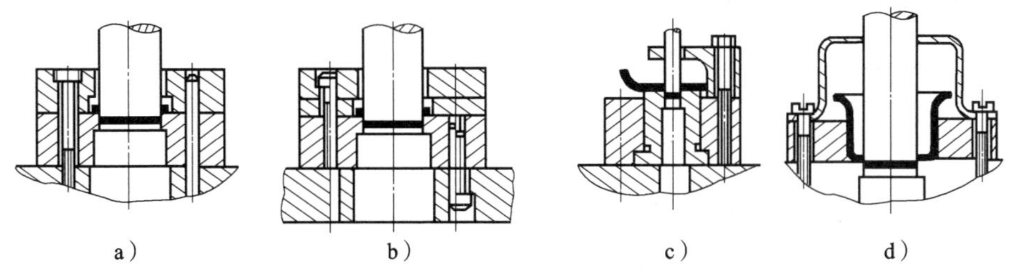

图 2—6—1　固定卸料装置的结构
a）整体式　b）分体式　c）悬臂式　d）拱桥式

固定卸料板的平面外形尺寸一般与凹模相同，其厚度可取凹模厚度的 0. 8 倍，当板料厚度超过 3 mm 时，可与凹模厚度一致。固定卸料板型孔与凸模的双面间隙可取 0. 2 ~ 0. 5 mm，板料薄时取小值，板料厚时取大值。当固定卸料板兼起导料板作用时，一般按 H7/h6 配合制造，但应保证导料板与凸模的间隙小于凸、凹模的间隙，以保证凸、凹模正确配合，并要求凸模在卸料时不能完全脱离卸料板。

固定卸料板的卸料力大，卸料可靠，但如果板料较薄时（不大于0.5 mm），采用固定卸料方式会引起板料严重翘曲，影响制件质量。在间隙过大时，还容易出现卡死现象，严重时，可能损坏模具。此时，可考虑采用弹性卸料装置。

2. 弹性卸料装置

弹性卸料也称为弹压卸料，采用弹性卸料板结构。弹性卸料板则为借助弹性零件起卸料、压料作用，有时兼具保护凸模并对凸模起导向作用的卸料板。由于弹性卸料板既起卸料作用又起压料作用，因此，表面要求较平整的冲裁件或薄板的冲裁宜采用弹性卸料装置。

弹性卸料装置由弹性卸料板、卸料螺钉与弹性元件（橡胶或弹簧）等组成，在顺装式模具中，弹性元件装在上模，而在倒装式模具中，弹性元件装在下模。冲程时，弹性元件受压缩而积蓄能量，并使弹性卸料板产生压力而起压料作用；回程时，弹性元件释放能量，使弹性卸料板产生反向推力而起卸料作用。常用的弹性卸料装置的结构如图2—6—2所示。其中，图2—6—1a所示为顺装式模具上使用的弹性卸料装置，是最简单的卸料方法，用于简单冲裁模；图2—6—1b所示为以导料板为送进导向的顺装式冲裁模中使用的弹性卸料装置，冲裁时，弹性卸料板应压紧板料，而不能撞击导料板，因此，弹性卸料板要制成台阶，台阶的宽度应小于导料板的间距，台阶的高度 $h=H-(0.1\sim0.3)t$，式中的 H 为导料板的高度，t 为板料的厚度；图2—6—1c、d所示为倒装式模具上使用的弹压卸料装置，当弹性元件装在下模座之下时，卸料力

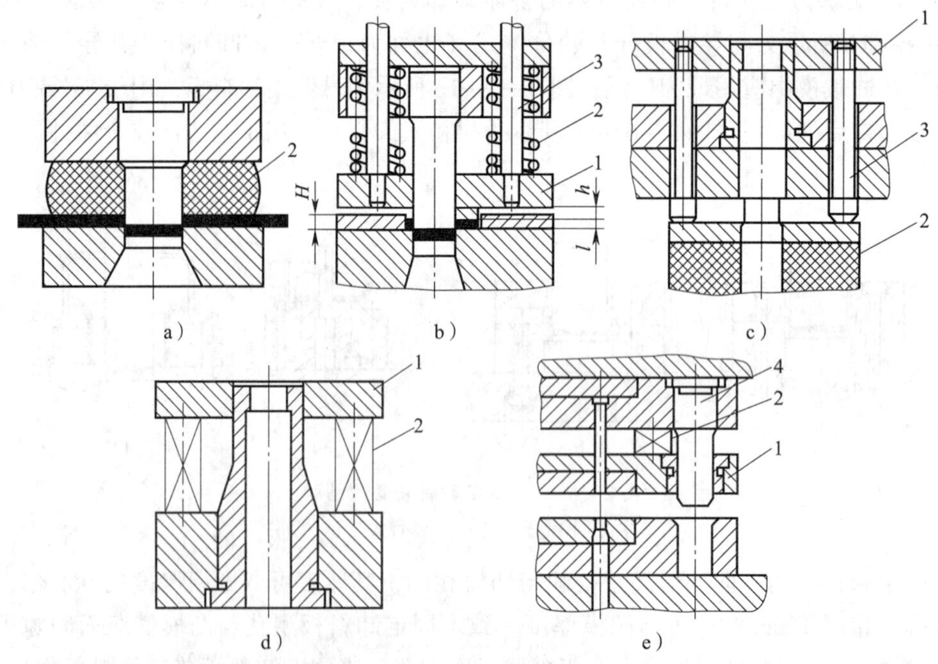

图2—6—2　弹性卸料装置的结构

a）、b）顺装式模具用　c）、d）倒装式模具用　e）细长小凸模用

1—卸料板　2—弹性元件　3—卸料螺钉　4—小导柱

大小容易调节；图 2—6—1e 所示为弹性卸料板作为细长小凸模导向，卸料板本身又以两个以上的小导柱导向，以免弹性卸料板产生水平摆动，从而保护小凸模不被折断，在实际生产中，如果一副模具中含有两个以上直径较大的凸模，可以用它来代替小导柱对卸料板进行导向，其效果与小导柱相同，在小孔冲模、精密冲模和多工位级进模中，常用这种结构。

弹性卸料板的型孔与凸模之间应有合适的间隙，为满足卸料要求，只要单边间隙小于板厚就可以。为了提高压料效果，间隙值越小越好。在弹性卸料板无精确导向时，其型孔与凸模之间的双边间隙可取 0.1 ~ 0.3 mm。为了确保卸料可靠，装配模具时，弹性卸料板的压料面应超出凸模端面 0.5 ~ 1 mm。当弹性卸料板有精确导向时，其型孔与凸模取 H7/h6 或 H8/h7 配合。

3. 废料切刀卸料装置

对于大型零件冲裁或成形件切边，由于卸料力大，一般采用废料切刀代替卸料板，分段切断废料而卸料。如图 2—6—3 所示，废料切刀的夹角 α 一般为 78° ~ 80°，其刃口应比废料宽一些，高度低于模具切边刃口 $3t$。其中，图 2—6—3b 所示圆废料切刀适用于小型模具和切断薄废料；图 2—6—3c 所示方废料切刀适用于大型模具和切断厚废料。

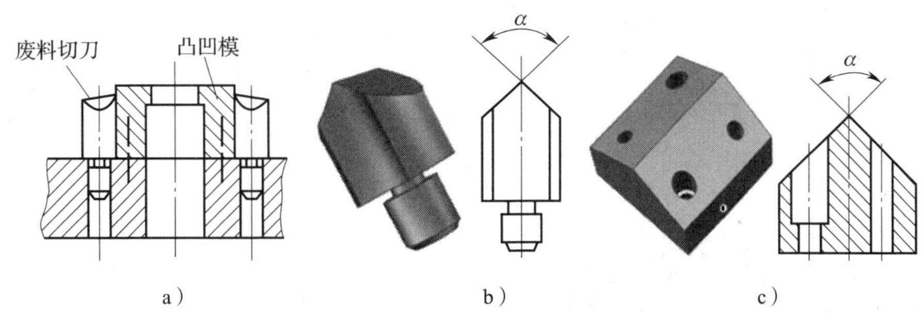

图 2—6—3　废料切断刀卸料装置

a）使用方法　b）圆废料切刀　c）方废料切刀

废料切刀已标准化，其标准包括《冲模废料切刀 第 1 部分：圆废料切刀》（JB/T 7651.1—2008）和《冲模废料切刀 第 2 部分：方废料切刀》（JB/T 7651.2—2008）。

二、推件、顶件装置的结构

一般来说，推件和顶件是把制件或废料从凹模中卸下来，以保证下次冲压的正常进行。为了区别，把从上凹模中卸出制件或废料称为推件，而把从下凹模中卸出制件或废料称为顶件。

1. 推件装置

推件装置有刚性推件装置和弹性推件装置之分。

（1）刚性推件装置

推件装置一般是刚性的。其基本零件有打杆、推板、连接推杆和推件块，如图

2—6—4a 所示；有的刚性推件装置不需要推板和连接推杆组成中间传递结构，如图 2—6—4b 所示。

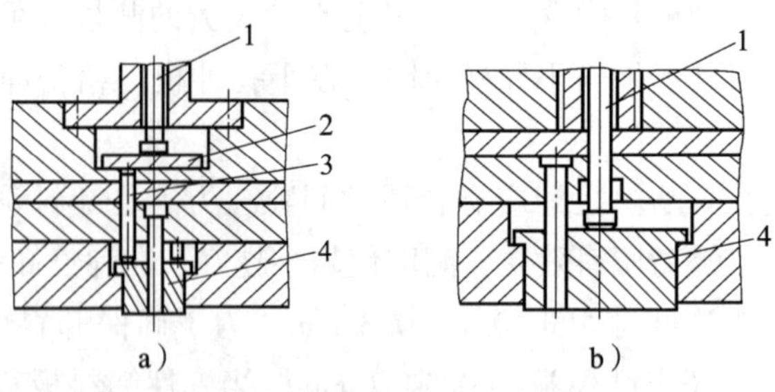

图 2—6—4　刚性推件装置

a）有推板　b）无推板和连接推杆

1—打杆　2—推板　3—连接推杆　4—推件块

推件装置的工作原理如下：在回程时，当冲床滑块内的打杆横梁撞击到床身两侧的限位螺钉时，便产生推件力，并通过打杆、推板、连接推杆传至推件块。

需要说明的是，为了防止推件块从凹模内脱出，其结构形式一般采用凸缘式。为使刚性推件装置能够正常工作，推力必须均衡。因此，连接推杆需 2 ~ 4 根，且应均匀分布，长短一致。在复合模中，要保证冲孔凸模的支承刚度和强度，推板的平面尺寸只要能够覆盖到连接推杆，本身刚度又足够，不必设计得太大，以使安装推板的孔不至太大。冲模推板的常用结构如图 2—6—5 所示，设计时可根据实际需要进行选用。

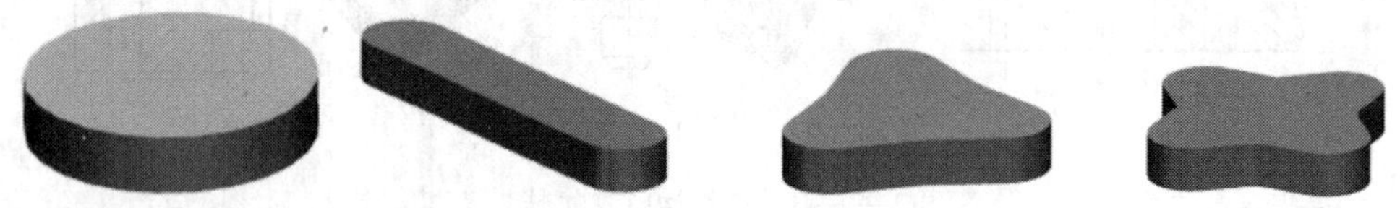

图 2—6—5　推板的常用结构

由于刚性推件装置推件力大，工作可靠，所以应用十分广泛。它不但用于倒装式冲裁模中的推件，而且也用于顺装式冲裁模中的卸件或推出废料，尤其冲裁板料较厚的冲裁模，宜用这种推件装置。

（2）弹性推件装置

对于料薄且平直度要求较高的冲裁件，宜用弹性推件装置，其结构如图 2—6—6 所示。它的推件装置具有压料作用，以弹性元件的弹力代替打杆给予推件块的推力。采用这种结构，冲裁件质量较高，但冲件容易嵌入边料中，取出零件麻烦。

需要说明的是，由于橡胶块产生的压料力和推件力有限，图 2—6—6 所示的结构适用于冲板料厚度小于 0.3 mm 的薄板。如果橡胶换成弹簧，则可提高压料力和推件力，但同时也将增大对压力机滑块的冲击，对压力机不利。根据模具的结构，可以把弹性元件装在推板上（图 2—6—6a），也可以装在推件块上（图 2—6—6b）。

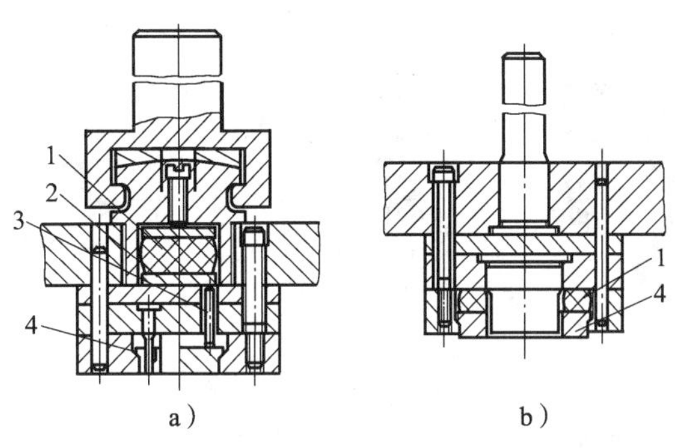

图 2—6—6 弹性推件装置

a）弹性元件装在推板上 b）弹性元件装在推件块上

1—橡胶 2—推板 3—连杆推杆 4—推件块

2. 顶件装置

顶件装置一般是弹性的，其典型结构如图 2—6—7 所示，顶件力由装在下模座底部的橡胶缓冲器通过顶杆传给顶板。这种结构除了顶件以外，一般还起压料作用。该结构的顶件力容易调节，冲裁件较平直，但冲件容易嵌入条料中。

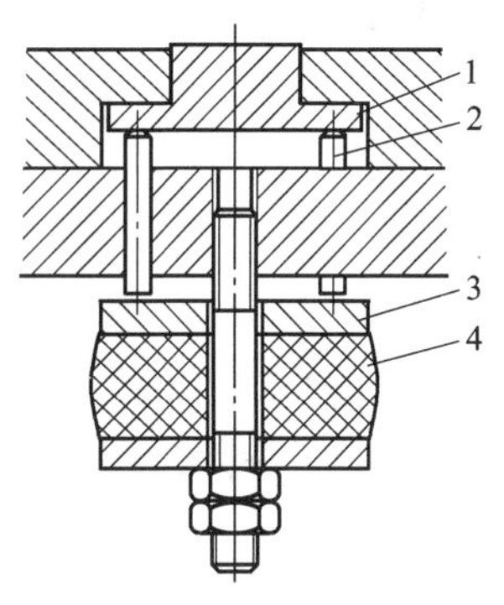

图 2—6—7 弹性顶件装置

1—顶件块 2—顶杆

3—托板 4—橡胶

推件块和顶件块是出件装置中最重要的零件。其截面形状与凸凹模很相似，其外形与凹模有配合关系，其内形又与凸模有配合关系，因此加工难度较大。工作时推件块和顶件块应平稳，避免卡死，为此推件块和顶件块与凹模和凸模应取小间隙配合。推件块和顶件块与凹模配合时的外形尺寸一般按公差与配合国家标准 h8 制造，也可以根据板料厚度取适当的间隙。推件块和顶件块与凸模的配合一般是松的大间隙配合，也可根据板料厚度取适当间隙。推件块的下极点位置或顶件块的上极点位置应保证其端面超出凹模面 0.2 ~ 0.5 mm，以便在出件时使工件与凹模彻底脱离。

三、弹性元件

弹性元件主要用于卸料、压料或推件等，冲裁模中弹性元件使用弹簧较多，模具用的弹簧形式很多，可分为圆钢丝螺旋弹簧、方钢丝螺旋弹簧和碟形弹簧等，如图 2—6—8 所示。圆钢丝螺旋弹簧制造方便，应用最广；方钢丝（或矩形钢丝）螺旋弹簧所产生的压力比圆钢丝螺旋弹簧大得多，主要用于卸料力或压料力较大的模具。

需要指出的是，冲裁模的弹性元件还广泛使用橡胶，它具有承受负荷大、安全及安装调整方便等优点。冲裁模的工作行程较小，选用橡胶块作为弹性卸料装置的弹性元件较为多见，但耐油性很差且易老化。近年来也出现选用聚氨酯橡胶作为弹性元件。

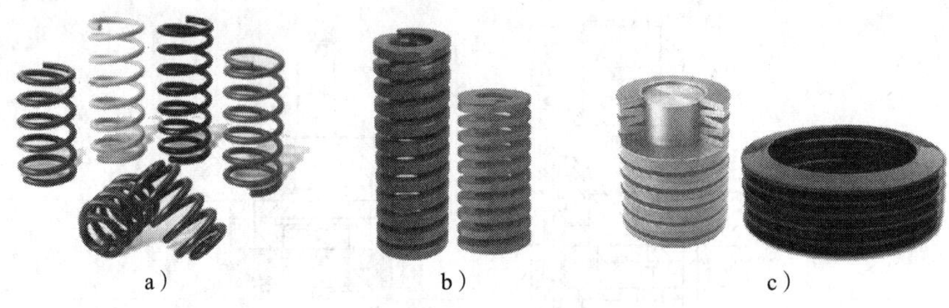

a）　　b）　　c）

图 2—6—8　弹性元件

a）圆钢丝螺旋弹簧　b）方钢丝螺旋弹簧　c）蝶形弹簧

由于其性能比合成橡胶优异，不仅可获得较大的压力，而且使用寿命长。有关弹簧和橡胶的计算和使用，可参考有关标准及设计资料。

第七节　导向、支承、紧固零件结构设计

在冲裁模结构中，除了前面介绍的各类零件或装置外，还需要依靠如图 2—7—1 所示的导向、支承、紧固零件等。它们共同配合，各司其职，一起圆满完成预定的冲裁任务。

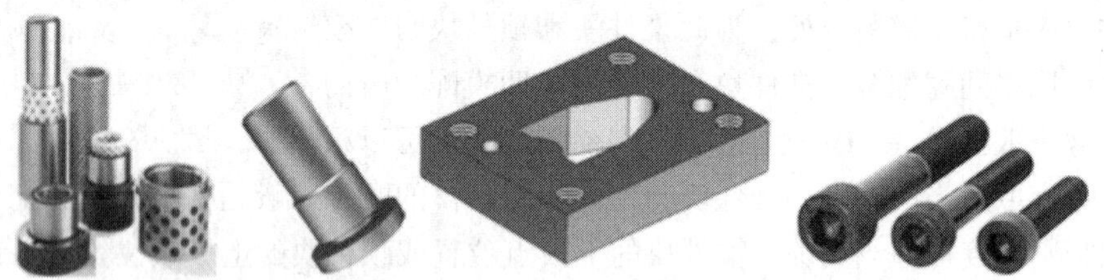

图 2—7—1　导向、支承、紧固零件

一、导向零件

导向零件是指保证运动导向和确定上、下模相对位置的零件。冲模工作时，除了压力机滑块对上模与下模进行导向外，对于生产批量大、要求使用寿命长、安装方便、精度高的冲压模具，都必须采用导向零件。常用的导向零件有导板和导柱、导套。

1. 导板

导板是为导正上、下模各零部件间相对位置而采用的淬硬或嵌有润滑材料的板状零件，其结构如图 2—7—2 所示。导板具有两个功用：一是在冲程时起上、下模间的导向作用；二是在回程时起卸料作用。

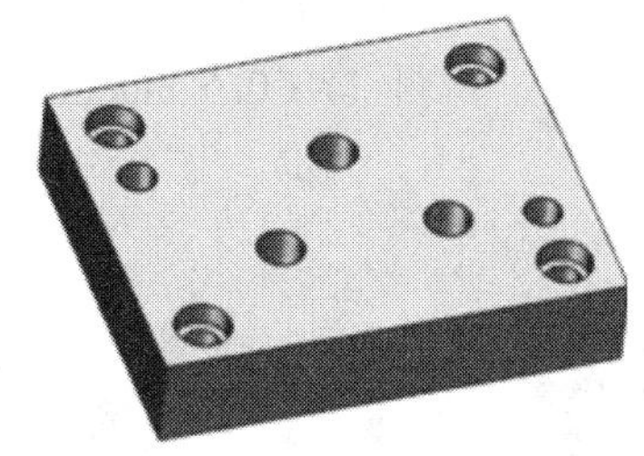

图 2—7—2 导板

在固定卸料式模具中，如图 2—7—3 所示，若将固定卸料板与凸模制成通常为 H7/h6 的小间隙配合，则卸料板即成为导板。导板的型孔通常按凸模刃口尺寸配作而成。

为了保证导向作用，在模具工作时，要求凸模始终不脱离导板；为了使导向可靠，要求导板具有足够的厚度，一般取等于或稍小于凹模厚度。另外，导板的平面尺寸取与凹模相同的平面尺寸。当冲压件形状复杂时，导板型孔加工困难，为了避免热处理变形，常常不进行热处理，所以耐磨性差，很难达到和保持稳定的导向作用。不过，当线切割机床广泛用于模具制造后，导板型孔的加工要求便容易达到了。

需要说明的是，导板导向存在着很大的局限性。首先，由于凸模要兼作导向件，其截面尺寸不能太小，也不宜太复杂，对于特别细长的冲孔凸模，为了保护凸模不被折断，通常应考虑增加凸模保护套，使凸模在整个工作过程中始终导向且不致弯曲折断，其结构如图 2—7—4 所示；其次，在使用中，不允许凸模与导板脱离，使压力机选用受到限制，只能使用行程可调压力机；另外，由于导板导向式冲裁模采用固定卸料方式，故不适合冲压薄料。因此，导板导向式冲裁模适用于板料厚度大于 0. 8 mm、形状较简单的落料工序。

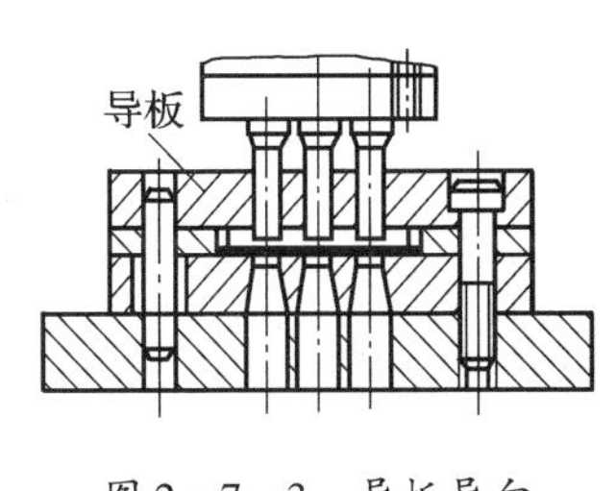

图 2—7—3 导板导向

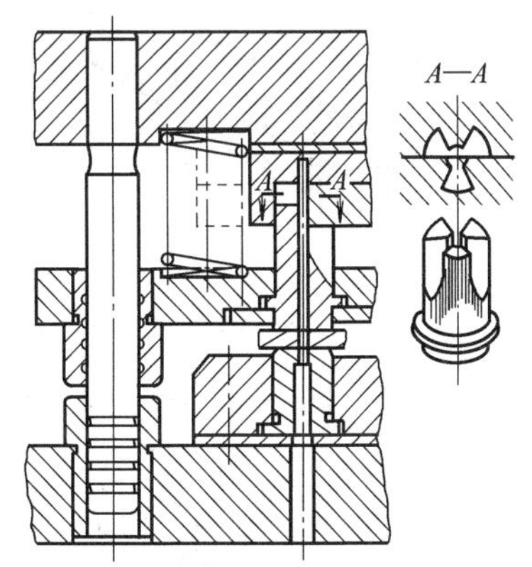

图 2—7—4 带凸模保护套模具的结构

2. 导柱、导套

导柱、导套是相互配合，保证运动导向和确定上、下模相对位置的圆柱形和圆筒形零件，是使用最为广泛的导向零件，其结构如图 2—7—5 所示，其中，滚珠导柱、导套适用于高速冲模、薄料（$t<0.5$ mm）、无间隙冲裁、精密冲裁、硬质合金模及其他精密冲模。

a）　　　　　　　　　　b）

图 2—7—5　导柱、导套

a）滑动导柱、导套　b）滚珠导柱、导套

（1）滑动导柱、导套

如图 2—7—6 所示为常用的滑动导柱、导套。根据国家标准《冲模导向装置 第 1 部分：滑动导向导柱》（GB/T 2861. 1—2008）和《冲模导向装置 第 3 部分：滑动导向导套》（GB/T 2861. 3—2008），导柱和导套均有 A 型和 B 型两种结构。

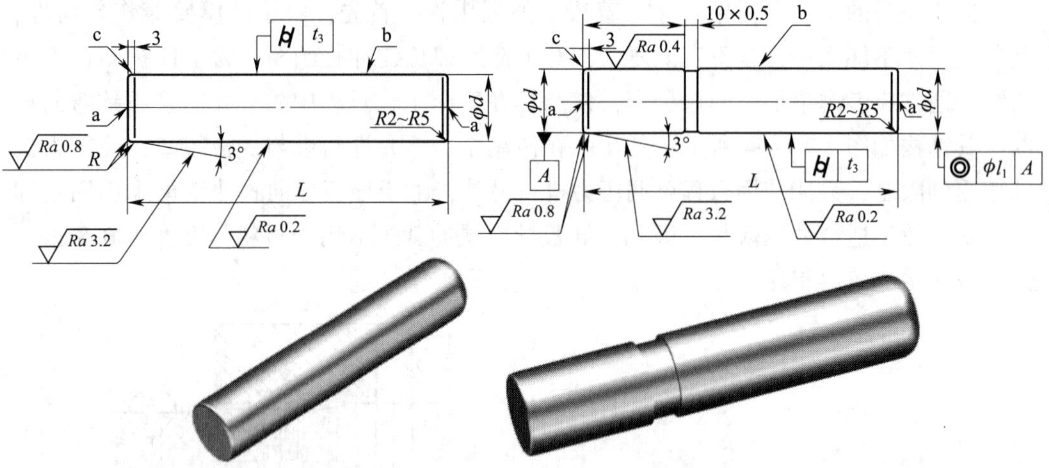

a）　　　　　　　　　　b）

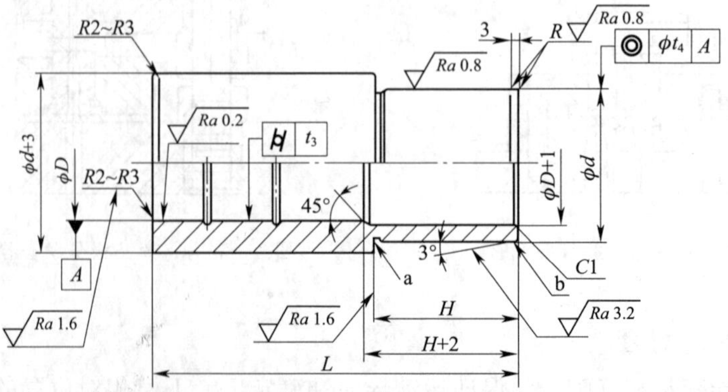

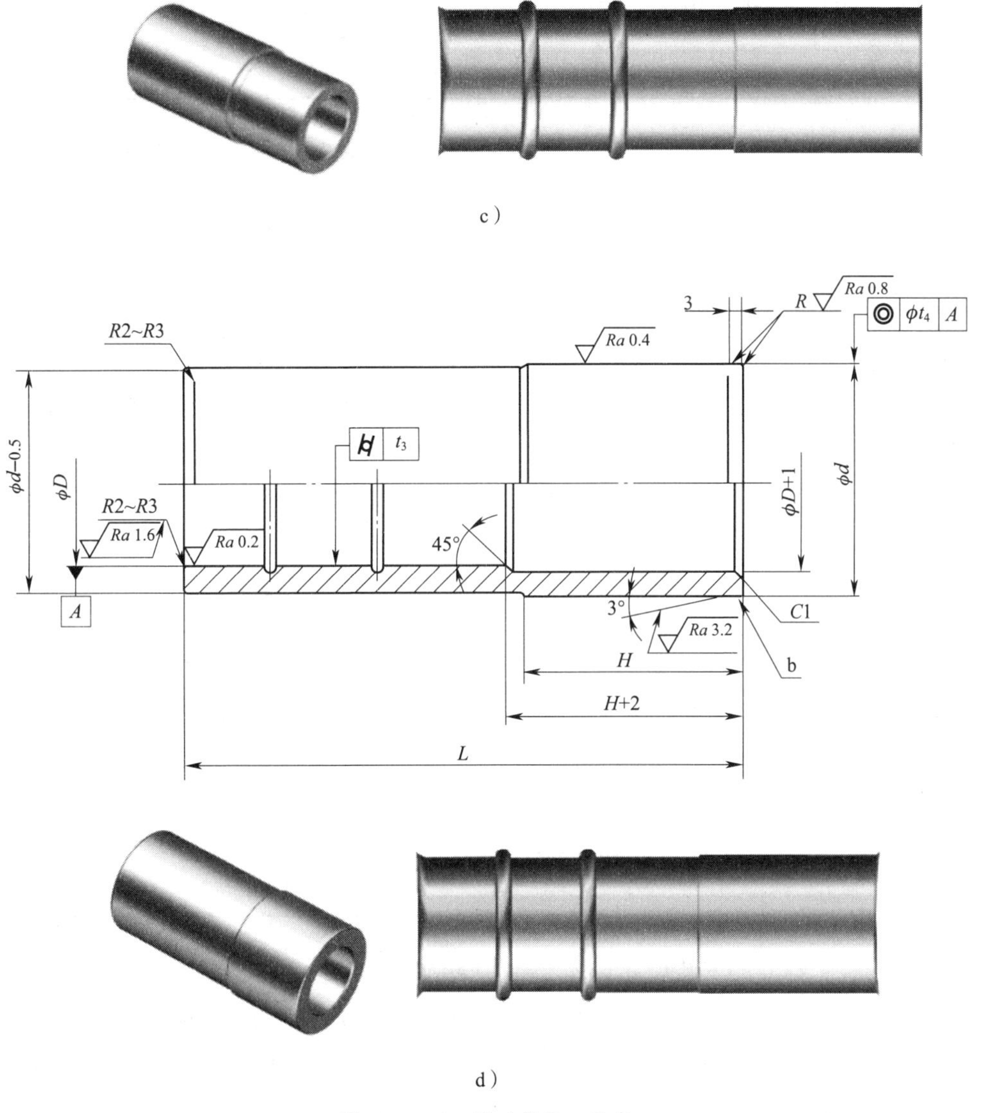

d）

图 2—7—6　滑动导柱、导套

a）A 型导柱　b）B 型导柱　c）A 型导套　d）B 型导套

导柱的直径（d）一般为 16 ~ 60 mm，长度（L）为 90 ~ 320 mm，导柱下部与下模板导柱孔采用过盈配合，上部与导套孔采用间隙配合。导套的直径（D）一般为 16 ~ 60 mm，长度（L）为 60 ~ 170 mm（A 型）和 40 ~ 170 mm（B 型）。导套孔上有油槽，用以存油润滑，导套外径与上模板孔采用过盈配合，配合时导套孔径会收缩，因此导套过盈配合部分的孔径应比导套和导柱间隙配合部分的导套孔径大 1 mm。

导柱、导套既要耐磨，又要具有足够的韧度。一般推荐采用 20Cr、GCr15 材料来制造，当然也可由设计和制造者选定。20Cr 渗碳深度为 0. 8 ~ 1. 2 mm，淬火处理硬度

为 58 ~ 62HRC；GCr15 硬度为 58 ~ 62HRC。

标准导柱和导套应按国家标准进行标记，具体内容见表 2—7—1。

表 2—7—1　　标准导柱、导套的标记

零件	导柱	导套
标记内容	（1）滑动导向导柱	（1）滑动导向导套
	（2）导柱类型 A、B	（2）导套类型 A、B
	（3）导柱直径 d，以 mm 为单位	（3）导套直径 D，以 mm 为单位
	（4）导柱长度 L，以 mm 为单位	（4）导套长度 L，以 mm 为单位
	（5）本部分代号，即 GB/T 2861.1—2008	（5）导套固定端长度 H，以 mm 为单位
		（6）本部分代号，即 GB/T 2861.3—2008
示例	描述： $d = 20$ mm、$L = 120$ mm 的滑动导向 A 型导柱	描述： $D = 20$ mm、$L = 70$ mm、$H = 28$ mm 的滑动导向 A 型导套
	标记： 滑动导向导柱 A 20 × 120 GB/T 2861.1—2008	标记： 滑动导向导套 A 20 × 70 × 28 GB/T 2861.3—2008

滑动导柱、导套的安装尺寸如图 2—7—7 所示，此时模具为闭合状态，H 为模具的闭合高度。导柱、导套的配合精度可分为 H6/h5 和 H7/h6 两种，应根据冲压工序性质、冲裁模精度、模具使用寿命、间隙大小等要求来选择。对于冲裁模，导柱与导套的间隙应小于凸、凹模的间隙；当凸、凹模的间隙小于 0.03 mm 时，导柱与导套的配合取 H6/h5；当凸、凹模的间隙大于 0.03 mm 时，导柱与导套的配合取 H7/h6；对于硬质合金模或复杂的级进模，应取 H6/h5，一般模具取 H7/h6。导柱长度的选择，应考虑到模具闭合时，导柱上端面和上模座上平面应留 10 ~ 15 mm 的距离，导柱下端面与下模座下平面应留 2 ~ 5 mm 的距离。导套与上模座上平面应留不小于 3 mm 的距离，用以排气和出油。

需要指出的是，对于滑动导向可卸导柱及组件（图 2—7—8）国家标准《冲模导向装置 第 7 部分：滑动导向可卸导柱》（GB/T 2861.7—2008）、《冲模导向装置 第 9 部分：衬套》（GB/T 2861.9—2008）、《冲模导向装置 第 10 部分：垫圈》（GB/T 2861.10—2008）等作了相应规定。

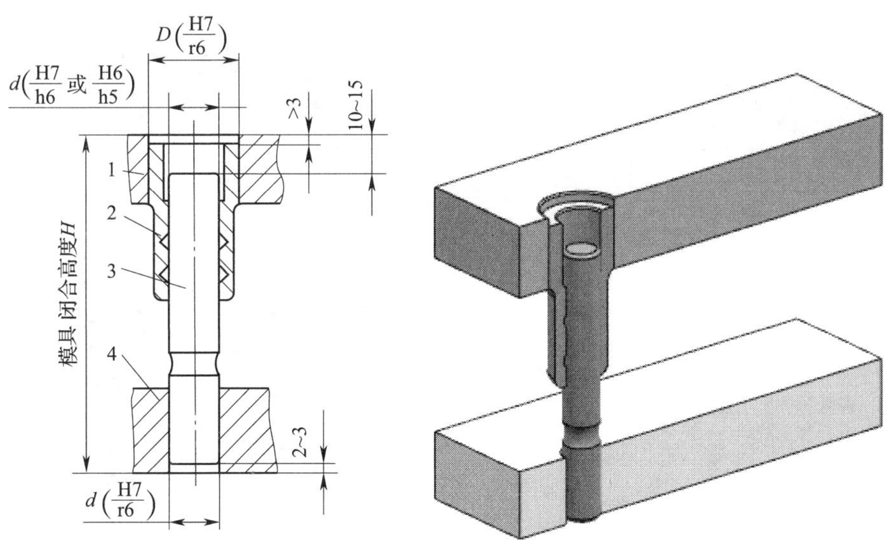

图 2—7—7 滑动导柱、导套的安装尺寸

1—上模座 2—导套 3—导柱 4—下模座

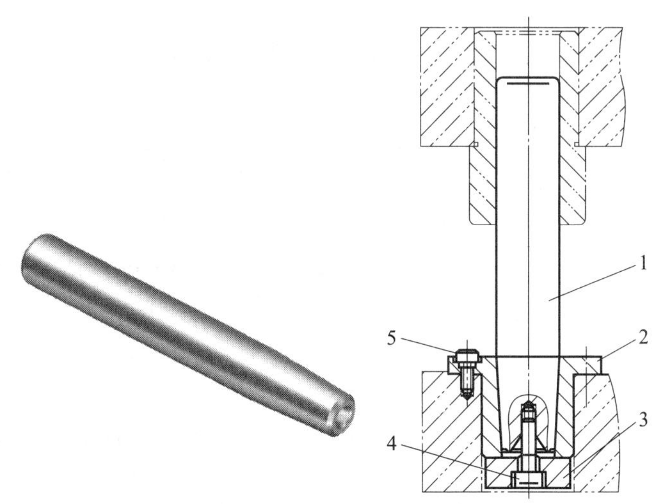

图 2—7—8 滑动导向可卸导柱及组件

1—导柱 2—衬套 3—垫圈 4、5—螺钉

（2）滚动导柱、导套

滚动导柱、导套是在滑动导柱、导套间加入多排钢球及钢球保持圈而构成，其结构如图 2—7—9 所示。国家标准《冲模导向装置 第 2 部分：滚动导向导柱》（GB/T 2861. 2—2008）、《冲模导向装置 第 4 部分：滚动导向导套》（GB/T 2861. 4—2008）、《冲模导向装置 第 5 部分：钢球保持圈》（GB/T 2861. 5—2008）、《冲模导向装置 第 6 部分：圆柱螺旋压缩弹簧》（GB/T 2861. 6—2008）、GB/T 308 等对相关零件作了具体规定。

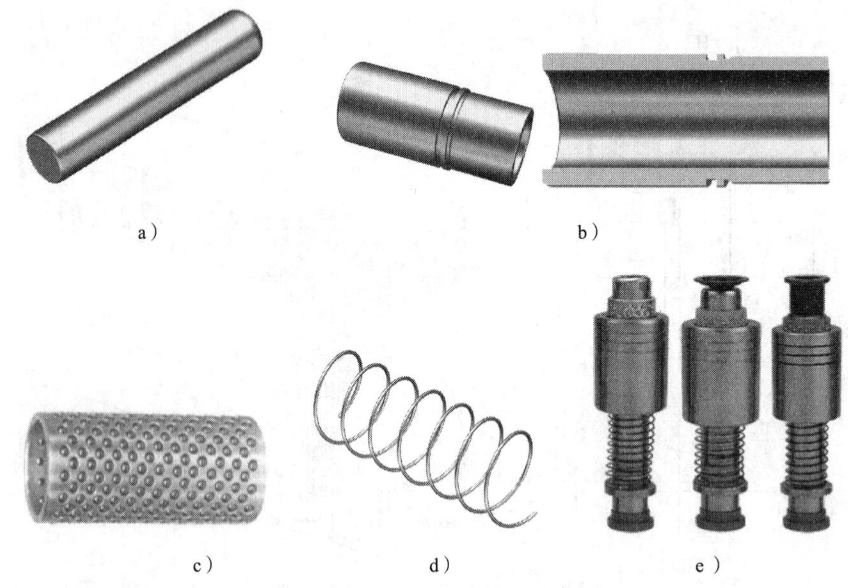
a） b） c） d） e）

图 2—7—9 滚动导柱、导套

a）滚动导向导柱 b）滚动导向导套 c）钢球保持圈 d）圆柱螺旋压缩弹簧 e）组件

采用滚动导柱、导套导向的突出特点是钢球与导柱、导套之间不但没有间隙，而且有 0.01 ~0.02 mm 的过盈量，成为无间隙导向，精度高。导柱与导套之间采用滚动摩擦，其磨损小，使用寿命较长。

为了减少磨损，钢球沿导柱与导套工作面的滚动轨迹应不重合。为此，钢球在钢球保持圈内的排列应横向错开，纵向连线与导柱轴线夹角为 8°。

钢球直径 d_0有 3 mm 和 4 mm 两种。为了保证均匀接触，钢球直径应尽量一致，精度为 IT01 级，直径公差小于 0.002 mm，圆度小于 0.0015 mm。钢球装入钢球保持圈以保证不脱落且转动灵活，国家标准推荐采用铝合金（LY11）、黄铜（H62）或聚四氟乙烯（SFB-1）制造。

设计时，有关尺寸如下：钢球行间距 $t=(1.5\sim2.0)\ d_0$，其中，d_0为钢球直径（mm）；导套内径 $D=d+2d_0-(0.01\sim0.02)$，其中，d 为导柱直径（mm）。为了不损害导向精度，冲压过程中，不允许导柱与导套脱离。而且在压力机滑块处于上止点时，仍应保证有 3 ~4 圈钢球处于导柱与导套之间。为此，钢球保持圈应有足够的高度 L，$L=H+(1.5\sim2)\ t$，其中，H 为压力机行程（mm），t 为钢球行间距（mm）。另外，为了防止钢球保持圈在工作时下沉、脱离导套而减少配合长度，可在导柱上加一个支承弹簧。

另外，对于滚动导向可卸导柱及组件（图 2—7—10）国家标准《冲模导向装置 第 8 部分：滚动导向可卸导柱》（GB/T 2861.8—2008）、《冲模导向装置 第 9 部分：衬套》（GB/T 2861.9—2008）、《冲模导向装置 第 10 部分：垫圈》（GB/T 2861.10—2008）等作了相应规定。

二、支承零件

模具的支承零件有模柄、固定板、垫板等。

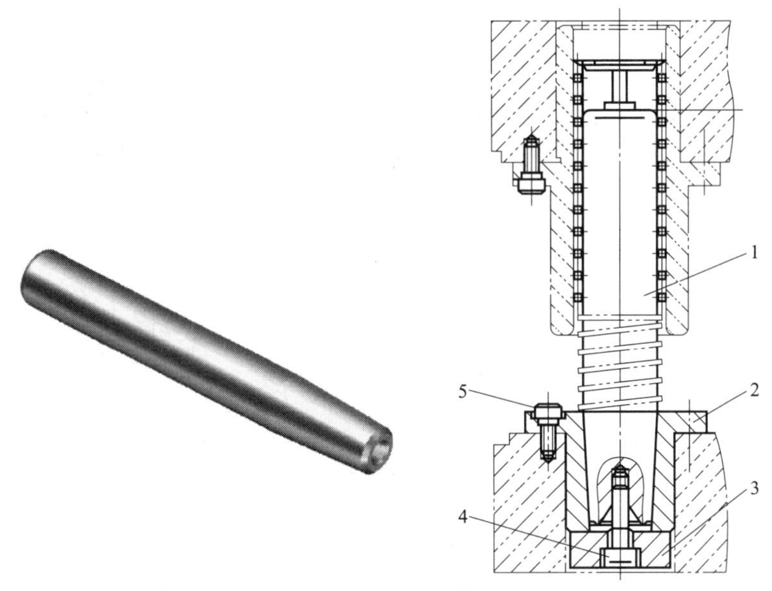

图 2—7—10　滚动导向可卸导柱及组件

1—导柱　2—衬套　3—垫圈　4、5—螺钉

1. 模柄

作为使模具与压力机的中心线重合，并把上模固定在压力机滑块上的连接零件，模柄一般用于中小型模具中，通常对应压力机的吨位在 1 000 kN 以下。模柄的结构形式较多，我国机械行业标准《冲模模柄》（JB/T 7646. 1—2008 ~ JB/T 7646. 6—2008）推荐的就有六种之多，分别是压入式模柄、旋入式模柄、凸缘模柄、槽形模柄、浮动模柄和推入式活动模柄，如图 2—7—11 所示。选用模柄时要考虑模具的结构特点和使用要求，模柄工作段直径应与所选用的压力机滑块孔的直径一致。

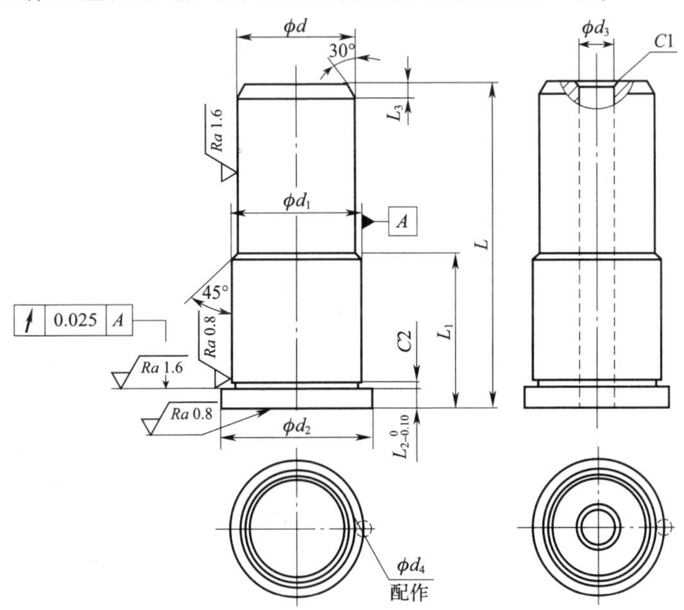

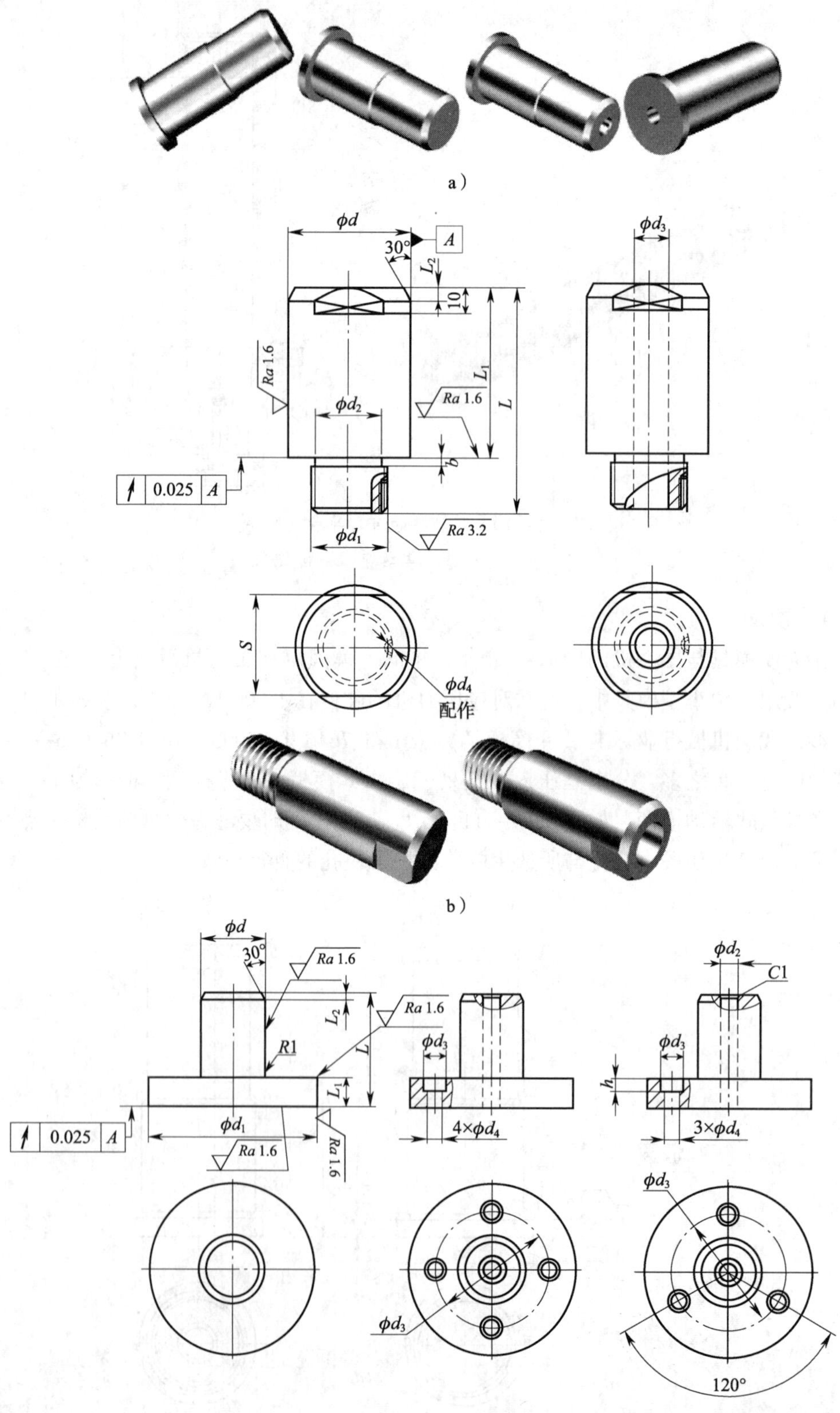
a）
ϕd
30°
A
L_2
10
L_1
L
Ra 1.6
Ra 1.6
ϕd_2
b
0.025 A
ϕd_1
Ra 3.2
ϕd_3
S
ϕd_4
配作
b）
ϕd
30°
Ra 1.6
Ra 1.6
R1
L_2
L
L_1
0.025 A
ϕd_1
Ra 1.6
Ra 1.6
ϕd_3
4×ϕd_4
ϕd_2
C1
h
3×ϕd_4
ϕd_3
120°

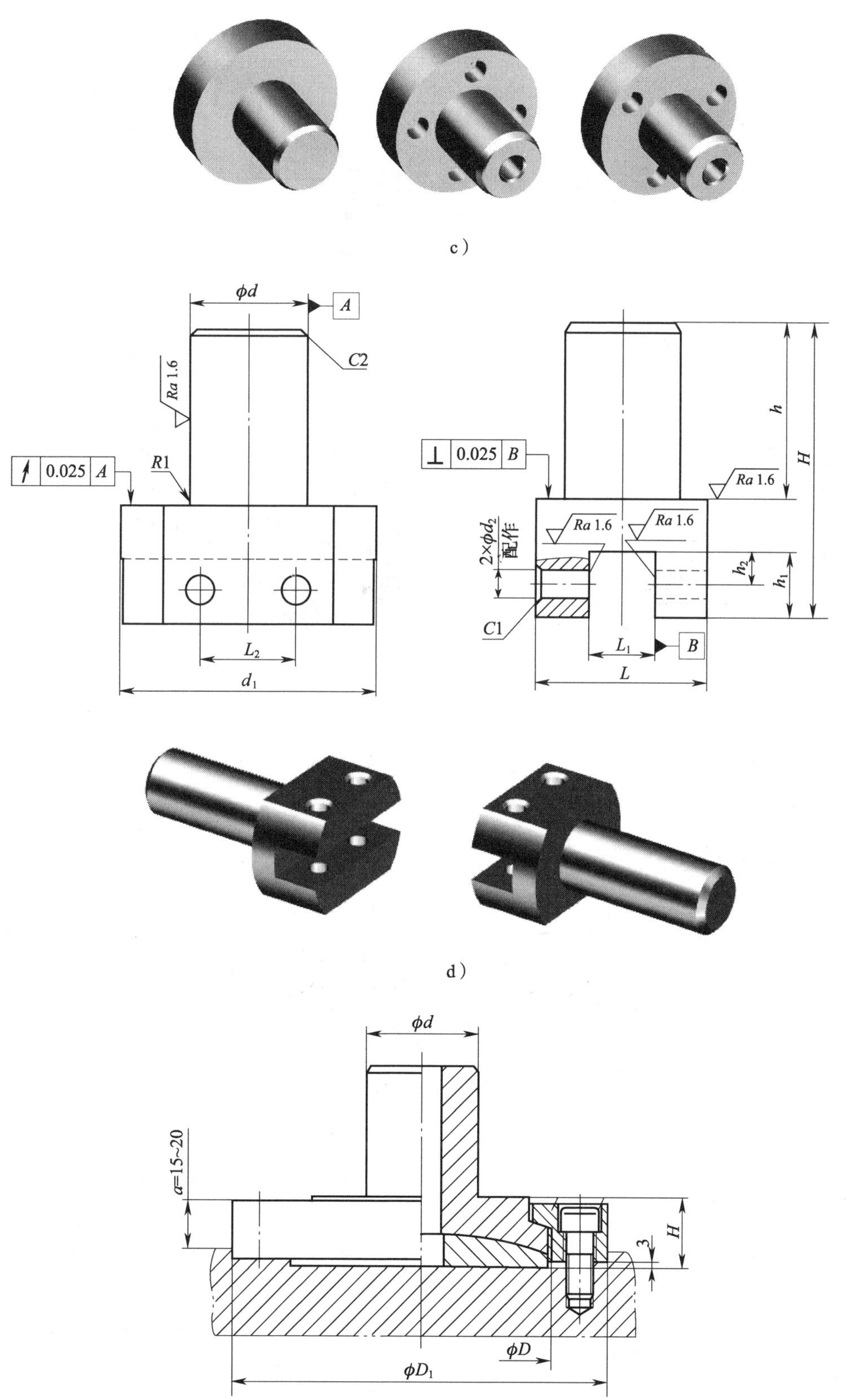
c）
φd
A
C2
Ra 1.6
R1
0.025 A
L2
d1
⊥ 0.025 B
h
H
Ra 1.6
Ra 1.6
Ra 1.6
2×φd2
配作
h2
h1
C1
L1
B
L
d）
φd
a=15~20
H
3
φD
φD1

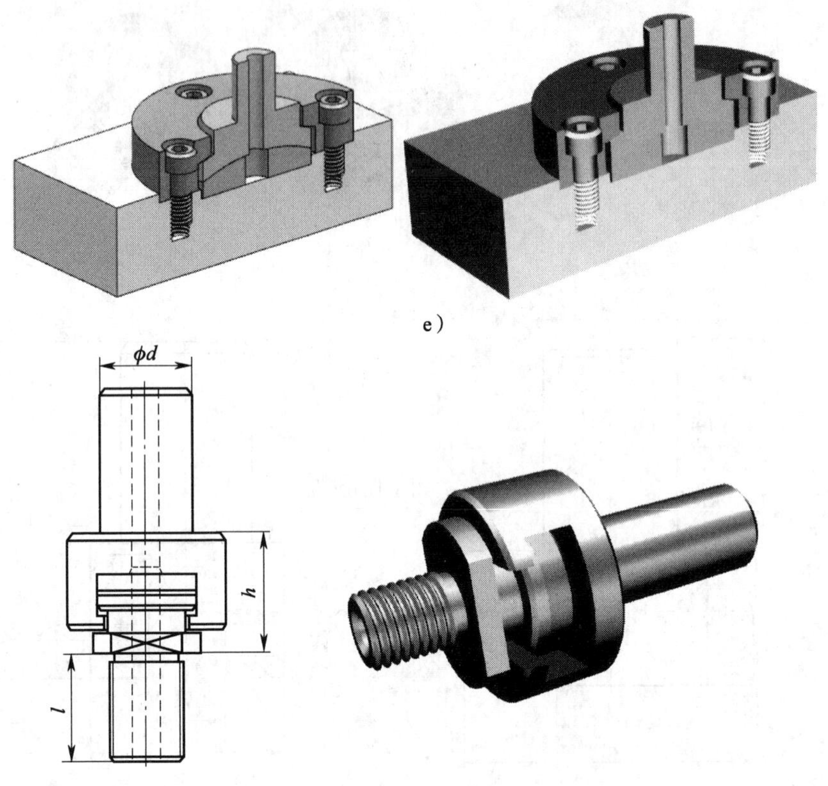

f）

图 2—7—11　模柄结构

a）压入式模柄　b）旋入式模柄　c）凸缘模柄　d）槽形模柄　e）浮动模柄　f）推入式活动模柄

各种结构形式模柄的特点及应用见表 2—7—2。

表 2—7—2　　各种结构形式模柄的特点及应用

结构形式	特点及应用
压入式	有 A 型和 B 型两种类型。固定端与上模板安装孔采用 H7/m6 过渡配合，并加销钉防止转动。装配后模柄轴线与上模座垂直度比旋入式模柄好，适用于模板较厚的中、小型模具
旋入式	有 A 型和 B 型两种类型。通过螺纹与上模板连接，上端两平行面供扳手旋紧用。为了防止松动，拧入螺钉。这种结构的模柄装卸方便，多用于有导柱的小型冲模上
凸缘	有 A 型、B 型和 C 型三种类型。在上模座加工出容纳模柄大凸缘的沉孔，与凸缘为 H7/h6 配合，并用三个或四个内六角螺钉进行固定。模柄的凸缘厚度一般不到模座厚度的一半，模座凸缘以下部分仍可加工出型孔，以便容纳推件装置的顶板。这种模柄多用于大型模具或上模座中开设推板孔的中、小型模具

续表

结构形式	特点及应用
槽形	槽形模柄便于固定非圆凸模，并使凸模结构简单、容易加工。凸模与模柄槽可取 H7/m6 配合，在侧面打入两个销钉，防止拨出。为了便于打入销钉，模柄槽两侧的孔径是不同的，打入销钉一侧的孔径比另一侧的孔径大 0.5 mm。槽形模柄主要用于弯曲模，也可用于冲非圆孔的冲孔模、切断模等
浮动	由凹球面模柄、凸球面垫块、锥面压圈和螺钉等零件组成。模柄与上模座不是刚性连接，允许模柄在工作过程中产生少许倾斜。采用浮动模柄，可避免由于压力机滑块导向精度不高对模具导向装置产生的不利影响，减少对模具导向件的磨损，延长其使用寿命，使模具导向装置长期保持良好的导向精度。适用于需精确导向且导向装置在工作中始终不分离的精密冲模，如硬质合金模、精冲模等
推入式活动	由模柄接头、凹球面垫块、活动模柄等零件组成。特点及应用类似浮动结构形式

除上述结构形式外，在小型的简单冲模中，还可采用把模柄与模板（或凸模）做成整体的结构。

2. 固定板

固定板包括凸模固定板（图 2—7—12）和凹模固定板，它们是用于安装和固定凸模（凸凹模）和凹模的板状零件。

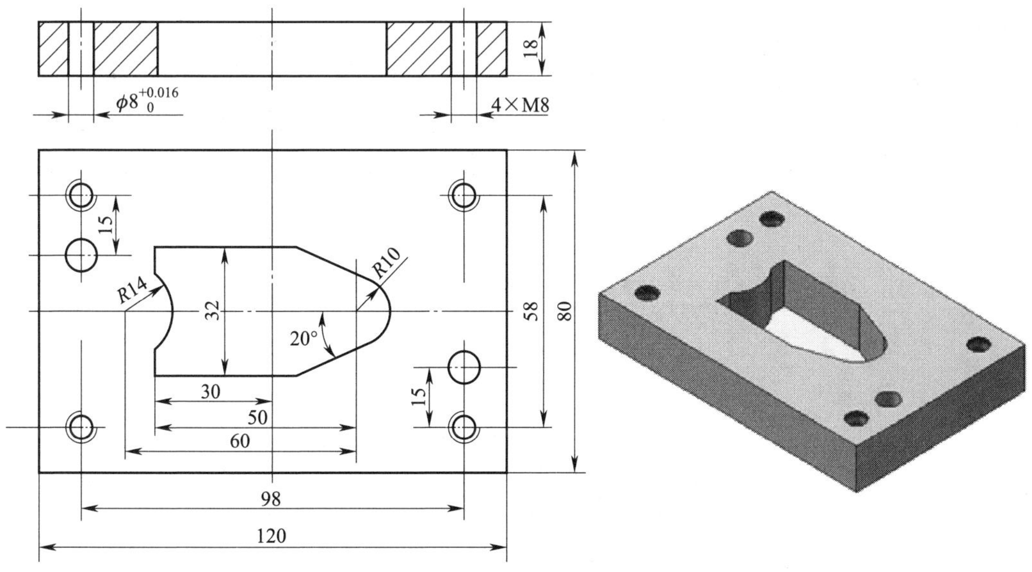

图 2—7—12 凸模固定板

标准凸模固定板有圆形、矩形和单凸模固定板等多种形式。选用时，根据凸模固定板和紧固件合理布置的需要确定其轮廓尺寸，其厚度为凹模板厚度的 0.6 ~ 0.8 倍。

固定板中，固定凸模的型孔应根据凸模的结构设计。对于圆凸模，凸模固定端的直径按 H7 精度加工；对于用螺钉吊装的直通式凸模，要求型孔按凸模实际尺寸配作成 M7/h6 配合；对于用低熔点合金、环氧树脂及胶粘法固定的凸模，型孔尺寸按相应凸模尺寸适当放大周边间隙来确定。

我国机械行业标准《冲模模板 第 2 部分：矩形固定板》（JB/T7643. 2—2008）、《冲模模板 第 5 部分：圆形固定板》（JB/T7643. 5—2008）对冲模固定板的尺寸规格、标记及有关要求作了相应规定，并对固定板材料的选择进行了推荐。

3. 垫板

作为设在凸、凹模与模座间，承受和分散冲压负荷的板状零件，垫板是模具正常工作的有力保证。是否需要加设垫板，取决于冲压时模座所受压应力是否超过模座材料的许用压应力。

垫板的平面形状和尺寸与固定板相同，其厚度一般取 5 ~ 12 mm，如果结构需要，可适当增大垫板的厚度。垫板材料为 45 钢或 T7 钢，热处理后硬度为 43 ~ 48HRC。

我国机械行业标准《冲模模板 第 3 部分：矩形垫板》（JB/T 7643. 3—2008）和《冲模模板 第 6 部分：圆形垫板》（JB/T 7643. 6—2008）对垫板的尺寸规格、标记及有关要求作了相应规定，并对垫板材料的选择进行了推荐。

三、紧固零件

模具中的销钉和螺钉一般都采用标准件，主要起定位、连接、拉紧冲模零件的作用。螺钉最好选用内六角圆柱头螺钉（国家标准《内六角圆柱头螺钉》GB/T 70. 1—2008），这种螺钉安装方便，紧固可靠，便于将螺钉头部埋入板内，使模具外形美观。一般用 M6 ~ M12 螺钉，其结构尺寸及连接孔尺寸如图 2—7—13 所示，螺钉的数量视被紧固零件的外形尺寸及受力大小而定，大多采用六个，特殊情况可采用四个，螺钉的布置应对称，使紧固的零件受力均衡。销钉常采用圆柱销（国家标准《圆柱销不淬

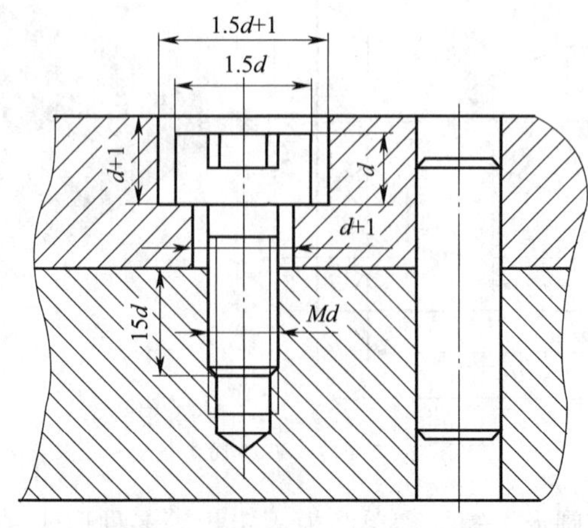

图 2—7—13　内六角螺钉和圆柱销的结构尺寸及连接孔尺寸

硬钢和奥氏体不锈钢》GB/T 119.1—2000)，起定位作用时，两块板之间圆柱销应不少于两个，与零件上的销孔采用过渡配合，其直径与螺钉上的螺纹直径相同，若零件受到的错移力较大时，可选用大的销钉，销钉的最小配合长度常取销钉直径的1.5倍。

第八节 冲裁模设计流程

冲裁模设计是一项综合性技术工作，只有与冲裁制件设计、冲裁工艺过程设计、冲裁模具制造有机结合，才能达到预期效果，设计出结构合理、成本低廉、使用方便、寿命较长的优质模具。冲裁模设计的主要流程如图2—8—1所示。

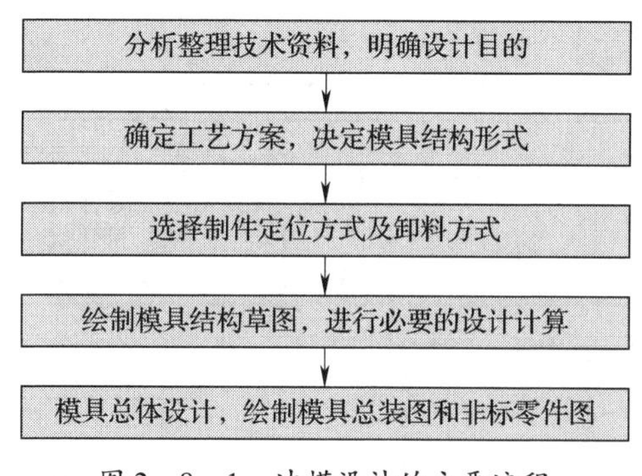

图2—8—1 冲模设计的主要流程

一、分析整理技术资料，明确设计目的

冲模设计应收集的资料包括制件零件图、批量大小、制件设计任务书、模具标准化资料、设备技术资料和模具设计手册等。

二、确定工艺方案，决定模具结构形式

该步骤涉及的内容主要包括根据制件的形状和材料来确定采用的加工工艺形式及模具类型；根据制件的形状、尺寸、精度和表面质量等要求，确定基本工序的性质；根据制件的变形特点、尺寸要求，确定工序的排列顺序；根据初步的工艺计算，确定工序数目；根据批量大小、质量要求和条件，确定工序组合，选定模具结构形式。

三、选择制件定位方式及卸料方式

该步骤的基本内容包括确定制件在模具中的定位基准、上料方式、操作安全可靠性等；确定选用压料、卸料装置的形式，具体考虑板料送进和定位的操作方式及出料方式。

四、绘制模具结构草图，进行必要的设计计算

该步骤充分考虑工作零件的结构形式和安装方法；选定模具的导向方式、使用设备、模具闭合高度及安装方式；计算模具的压力中心；确定工作零件的尺寸及间隙；计算各种工艺力及有关模具的特殊工艺计算等。

五、模具总体设计、绘制模具总装图和非标零件图

在上述分析、计算和方案论证的基础上，即可绘制模具总装图及非标零件图。

1. 模具总装图的绘制

（1）基本要求

总装图应反映模具的结构特征、工作原理及零件间的相对位置和装配关系。模具总装图的布局一般如图 2—8—2 所示。

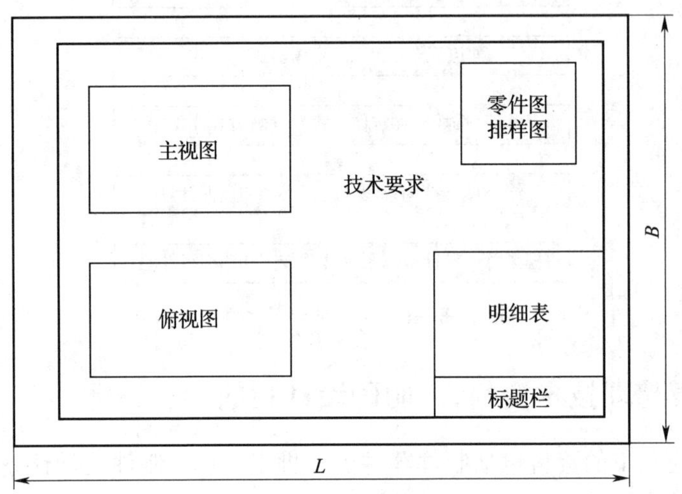

图 2—8—2　冲模总装图布局

模具总装图的绘制通常包括如下内容：主视图、俯视图、侧视图、局部视图、制件图（工序图）、排样图、标题栏及明细表、技术要求及说明等，其基本要求见表 2—8—1。

表 2—8—1　总装图基本要求

内容	基本要求
主视图	绘制模具在工作位置的剖视图（可采用全剖或阶梯剖），尽可能将模具的所有零件画出。在剖视图中剖切到凸模和顶件块等旋转体时，其剖面不画剖面线；有时为了画面结构清晰，非旋转体的凸模也可不画剖面线 表达清楚各零部件位置及相互间的位置关系、配合形式、紧固方式 顺序排出零部件代号

续表

内容	基本要求
俯视图	一般绘制下模部分的俯视投影视图
侧视图	在主视图及俯视图未能表达清楚的情况下，应画出侧视图 侧视图与主视图的模具工作位置相对应，以进一步表达零件的位置和相互关系
局部视图	用于主视图和侧视图表达不清的复杂部位
制件图	在总装图的右上角绘制 详细标明尺寸、公差、材料及技术要求
排样图	在制件图下方绘制。特别是对于利用条料或带料进行工作的落料模、级进模、复合模等，以便在冲压工作时准备材料
标题栏及明细表	在总装图的右下角应设计出标题栏，标明模具名称、图号、设计及审核者的签字栏。在明细表的上方，应注明模具零部件代号、零件名称、图号、材料、数量及热处理要求、标准件代号等
技术要求及说明	在总装图上注明使用的设备型号、模具闭合高度、模具其他的必要说明及技术要求等事项

另外，主视图一般应符合模具的工作位置，并要求尽量多地反映模具的工作原理和零件之间的装配关系。其他视图的选择应能补充主视图尚未表达或表达不够充分的部分，一般情况下，零、部件中的每一种零件至少应在视图中出现一次。

（2）绘制过程

冲裁模总装图的一般绘制过程如下。

1）绘制各视图的主要中心线。

2）根据已确定的模具结构绘制主要工作零件，如凸模和凹模，然后再画固定板、垫板等其他零件。

3）绘制其他零件和详细结构。逐步画出模具各零件结构与各零件间的配合关系以及各种连接件如螺母、螺栓、销等。

4）检查核对底稿，加深图线，画剖面线。

5）标注尺寸，编写序号，画标题栏、明细表，注写技术要求，完成全图。

需要提醒的是，模具总装图上应标注的尺寸有模具闭合高度、外形尺寸、特征尺寸、装配尺寸、活动零件移动的极限尺寸等。

2. 非标零件图的绘制

对于采用标准化的模具结构、模具标准件，只要在标题栏标出其规格代号。而对于非标准件，如凸模、凹模、凸模固定板、卸料板和垫板等应按标题栏逐个绘制完整的零件图。

模具零件图既要反映出设计意图，又要考虑到制造工艺性，零件图设计的质量直接影响模具的制造周期和制造成本。另外，对于补充加工较多的标准件，也要绘制零件图，并标注加工部位的尺寸公差。

模具零件图是模具零件加工的唯一依据，绘制时应包括制造和检验的全部内容，具体要求见表 2—8—2。

表 2—8—2　　模具零件图的绘制要求

内容	基本要求
视图	充分、准确表示出零件内、外部的结构形状和尺寸大小 视图数量最少
制造和检验数据	尺寸完备，不重复 正确选择尺寸基准，尽量避免基准不重合误差的出现 零件图的方位尽量与其在总装图中的方位一致。不要任意旋转和颠倒，以免画错
尺寸公差和表面粗糙度（表面结构）	所有配合尺寸或精度要求较高的尺寸应标注公差（包括形位公差） 未注尺寸公差按 IT14 制造 在装配过程中的加工尺寸应标注在装配图上。如必须在零件图上标注时，应在有关尺寸旁注明“配作”字样或在技术要求中说明 所有的加工表面都应注明表面粗糙度（表面结构）等级
技术要求	对材质的要求，如热处理方法及热处理表面应达到的硬度等 表面处理，表面涂层以及表面修饰等要求 未注倒角半径的说明等 其他特殊要求

3. 模具图常见的习惯画法

模具图的绘制主要按机械制图的国家标准《技术制图图纸幅面和规格》（GB/T 14689—2008）规定进行，但考虑到模具图的特点，生产实际中允许采用一些习惯画法。常用的习惯画法见表 2—8—3。

表 2—8—3　　模具图的常见习惯画法

内容	说明	图例
内六角螺钉和圆柱销	同一规格、尺寸的内六角螺钉和圆柱销，在模具总装图中可各画一个，引一个件号，当剖视图中不易表达时，也可从剖视图中引出件号。内六角螺钉和圆柱销在俯视图中分别用双圆（螺钉头外径和窝孔）及单圆表示，当剖视位置比较小时，螺钉和圆柱销可各画一半	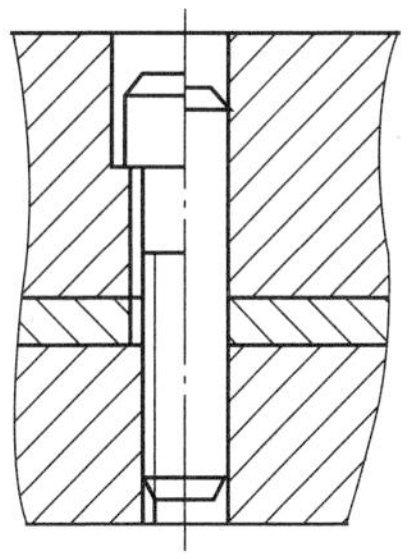
弹簧窝座及圆柱螺旋压缩弹簧	弹簧习惯采用双点划线表示的简化画法。当弹簧个数较多时，在俯视图中可只画一个弹簧，其余只画窝座	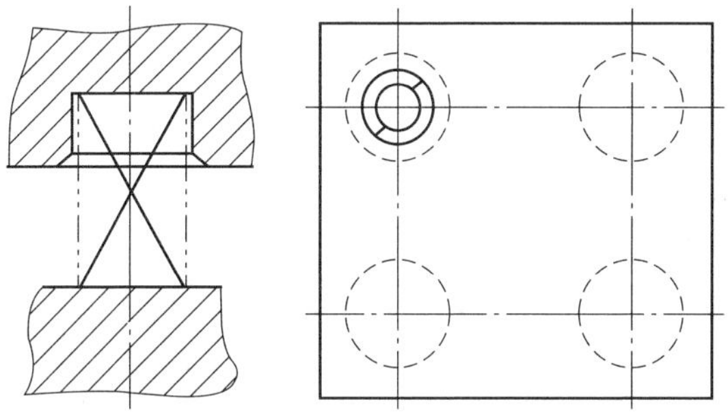
直径尺寸大小不一的各组孔	直径尺寸大小不同的各组孔可用涂色、符号、阴影线区别	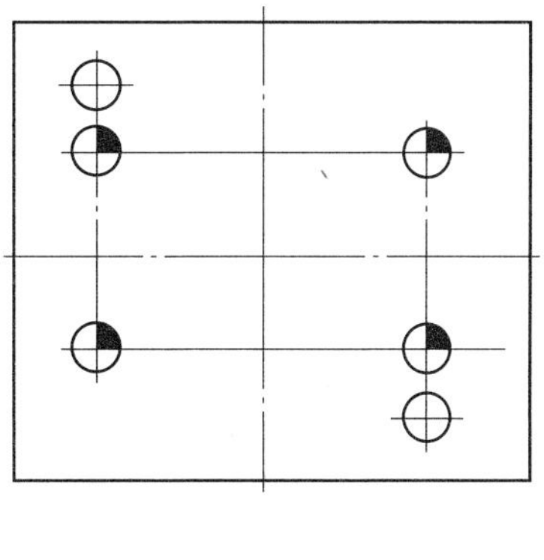

随着现代工业的发展和产品更新换代周期的加快，冲模的需求量、设计与制造水平也在不断提高。尤其是冲模计算机辅助设计与辅助制造技术（冲模 CAD/CAM）、板料成形模拟仿真技术（冲压 CAE）等新技术的应用，使冲模设计技术上了一个新台阶。

第三章 其他冲压模具设计

除冲裁工艺外，冲压生产中其他冲压工艺的应用也非常广泛，如弯曲、拉深、胀形、翻边、缩孔等，它们共同配合，完成各种板类制件的冲压生产。当然，有些制件的生产，还需要通过冷挤压工艺来完成。本章介绍其他冲压工艺和模具设计的相关知识。

第一节 弯曲模设计

弯曲是将平直板材或管材等型材，通过冲模弯成一定角度和形状的冲压加工方法。用弯曲方法成形的制件种类很多，如汽车纵梁、自行车把手、各种电器零件的支架、门窗铰链、配电箱外壳等。

弯曲既可在压力机上进行，也可在专用设备（如折弯机、弯管机、滚弯机、拉弯机和自动弯曲机等）上进行。

一、弯曲变形过程及特点

根据弯曲成形方式的不同，弯曲方法可分为压弯、拉弯、折弯和滚（辊）弯等，如图 3—1—1 所示。其中，最常见的是在压力机上进行压弯。

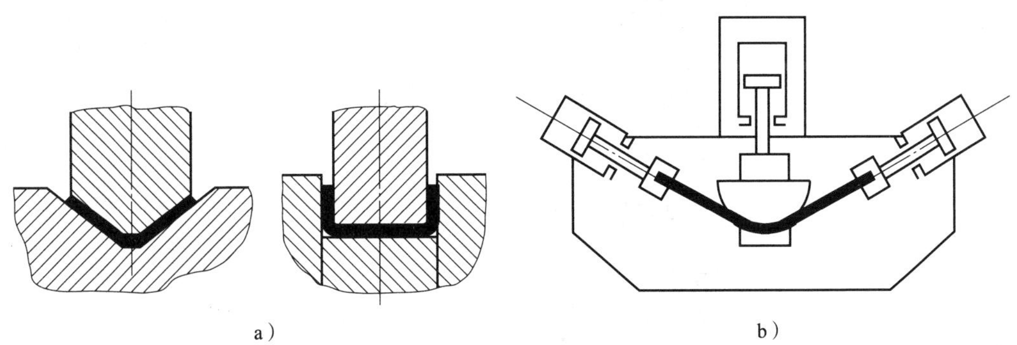

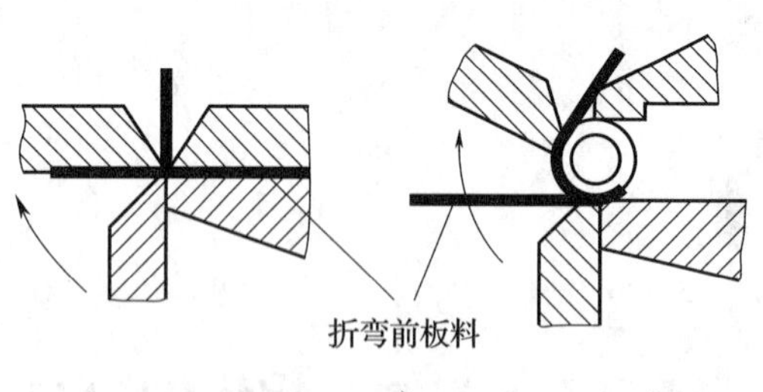

c）

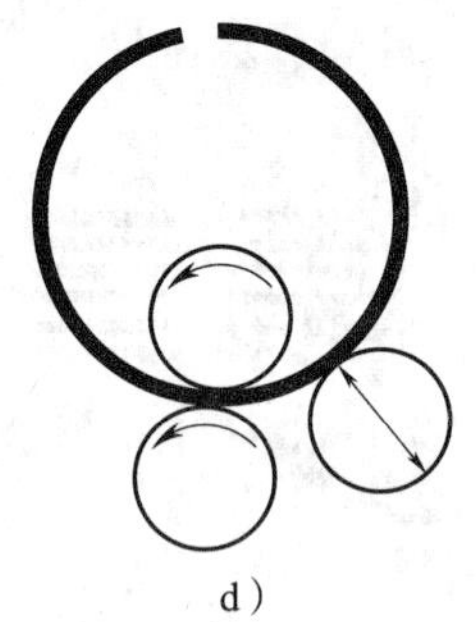

d）

图 3—1—1　弯曲成形

a）压弯　b）拉弯　c）折弯　d）滚（辊）弯

1. 变形过程

压弯变形过程是依靠弯曲模的压料动作，使坯料发生弯曲的。以板料在 V 形模内校正弯曲为例，弯曲时，在凸模的压力下，板料受弯矩作用，产生变形，其主要过程及说明见表 3—1—1。

表 3—1—1　　V 形弯曲变形过程

弯曲阶段	图例	变形过程说明
开始弯曲		板料毛坯自由弯曲
凸模下压		板料毛坯与凸模工作表面逐渐靠紧，板料内层（上表面）弯曲半径和板料弯曲力臂逐渐变小
继续下压		板料弯曲变形区域逐渐减小，直到与凸模三点接触，板料内层（上表面）弯曲半径和板料弯曲力臂继续变小
行程终了		凸模、凹模对弯曲毛坯进行校正，使其圆角、直边与凸模及凹模弯曲贴紧

2. 变形特点

弯曲变形具有如下特点：首先，弯曲变形只发生在弯曲中心角所围成的扇形区域，直边部分不发生塑性变形。其次，弯曲变形后，在坯料变形区域内，纤维沿厚度方向的变形不同，即内层纤维受压而缩短；外层纤维受拉而伸长；在内层与外层之间存在着一层既不伸长也不缩短的中性层纤维。另外，经分析和弯曲加工可以发现，在一定条件下，变形区横截面存在变形、变形区材料存在变薄、变形后板类长度产生增加。

二、弯曲模典型结构

弯曲模的结构主要取决于弯曲件的形状及弯曲工序的安排。最简单的弯曲模只有一个垂直运动；复杂的弯曲模除了垂直运动外，还有一个乃至多个水平动作。

1. V 形件弯曲模

V 形件弯曲模的基本结构如图 3—1—2 所示，图中顶杆 6 和弹簧 7 组成顶件装置。工作行程时，顶件装置起压料作用，可防止坯料横向移位；回程时，顶件装置将制件从凹模内顶出。这种模具结构简单，对材料的厚度公差要求不高，在压力机上安装调试也较方便，而且制件在弯曲冲程终端得到误差校正，因此，回弹较小，制件的平面度较好。

如图 3—1—3 所示为 V 形件折板式弯曲模，其主要特点是凹模 4 由两块平板构成，中间以铰链 8 连接，铰链芯轴 2 可沿支架 7 的长槽上下滑动。不工作时，两个顶杆将两块凹模板顶起，成为一个平面，这时支架起限位作用。工作时，在凸模 1 的压力下，

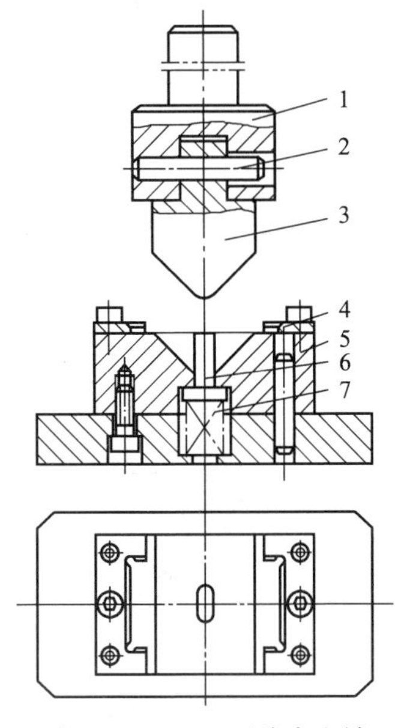

图 3—1—2 V 形件弯曲模

1—模柄 2—销钉 3—凸模 4—定位板 5—凹模 6—顶杆 7—弹簧

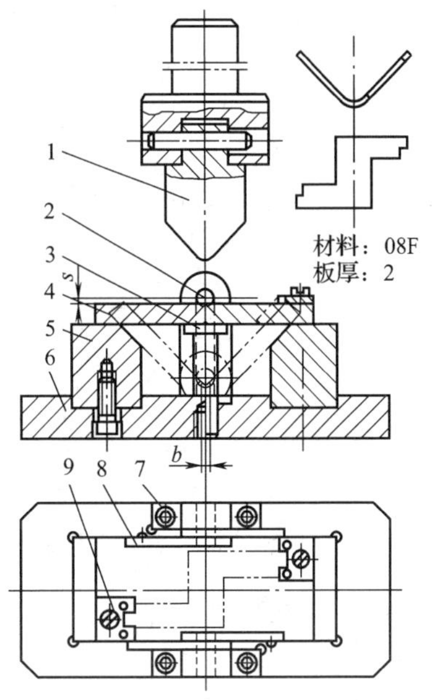

图 3—1—3 V 形件折板式弯曲模

1—凸模 2—铰链芯轴 3—顶杆 4—凹模 5—立板 6—下模板 7—支架 8—铰链 9—定位板

两凹模板将绕铰链芯轴翻转，铰链芯轴沿支架槽下滑，这时支架又起导向作用。在弯曲过程中，制件始终与凹模板保持大面积接触，即使直边较窄，也能弯成尺寸精确的V形件。回程时，两凹模板在顶杆反顶力的作用下被顶起，并重新成为平面形状，取放制件都很方便。

2. U形件弯曲模

如图3—1—4所示为顺出件U形件弯曲模，其主要特点是模具结构简单，弯曲后的制件可顺下模板漏件孔漏下，不需手工取走制件。但缺点是不能进行校正弯曲，制件回弹较大，底部不够平整。故适用于高度较小、尺寸精度要求不高、对底部平整度没有要求的小型U形件的弯曲成形，弯曲半径和凸、凹模间隙应取较小值，以减小回弹。

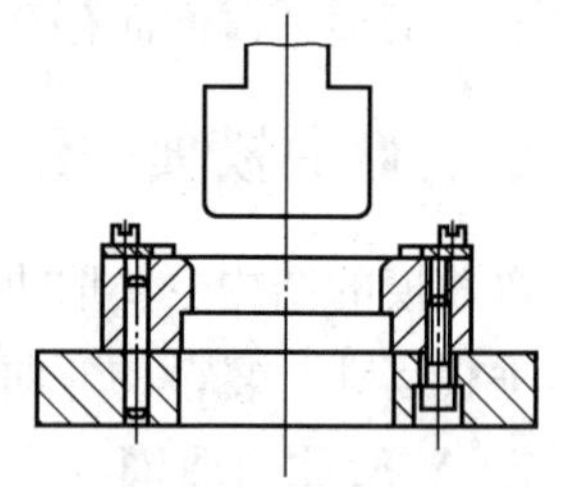

图3—1—4 顺出件U形件弯曲模

如图3—1—5所示为常用的逆出件U形件弯曲模，其主要特点是：在凹模5内设置一反顶板3，反顶力来自装在下模板6底部的通用弹顶装置。弯曲时始终能对制件底部施加较大的反顶压力，故制件底部能保持平整。同时，利用制件上的工艺孔设置了定位销钉2，对制件进行定位并有效地防止坯料在弯曲过程中的滑动偏移，并在凸模1对应定位销处设置让位孔。如果要进行校正弯曲，反顶板可作为凹模底使用。回程时，反顶板又能将工件从凹模内顶出。

对于弯曲角小于90°的U形件，可在弯角处设置活动凹模镶块，弯曲模下降到与镶块接触时，活动凹模摆动使材料包紧凸模，完成弯曲，如图3—1—6所示。

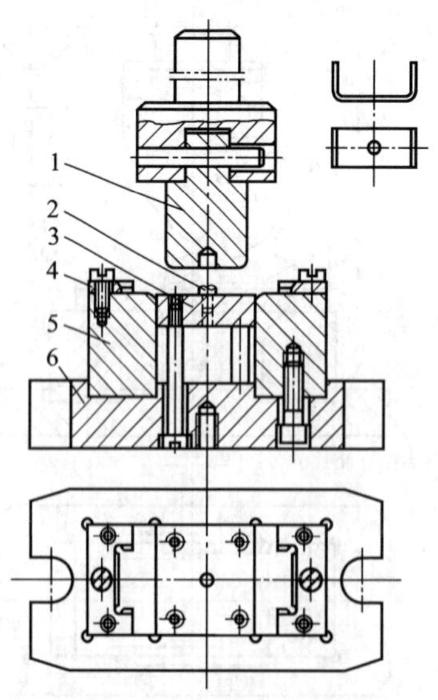

图3—1—5 逆出件U形件弯曲模

1—凸模 2—定位销钉 3—反顶板

4—定位板 5—凹模 6—下模板

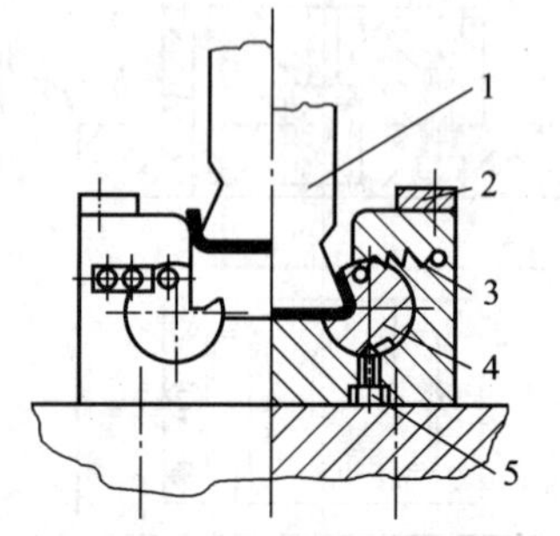

图3—1—6 弯曲角小于90°的U形件弯曲模

1—凸模 2—定位板 3—弹簧

4—回转凹模 5—限位钉

3. L形件弯曲模

如图3—1—7所示为L形件弯曲模。由于是单边弯曲，弯曲时坯料容易移位，并且凸模1将承受较大的侧向力，结构中采用反顶板及定位销来有效地防止弯曲时坯料的偏移。图3—1—7a的定位销装在反顶板5上，图3—1—7b的定位销则装在凹模3上。挡块2的作用是平衡上、下模之间水平方向的侧向力；同时，也为顶板或凸模导向，防止其窜动。在凸模接触板料之前，就应先靠住挡块，为此，挡块应高出凹模端面。

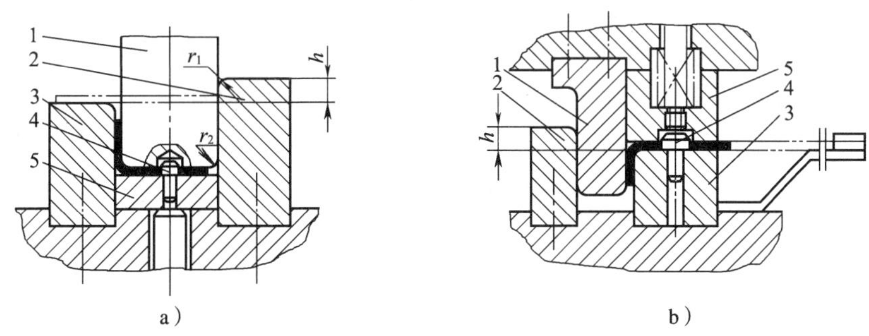

图3—1—7 L形件弯曲模

a）定位销装在反顶板上 b）定位销装在凹模上

1—凸模 2—挡块 3—凹模 4—定位销钉 5—反顶板

4. Z形件弯曲模

由于Z形件两直边折弯方向相反，所以弯曲模必须有两个方向弯曲的动作。如图3—1—8所示为Z形件弯曲模的典型结构，该模具由两个凸模联合弯曲。为防止坯料的偏移，设置了定位销及弹性顶板1。定位销和挡料销为定位元件，两侧侧压块能克服上、下模之间水平方向的错移力。弯曲前凸模7与凸模6的下端面平齐。在下模弹性元件（图中未画）的作用下，顶板1的上平面与左侧侧压块的上平面平齐。上模

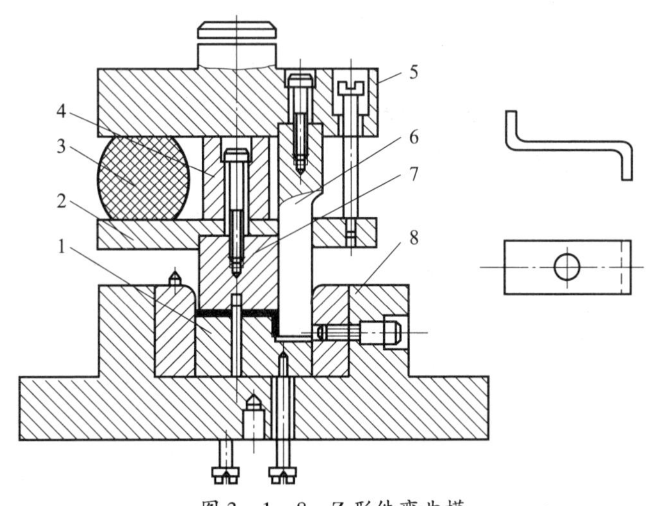

图3—1—8 Z形件弯曲模

1—顶板 2—托板 3—橡胶 4—压块 5—上模座 6、7—凸模 8—下模座

下行，活动凸模 7 与顶板 1 将坯料夹紧并下压，使坯料左端弯曲。当顶板 1 接触下模座后，凸模 7 停止下行，橡胶 3 被压缩，凸模 6 继续下行，将坯料右端弯曲成形。当压块 4 与上模座接触后，制件得到校正，上模回程，顶板零件顶起。

5. Π 形件弯曲模 （四角弯曲模）

Π 形件有四个角要弯曲，这一类制件可以一次弯曲成形，也可以分两次弯曲成形。

如图 3—1—9a 所示为 Π 形件的一次成形弯曲模。在弯曲过程中由于凸模肩部阻碍了坯料的转动，加大了坯料通过凹模圆角的摩擦力，使弯曲件侧壁容易擦伤和变薄，弯曲后容易产生较大的回弹，使直边不直，上口尺寸偏大。当弯曲件高度较小时，上述影响不大。但当材料厚、弯曲件较高、圆角半径小时，这一现象比较严重。根据经验，对于 $H \leqslant$ （8 ~ 10） t、$t \leqslant 1$ mm 的 Π 形件，如果尺寸精度要求不高，可以采用一次成形的模具。

如图 3—1—9b 所示的一次成形弯曲模可用于 r 很小制件的弯曲，尺寸精度较高，但模具结构复杂。

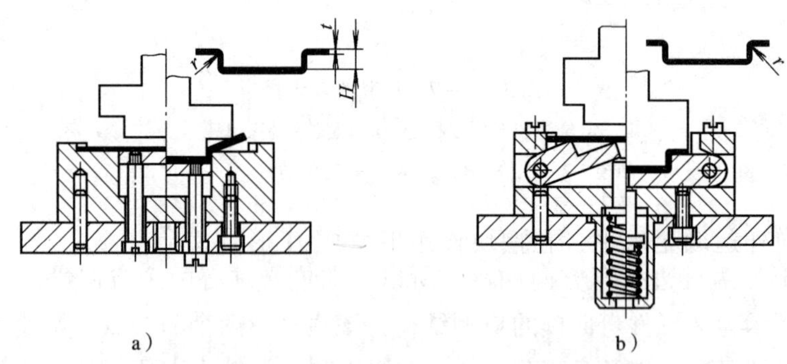

图 3—1—9　Π 形件的一次成形弯曲模

a）适于尺寸精度不高制件　b）适于尺寸精度较高制件

如图 3—1—10 所示为 Π 形件的两次成形弯曲模。当 $H \geqslant$ （12 ~ 15） t，特别是弯曲半径 r 较小，尺寸精度要求较高时采用。第一次弯曲时，将坯料弯成 U 形；第二次弯曲时，利用弯曲凹模的外形兼作半成品坯件的定位，然后弯成 Π 形。因为工序件倒扣在凹模上，工件高度越小，凹模壁厚就越薄，为了保证凹模的强度，需 $H \geqslant$ （12 ~ 15） t。由于采用两套模具弯曲，因此避免了一次成形弯曲时出现的问题，提高了弯曲件的质量。

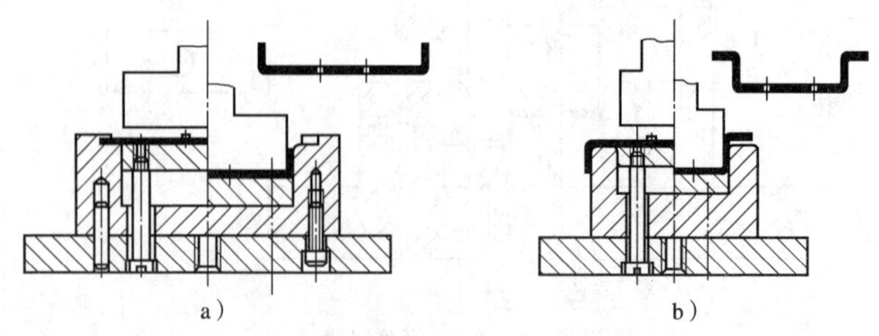

图 3—1—10　Π 形件的两次成形弯曲模

a）第一次弯曲　b）第二次弯曲

如图 3—1—11 所示为一次弯曲成形的复合弯曲模。凸凹模 1 既是弯曲 U 形件的凸模，又是弯曲 Π 形件的凹模。弯曲时，凸凹模 1 下行，先将坯料通过凹模 3 压弯成 U 形，凸凹模 1 继续下行与活动凸模 2 作用，将工序件弯成 Π 形。这种结构需凹模下腔空间较大，以方便制件侧边的摆动。由于弯曲过程中坯料未被夹紧，易产生偏移和回弹，制件的尺寸精度较低。

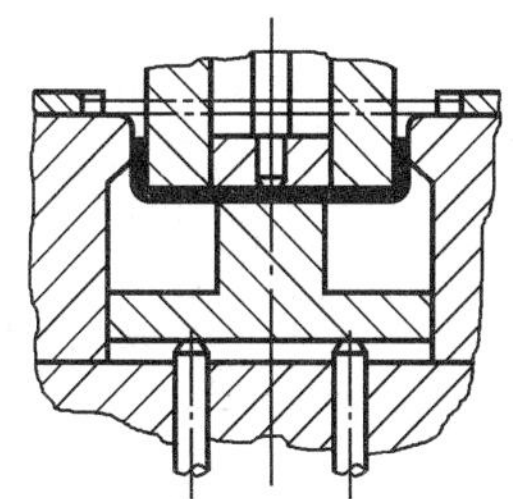
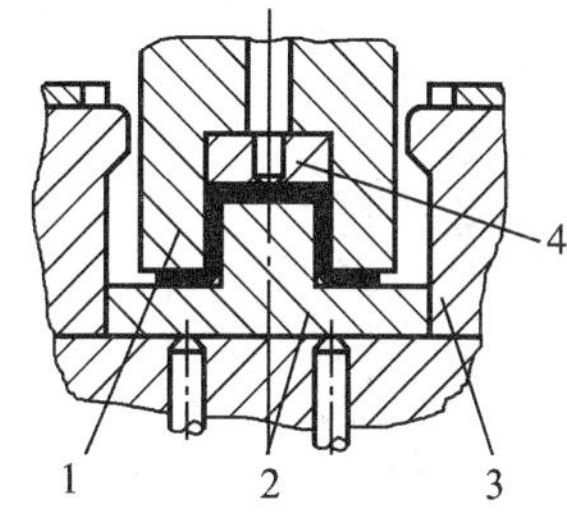

图 3—1—11　一次弯曲成形的复合弯曲模

1—凸凹模　2—活动凸模　3—凹模　4—顶板

如图 3—1—12 所示为一次弯曲成形复合弯曲模的另一种形式。弯曲时，在弹顶装置弹力的作用下，活动凸模 2 与下行的凹模 1 一起压紧中间坯料，将其弯成 U 形。凹模 1 继续下行，当推件器与凹模底面接触时，强迫活动凸模 2 向下运动，迫使摆块 3 向外运动至水平，在摆块作用下弯成 Π 形。这种弯曲模的缺点是结构复杂。

6. 圆形件弯曲模

圆形件的弯曲方法根据圆的直径大小而不同，其弯曲方法可分为三类。

（1）对于直径不大于 5 mm 的小圆形弯曲件，一般是先弯成 U 形，再将 U 形弯成圆形。由于弯曲件小，分次弯曲操作不便，如要求获得较高精度的弯曲件时，可采用如图 3—1—13 所示芯轴卷圆模，毛坯在凹模固定板 6 的定位槽中定位。当模具工作时，芯轴 3 和凹模镶件 7 将毛坯预弯成 U 形。在芯轴下压时，压缩弹簧被压缩，使凸模 1 的圆弧成形面将 U 形再弯成圆，并包在芯轴上。上模回程后拉动芯轴手轮卸下弯曲件。该结构要求所设计的上模弹簧压力应大于首先将毛坯预弯成 U 形时的压力，这样才能实现圆形件的弯曲。

（2）对于直径不小于 20 mm 的大圆形弯曲件，其弯曲方法是先用简单模将毛坯弯成三个 120°的波浪形，然后再弯成圆形，其结构如图 3—1—14 所示。波浪形工序件在弯曲模定位板 3 的槽内定位，随着上模的下行，凸模 2 对波峰处进行反向弯曲，两端圆弧将合拢，成为圆形件。转动支承板 1，可将弯曲件沿凸模轴线方向取出。凸模 2 既起凸模作用，又起芯轴作用。

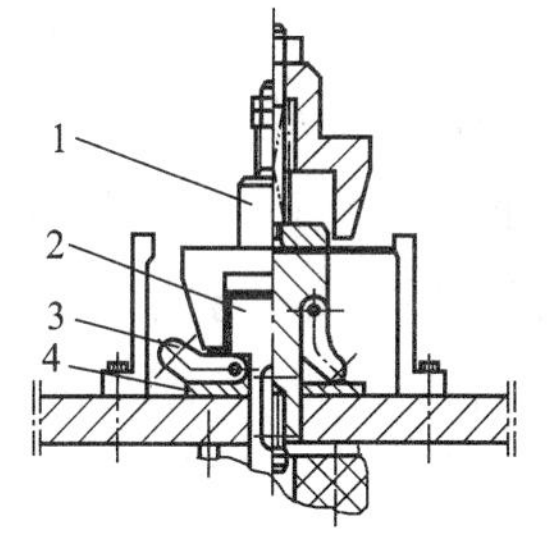

图 3—1—12　摆块式 Π 形件弯曲模

1—凹模　2—活动凸模

3—摆块　4—垫板

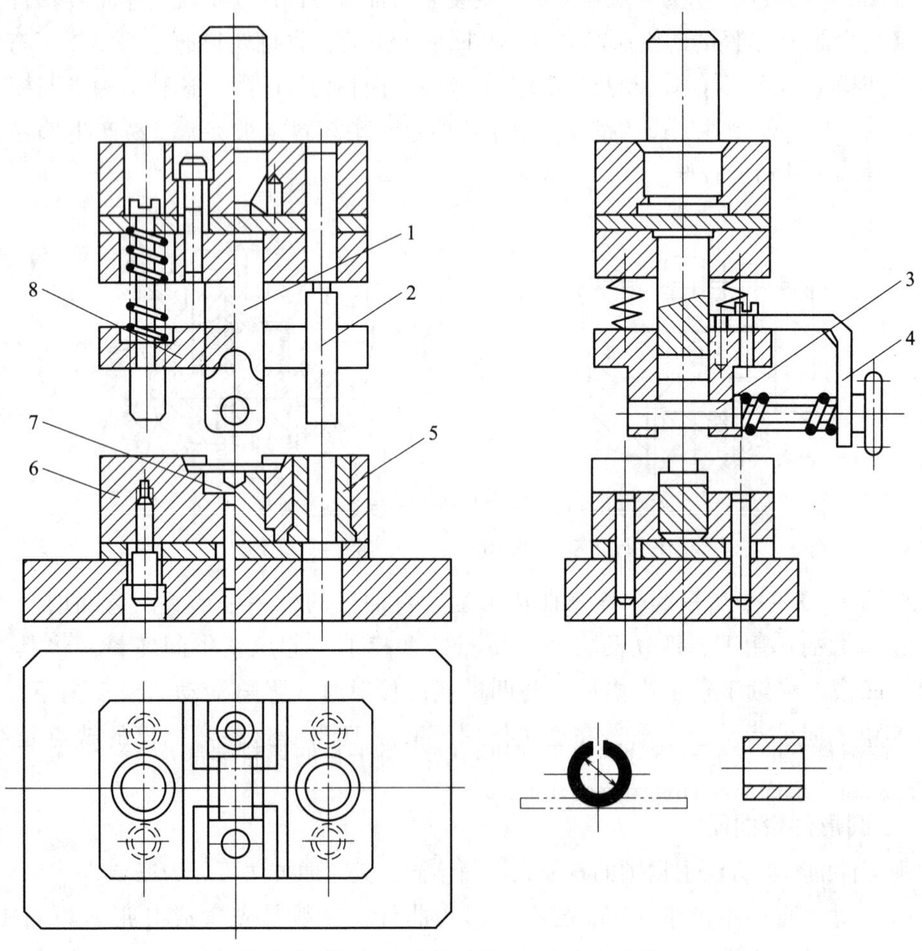

图 3—1—13　小圆形件一次弯曲成形模

1—凸模　2—导柱　3—芯轴　4—支架　5—导套　6—凹模固定板　7—凹模镶件　8—压料板

（3）对于直径为 10 ~ 40 mm、材料厚度约为 1 mm 的圆形件，可以采用如图 3—1—15 所示的摆动凹模式结构弯曲模一次弯成。弯曲时，凸模 2 将坯料压入凹模内，先将坯料压成 U 形；然后凸模继续下行，下压摆动凹模 3 的底部，使摆动凹模绕轴向旋转，将制件弯成圆形；弯曲结束后，向右推开支承板 1，将制件从凸模上取下。摆动凹模闭合时将顶板 4 压下，通过顶杆 5 使装在下模板中间的通用弹顶器受压缩。回程时，弹顶器将顶杆顶起，通过顶板使摆动凹模复位。这种生产方式生产效率较高，但由于制件上部未受到校正，因而回弹较大。

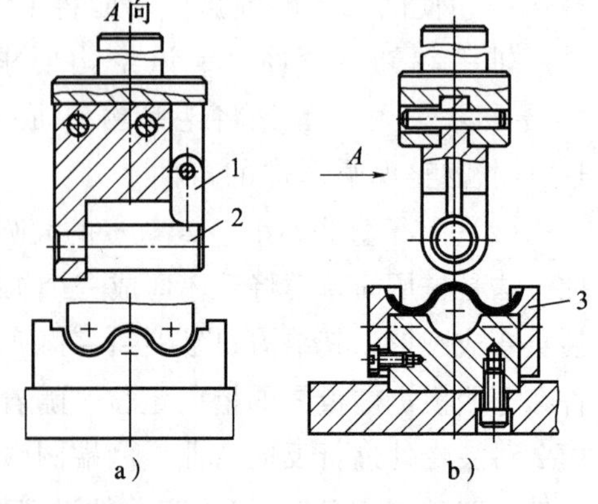

图 3—1—14　大圆筒两次弯曲模

1—支承板　2—凸模　3—定位板

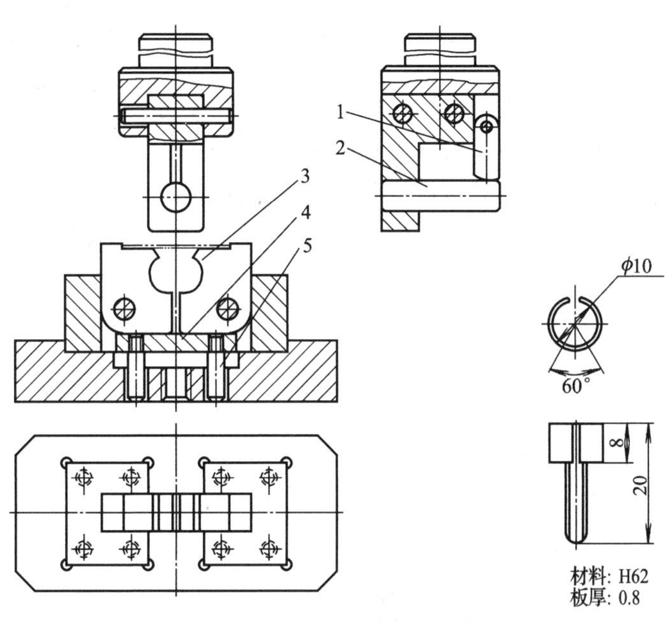

图 3—1—15 摆动凹模式一次弯曲模

1—支承板 2—凸模 3—摆动凹模 4—顶板 5—顶杆

7. 铰链件弯曲模

铰链件弯曲成形一般分两道工序进行，先将平直的坯料端部预弯成圆弧，然后再进行卷圆。卷圆通常是采用推圆法。

如图 3—1—16a 所示为预弯模。图 3—1—16b 所示为立式卷圆模。当上、下模闭合时，便将一端推卷成圆筒。采用立式卷圆模，直边高度不宜过高，以免推卷时发生失稳。该结构较简单，制造容易。图 3—1—16c 所示为卧式卷圆模，其主要特点是采用了斜楔滑块机构。工作时，坯料由垫板 6 的台阶定位，并由凸模 5 压住，压紧力由弹簧 4 提供。在上模下行时，利用斜楔 1 推动卷圆凹模 2 在水平方向进行弯曲卷圆。回程时，凹模由弹簧 3 的压力复位。这种模具结构复杂，但制件质量较好，操作方便。

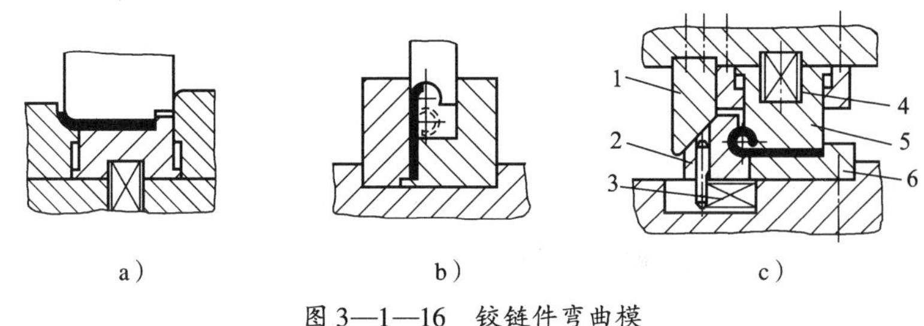

图 3—1—16 铰链件弯曲模

a) 预弯模 b) 立式卷圆模 c) 卧式卷圆模

1—斜楔 2—凹模 3、4—弹簧 5—凸模 6—垫板

8. 级进弯曲模

对于批量大、尺寸较小的弯曲件，为了提高生产效率，使之操作方便，保证产品

质量，应采用多工位的冲裁、压弯、切断连续工艺成形的级进模，这是现代冲压模具的发展趋势。

如图 3—1—17 所示为同时进行切边、冲孔、弯曲和切断的级进弯曲模，用以弯制侧壁带孔的双角弯曲件。该模具的切边凸模既起切出弯曲边的作用，又起侧刃定距的作用。由于导尺前宽后窄，并有凸肩，所以只有切边凸模切去一个步距的料边后，才能再前进一个送料距离。最后将制件从模具端推出。级进弯曲模操作方便，生产效率高，易实现生产自动化。

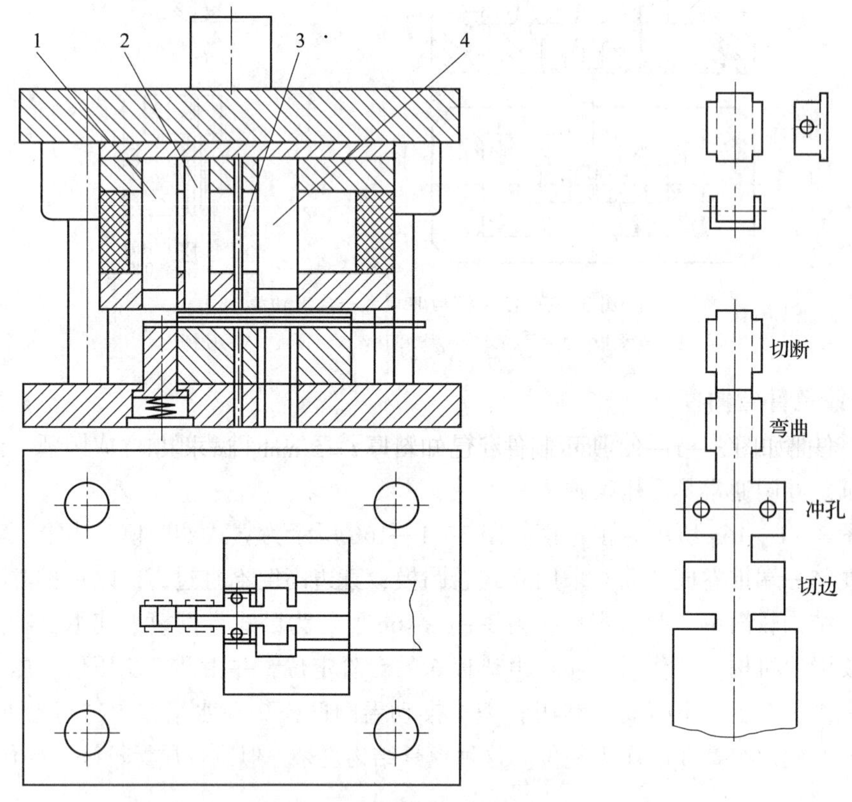

图 3—1—17　级进弯曲模

1—切断凸模　2—弯曲凸模　3—冲孔凸模　4—切边凸模

三、弯曲工艺计算

实施弯曲工艺，离不开相应的工艺计算。弯曲工艺计算主要包括弯曲件毛坯展开尺寸的计算、弯曲力的计算、工作部分结构参数的计算等。

1. 弯曲件毛坯展开尺寸的计算

因材料弯曲变形区成形后外层伸长、内层缩短、中性层长度不变，所以弯曲件毛坯长度等于中性层的长度。具体地说，弯曲件毛坯长度等于直边部分与弯曲部分中性层长度之和，即

$$L_{总} = \sum L_{直边} + \sum L_{弯曲}$$

对于弯曲部分，其长度可用下式计算，即

$$L_{弯曲} = \pi\rho \frac{\alpha}{180°} = \pi(r + Kt)\frac{\alpha}{180°}$$

式中 r——弯曲半径，mm；

ρ——弯曲部分中性层曲率半径，mm；

K——中性层位置系数，其值见表 3—1—2；

α——弯曲中心角或圆心角，°；

t——材料厚度，mm。

表 3—1—2　　中性层位置系数

r/t	0.25	0.5	0.8	1	2	3	4	5	6	7	8	10	12	14	≥16
K	0.2	0.25	0.3	0.35	0.37	0.4	0.41	0.43	0.44	0.45	0.46	0.47	0.48	0.49	0.5

需要指出的是，当材料厚度一定时，弯曲半径越大，变形越小，中性层越接近于材料厚度的几何中心，即 K 接近于 0.5。实际生产中，弯曲件毛坯长度一般要经过试模后确定。另外，弯曲件毛坯长度可利用 SolidWorks、UG 等软件的展开设计功能进行测定，也可以通过 AutoCAD 软件进行测定。

例：弯曲如图 3—1—18 所示制件，已知料厚 $t=5$ mm，试求其毛坯展开尺寸。

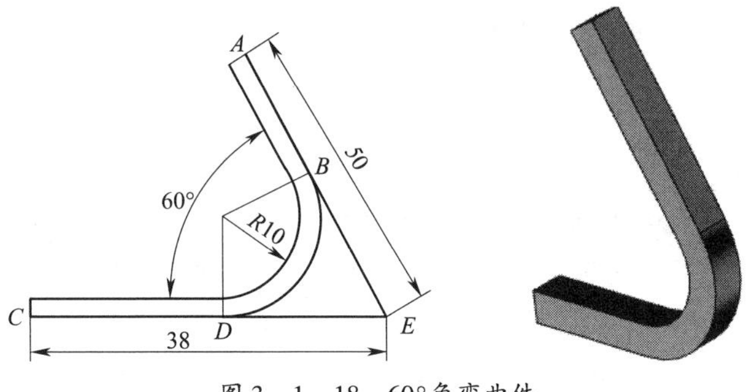

图 3—1—18　60°角弯曲件

解：根据坯料展开长度公式 $L_{总} = \sum L_{直边} + \sum L_{弯曲}$

$$\begin{aligned}\sum L_{直边} &= AB + CD = (AE - BE) + (CE - DE)\\ &= [50 - (R+t)\operatorname{ctg}30°] + [38 - (R+t)\operatorname{ctg}30°]\\ &= [50 - (10+5)\operatorname{ctg}30°] + [38 - (10+5)\operatorname{ctg}30°]\\ &= 24.02 + 12.02 = 36.04\ (\text{mm})\end{aligned}$$

$$\sum L_{弯曲} = \widehat{BD} = \pi(R + Kt)\frac{\alpha}{180°} = 3.14 \times (10 + 0.37 \times 5)\frac{180° - 60°}{180°}$$

$$= 24.81\ (\text{mm})$$

$$L_{总} = 36.04 + 24.81 = 60.85\ (\text{mm})$$

2. 弯曲力的计算

弯曲力是选择冲压设备和进行弯曲模设计的重要依据。在生产实际中，弯曲力通常用经验公式进行计算，相关计算内容及说明见表 3—1—3。

表 3—1—3　　弯曲力计算　　N

计算内容	计算公式
V 形件自由弯曲力	$F_w=\frac{0.6Bt^2\sigma_b}{R+t}$
U 形件自由弯曲力	$F_w=\frac{0.7Bt^2\sigma_b}{R+t}$
校正弯曲力	$F_j=pA$
顶件力	$F_d=(0.1\sim0.4)F_w$
压料力	$F_y=(0.3\sim0.8)F_w$
弯曲吨位	自由弯曲时：$F_{冲}\geqslant F_w+F_d$ 校正弯曲时：$F_{冲}\geqslant F_j$

说明：B——弯曲件的宽度，mm；

t——弯曲件的厚度，mm；

R——弯曲件的弯曲半径，mm；

σ_b——材料的强度极限，MPa；

p——单位校正力，MPa，具体选择参见表 3—1—4。

表 3—1—4　　单位校正力 p 的选择　　MPa

材料	材料厚度			
	<1 mm	1 ~ 3 mm	3 ~ 6 mm	6 ~ 10 mm
铝	15 ~ 20	20 ~ 30	30 ~ 40	40 ~ 50
黄铜	20 ~ 30	30 ~ 40	40 ~ 60	60 ~ 80
10 钢，20 钢	30 ~ 40	40 ~ 60	60 ~ 80	80 ~ 100
25 钢，30 钢	40 ~ 50	50 ~ 70	70 ~ 100	100 ~ 120

例：V 形弯曲件，材料为黄铜（H68），厚度为 3 mm，宽度为 100 mm，抗拉强度为 400 MPa，弯曲内侧圆角半径 R 为 3 mm，工件被校正部分在凹模上的投影面积 10 000 mm²，求自由弯曲力及校正弯曲力。

解：(1) 自由弯曲力计算

因为 $F_w=\frac{0.6KBt^2\sigma_b}{r+t}=\frac{0.6\times1.3\times100\times3^2\times400}{3+3}=46\,800\text{ (N)}=46.8\text{ (kN)}$

(2) 校正弯曲力计算

查表得 $q=30\sim40$ MPa，取 q 为 40 MPa，则

$$F_j = A \times q = 40 \times 10\ 000 = 400\ 000 = 400\ (\mathrm{kN})$$

由此可见，校正弯曲力比自由弯曲力大得多。

3. 工作部分结构参数的计算

如图 3—1—19 所示，弯曲模工作部分的尺寸主要包括以下内容：U 形件弯曲模的凸、凹模间隙 Z（单面间隙），凸模宽度尺寸和凹模宽度尺寸 L_t 和 L_a，凸模和凹模的圆角半径 r_t 和 r_a，凹模深度 L_0，V 形件弯曲模凹模底部圆角半径 r_d。

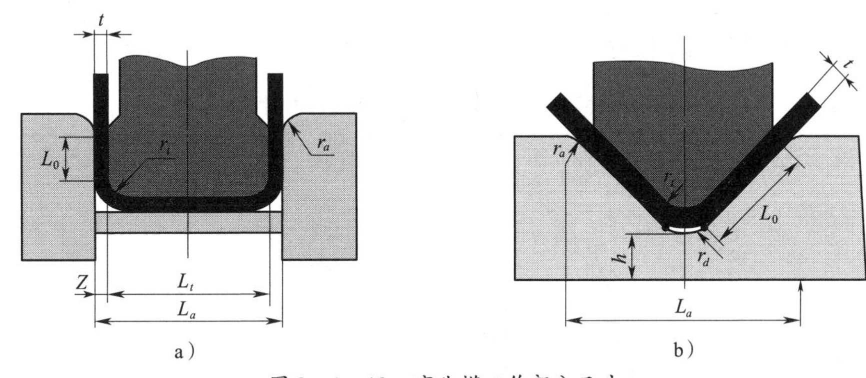

图 3—1—19　弯曲模工作部分尺寸

a）U 形件　b）V 形件

（1）弯曲间隙

U 形件弯曲时，其凸、凹模间隙由材料的种类、厚度及弯曲件的高度和宽度而定。弯曲间隙的单面值 Z 一般可按下式计算：

$$Z = t + kt$$

式中，t 为材料厚度，k 为间隙系数，间隙系数可按表 3—1—5 选取。

表 3—1—5　　U 形件弯曲模的间隙系数

<table>
<tr><th rowspan="3">弯曲件高度 h/mm</th><th colspan="9">材料厚度 t/mm</th></tr>
<tr><th colspan="4">b≤2h</th><th colspan="5">b>2h</th></tr>
<tr><th><0.5</th><th>0.6~2</th><th>2.1~4</th><th>4.1~5</th><th><0.5</th><th>0.6~2</th><th>2.1~4</th><th>4.1~7.5</th><th>7.6~12</th></tr>
<tr><td>10</td><td rowspan="2">0.05</td><td rowspan="3">0.05</td><td rowspan="3">0.04</td><td>—</td><td rowspan="2">0.10</td><td rowspan="3">0.10</td><td rowspan="3">0.08</td><td>—</td><td>—</td></tr>
<tr><td>20</td><td rowspan="2">0.03</td><td rowspan="3">0.06</td><td rowspan="3">0.06</td></tr>
<tr><td>35</td><td>0.07</td><td>0.15</td></tr>
<tr><td>50</td><td rowspan="2">0.10</td><td rowspan="3">0.07</td><td rowspan="3">0.05</td><td>0.04</td><td rowspan="2">0.20</td><td rowspan="3">0.15</td><td rowspan="3">0.10</td></tr>
<tr><td>75</td><td rowspan="3">0.05</td><td rowspan="3">0.10</td><td rowspan="3">0.08</td></tr>
<tr><td>100</td><td>—</td><td>—</td></tr>
<tr><td>150</td><td>—</td><td rowspan="2">0.10</td><td rowspan="2">0.07</td><td>—</td><td rowspan="2">0.20</td><td rowspan="2">0.15</td></tr>
<tr><td>200</td><td>—</td><td>0.07</td><td>—</td><td>0.15</td><td>0.10</td></tr>
</table>

注：b 为弯曲件宽度（mm）。

弯曲 V 形件时，弯曲间隙靠调整压力机闭合高度来控制，不需要在模具结构上确定弯曲间隙。弯曲间隙的大小对制件质量和弯曲力有很大影响。间隙越小，弯曲力越大。间隙过小，会使制件变薄，并降低凹模使用寿命；间隙过大，则回弹较大，制件精度降低。当制件精度要求较高时，其间隙应适当缩小，取 $Z=t$。有时，甚至可选取略小于材料厚度的负间隙。

（2）凸模、凹模宽度尺寸

凸模与凹模的宽度尺寸与弯曲制件的尺寸相关，根据制件尺寸的标注方式不同，U 形件弯曲模凸模和凹模的宽度尺寸可按表 3—1—6 所列公式进行计算。

表 3—1—6　　U 形件弯曲模凸模与凹模的宽度尺寸计算

<table>
<tr><th>制件尺寸标注方式</th><th>制件简图</th><th>凹模尺寸</th><th>凸模尺寸</th></tr>
<tr><td rowspan="2">用外形尺寸标注</td><td>$L\pm\Delta$</td><td>$L_a=(L-0.5\Delta)^{+\delta_a}_{0}$</td><td rowspan="2">$L_t$ 以凹模实际尺寸为基准配制，保证双面间隙 $2Z$ 或取 $L_t=(L_a-2Z)^{0}_{-\delta_t}$</td></tr>
<tr><td>$L^{0}_{-\Delta}$</td><td>$L_a=(L-0.75\Delta)^{+\delta_a}_{0}$</td></tr>
<tr><td rowspan="2">用内形尺寸标注</td><td>$L\pm\Delta$</td><td rowspan="2">L_a 以凸模实际尺寸为基准配制，保证双面间隙 $2Z$ 或取 $L_a=(L_t+2Z)^{+\delta_a}_{0}$</td><td>$L_t=(L+0.5\Delta)^{0}_{-\delta_t}$</td></tr>
<tr><td>$L^{+\Delta}_{0}$</td><td>$L_t=(L+0.75\Delta)^{0}_{-\delta_t}$</td></tr>
</table>

注：δ_a、δ_t 为弯曲模凸模、凹模制造偏差，其值可按 IT7 ~ IT9 级选取。

弯制 V 形件时，其凹模圆角半径中心间的距离不能大于弯曲毛坯长度的 0.8 倍。

（3）凸、凹模圆角半径

一般情况下，弯曲模凸模半径 r_t 等于或略小于制件内侧的圆角半径 r，但不能小于材料所允许的最小弯曲半径。如因制件结构需要，出现 r 小于最小弯曲半径的情况，则应取 r_t 不小于最小弯曲半径，然后增加一次校正工序，校正模的 r_t 等于 r。

实际生产中，凹模圆角半径 r_a 通常根据材料的厚度选取。当 $t \leq 2$ mm 时，$r_a=(3\sim6)t$；当 $t=2\sim4$ mm 时，$r_a=(2\sim3)t$；当 $t>4$ mm 时，$r_a=2t$。

需要注意的是，凹模圆角半径不能选得太小，以免弯曲时材料表面擦伤或出现压痕。另外，凹模两边的圆角半径应一致，否则弯曲时毛坯会发生偏移。V 形件弯曲凹模的底部取圆角半径 $r_d=(0.6\sim0.8)(r_t+t)$，或开退刀槽。

（4）凹模深度

凹模深度 L_0 的选取很有讲究。若过小，则弯曲毛坯两端的自由部分过长，弯曲件回弹大，不平直，影响制件质量；若过大，则增加模具钢的消耗，并且需要压力机有较大的工作行程。

弯曲 U 形件时，若弯边高度不太大或要求两边平直时，则凹模深度应大于制件高度。若弯边较大，而对平直要求不高时，凹模深度 L_0 的数值见表 3—1—7。

表 3—1—7　　弯曲 U 形件的凹模深度 L_0　　mm

弯曲件边长	材料厚度 t				
	<1	1～2	>2～4	>4～6	>6～10
<50	15	20	25	30	35
50～75	20	25	30	35	40
75～100	25	30	35	40	40
100～150	30	35	40	50	50
150～200	40	45	55	65	65

弯曲 V 形件时，其弯曲凹模深度 L_0 及底部最小厚度 h 可按表 3—1—8 选取。

表 3—1—8　　弯曲 V 形件的凹模深度 L_0 及底部最小厚度 h　　mm

弯曲件边长	材料厚度 t					
	≤2		2～4		>4	
	h	L_0	h	L_0	h	L_0
10～25	20	10～15	22	15	—	—
>25～50	22	15～20	27	25	32	30
>50～75	27	20～25	32	30	37	35
>75～100	32	25～30	37	35	42	40
>100～150	37	30～35	42	40	47	50

例：弹簧吊耳制件及弯曲成形模如图 3—1—20 所示，制件材料为已退火 35 钢，试完成模具工作部分结构参数的计算。

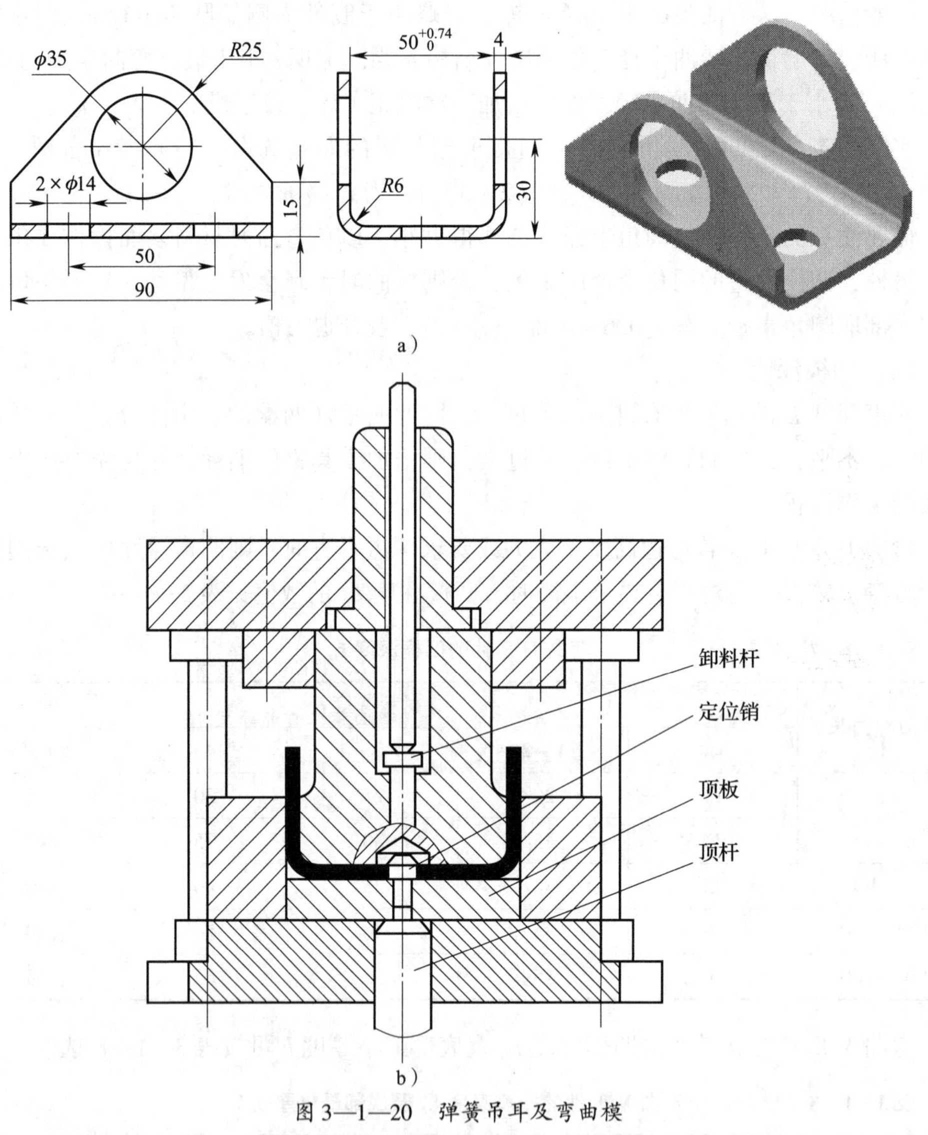

图 3—1—20 弹簧吊耳及弯曲模

a）制件图 b）总装图（简图）

解：由于弹簧吊耳的生产批量较大，故上、下模的导向选用导柱、导套。毛坯由顶板上两个定位销定位，这样还可以保证在弯曲过程中不产生偏移。顶板不仅起顶料作用，而且起压料作用。压料力是利用弹簧或橡皮（图中未画）通过顶杆来实现的。为了防止制件卡在凸模上，模具上装有卸料杆，以确保上模回程时，将制件打下。该弯曲模工作部分尺寸计算见表 3—1—9。

表 3—1—9　　弹簧吊耳弯曲模工作部分尺寸计算

步骤	内　容
1. 选择基准件	尺寸 $50^{+0.74}_{0}$ 标注在内形上，模具制造以凸模为基准
2. 计算基准件工作部分尺寸	$L_t=(50+0.75\times0.74)^{\ 0}_{-0.046}$ mm
3. 确定凸、凹模单边间隙	$Z=t+kt=4+0.05\times4=4.2$ mm
4. 确定凹模尺寸	凹模尺寸 L_a 按凸模实际尺寸配制，并保证双面间隙 $4.2\times2=8.4$ mm 凹模深度 $L_0=30$ mm 凹模圆角半径 $r_a=(2\sim3)\ t=2\times4=8$ mm 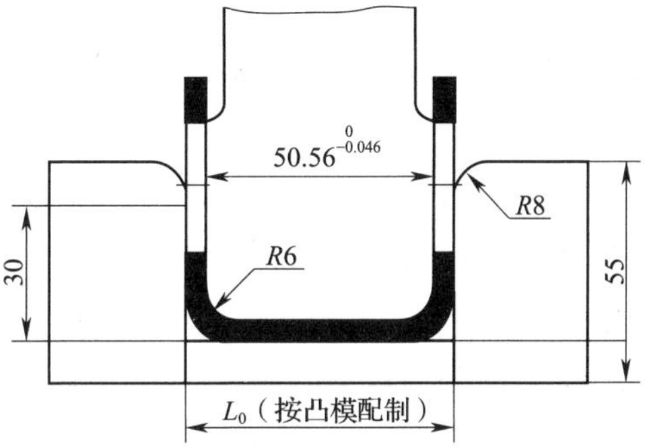 $50.56^{\ 0}_{-0.046}$　R8　R6　30　55　L_0（按凸模配制） （弯曲模工作部分尺寸）

注：该弯曲模工作零件采用配制法加工。

四、弯曲模设计

1. 设计要点

由于弯曲模的种类很多，形状繁简不一，结构类型多种多样，因此，弯曲模设计难以做到标准化。通常参照冲裁模的一般设计要求和方法，并针对弯曲变形的特点进行设计。弯曲模设计时应考虑的要点如下。

（1）坯料的定位要准确、可靠，尽量采用坯料的孔定位，防止坯料在变形过程中发生偏移。

（2）模具结构不应妨碍坯料在弯曲过程中应有的转动和移动，避免弯曲过程中坯料产生过度变薄和断面发生畸变。

（3）模具结构应能保证弯曲时上、下模之间水平方向的错移力得到平衡。

（4）为了减小回弹，弯曲行程结束时应使弯曲件的变形部位在模具中得到校正。

（5）坯料的安放和弯曲件的取出要方便、迅速、生产效率高、操作安全。

（6）当材料的弯曲回弹量较大时，模具结构上必须考虑凸、凹模加工及试模时便于修正的可能性。

2．设计流程

弯曲模设计的主要流程如下。

（1）弯曲件工艺分析。

（2）工艺方案及模具结构确定。

（3）弯曲模设计计算。

（4）绘制模具总装图和非标零件图。

第二节　拉深模设计

拉深是利用模具把具有一定形状的坯料制成开口空心体或进一步改变空心体形状和尺寸的冲压工序。

采用拉深工艺可以制成筒形、矩形、锥形、阶梯形、球面形和其他不规则形状的薄壁制件，如图3—2—1所示。如果与其他冲压工艺配合，还可成形出更为复杂的制件。因此，在电子、电器、仪表、汽车、飞机、兵器以及日用品等工业生产中，拉深工艺及其模具有着相当重要的地位。

图3—2—1　拉深件

一、拉深变形过程及特点

拉深工艺可以分为不变薄拉深和变薄拉深两种。底部厚、壁部薄是变薄拉深成形制件的明显特点，如弹壳、高压锅等。

1．变形过程

现以直径为D、厚度为t的圆形坯料经拉深模拉深成开口空心件加以说明。如图3—2—2所示，其变形过程是：随着凸模的不断下行，留在凹模端面上的坯料外径不断缩小，圆形坯料逐渐被拉入凸、凹模的间隙中形成直壁，而处于凸模下面的材料则成为拉深件的底；当板料全部进入凸、凹模的间隙时，拉深过程结束，平板坯料就变成具有一定直径和高度的开口空心件。

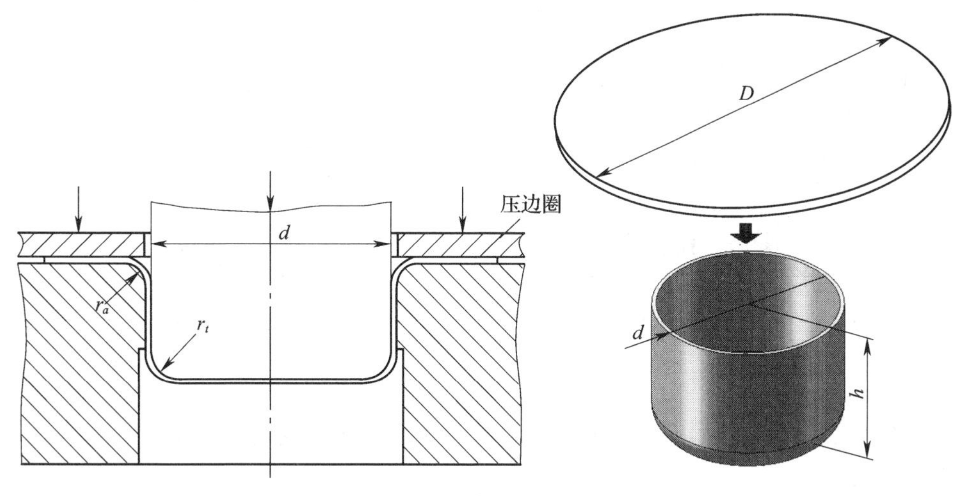

图 3—2—2 拉深过程

2. 变形特点

经观察和分析可知，圆筒底部在拉深前后没有发生变化，坯料的环形部分（$D-d$）变为制件的壁部；塑性变形程度由底向上逐渐增大，顶部材料在圆周方向受到最大压缩，高度方向获得最大伸长；另外，制件侧壁上半段变厚，下半段变薄，如图 3—2—3 所示，在与凸模圆角接触的底部圆角处，出现严重变薄现象，是名副其实的“危险断面”。

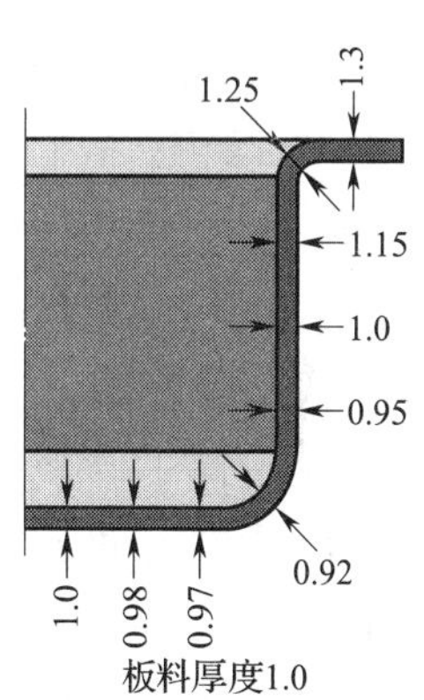

图 3—2—3 拉深时制件厚度的变化

二、拉深模典型结构

1. 首次拉深模

无压边顺出件首次拉深模的结构如图 3—2—4 所示。工作时，平板坯料由定位圈 2 定位，凸模 1 下行将板料拉入凹模 3 内，凸模下止点要调到使已成形的制件直壁全部越出凹模工作带，这时由于回弹使工作口部稍增大。当凸模回程时，凹模下平面的台阶挡住制件口部，使其脱离凸模，制件自然从下模座 4 的孔内漏下。为了便于卸件，凸模上要开设一个直径为 3 ~ 8 mm 的通孔。该拉深模结构简单，适用于拉深板料厚度较大而深度不大的拉深件。

如图 3—2—5 所示为无压边逆出件首次拉深模，与图 3—2—4 所示拉深模的区别在于，在拉深过程中，顶板 2 始终将板料压紧，在拉深的后期可对制件的底部进行校平。回程时，顶板 2、顶杆 3 及橡胶垫 4 组成反顶装置，将拉深成形件从凹模内反顶出。这时制件随凸模上行，打杆 1 撞到压力机打杆横梁时将产生推件力，使制件脱离

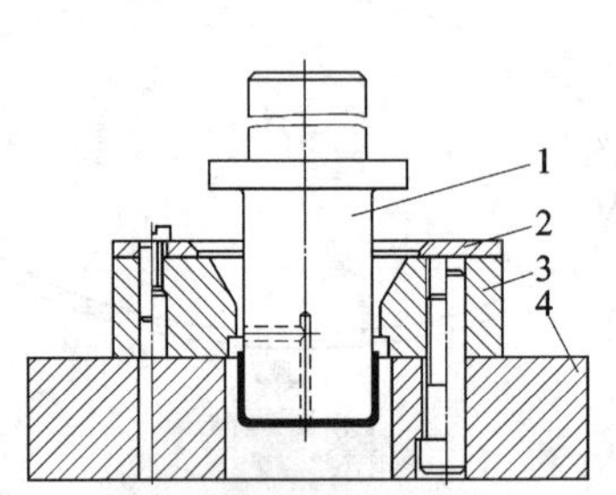

图 3—2—4　无压边顺出件首次拉深模
1—凸模　2—定位圈　3—凹模　4—下模座

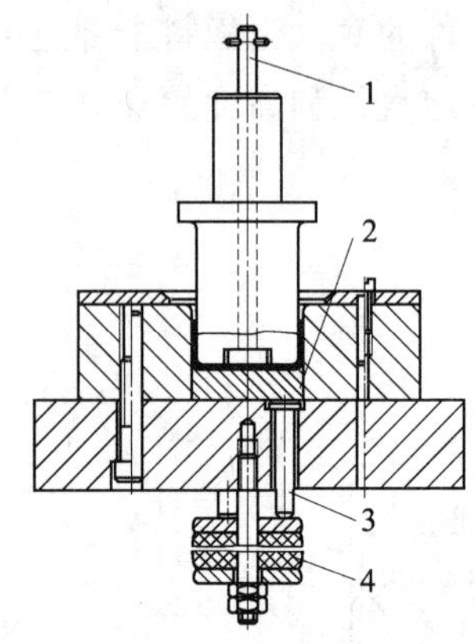

图 3—2—5　无压边逆出件首次拉深模
1—打杆　2—顶板　3—顶杆　4—橡胶垫

凸模。采用该结构模具所成形制件底部比较平整，形状也规则，且反顶力越大，制件底部越平整。

如图 3—2—6 所示为有压边倒装首次拉深模。工作时，坯料由定位圈 5 定位，压边力由弹性元件的压缩产生。成形后的制件在回程时由推板 2 从凹模 3 内推出。凸模 4 采用阶梯式结构，借助固定板 8 与下垫板 9 相连接。该固定方式可保证凸模与下垫板的垂直度要求。如采用顺装式结构，压边装置的弹性元件需单独设计与制造，将使模具总体尺寸增大，制造成本增加。

2. 再次拉深模

有压边倒装再次拉深模的结构如图 3—2—7 所示。压边圈 6 是工序件的外形定位圈，其高度应大于前次工序件的高度，其外径按已拉成的前工序的内径配作。回程时，制件由推板 2 从凹模 4 内推出。可调式限位柱使压边圈与凹模之间始终保持一定的距离，以防止拉深后期的压边力过大，造成制件底角附近板料过薄，甚至拉破。

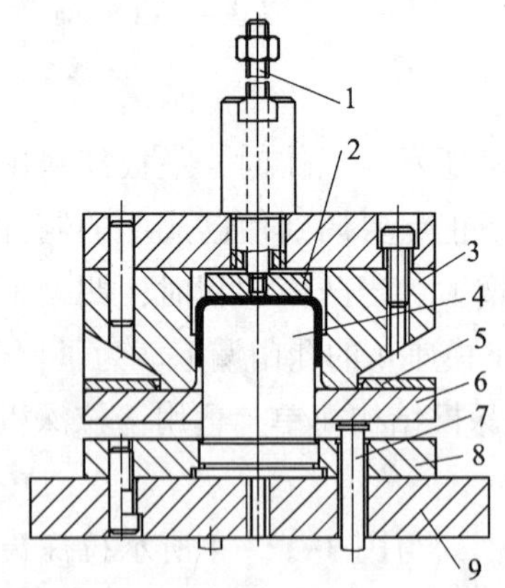

图 3—2—6　有压边倒装首次拉深模
1—打杆　2—推板　3—凹模　4—凸模　5—定位圈
6—压边圈　7—顶杆　8—固定板　9—下垫板

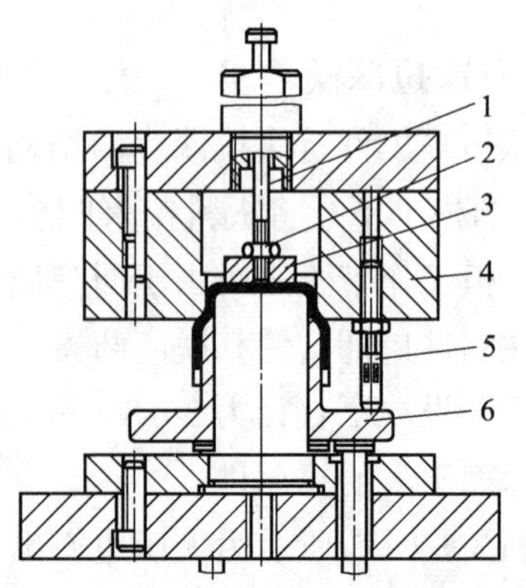

图 3—2—7　有压边倒装再次拉深模
1—打杆　2—螺母　3—推板
4—凹模　5—限位柱　6—压边圈

3. 落料拉深复合模

落料拉深复合模的结构如图 3—2—8 所示。它一般采用条料毛坯，故需设置导料板与卸料板，拉深凸模 9 的顶面稍低于落料凹模 10 约一个料厚，使落料完成后再拉深。拉深时压力机气垫通过顶杆 7 和压边圈 8 进行压边。回程时，由顶杆 7 推出制件，卸料则由刚性卸料板 2 完成。

需要说明的是，除上述单动压力机用拉深模外，根据需要，生产实际中还可采用双动压力机用拉深模。

三、拉深工艺计算

实施拉深工艺，离不开相应的工艺计算，主要包括确定修边余量、计算毛坯尺寸、确定拉深系数和拉深次数、计算工序尺寸、计算拉深力、计算拉深模工作部分尺寸等。

1. 确定修边余量

拉深时，由于金属流动条件和金属材料的各向异性，致使拉深制件口边不齐，如图 3—2—9 所示，必须进行修边加工，以达到制件的要求。因此，在计算拉深毛坯余量时，必须将修边余量计入制件。修边余量值应根据拉深件有无凸缘而定，具体数值见表 3—2—1 和表 3—2—2。

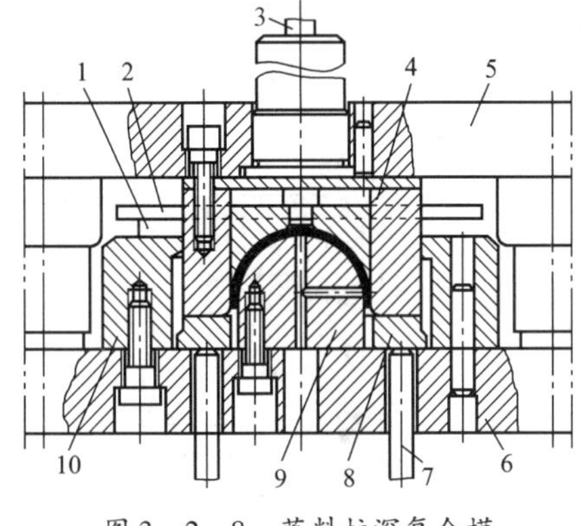

图 3—2—8 落料拉深复合模

1—导料板 2—卸料板 3—打料杆 4—凸凹模 5—上模座 6—下模座 7—顶杆 8—压边圈 9—拉深凸模 10—落料凹模

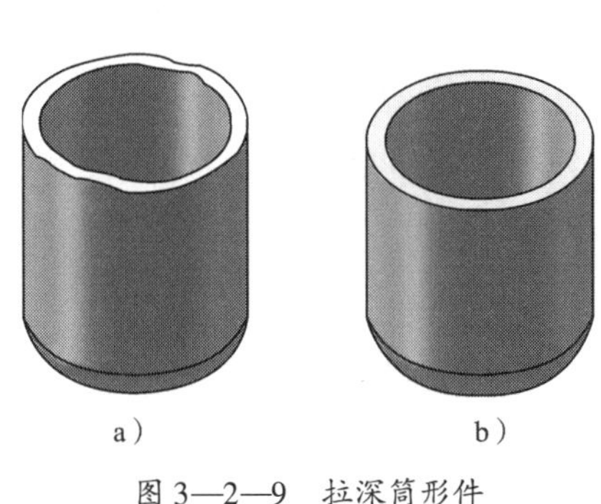

图 3—2—9 拉深筒形件

a）修边前 b）修边后

2. 计算毛坯尺寸

拉深时，金属材料按一定的规律流动，毛坯尺寸应满足成形后制件的要求，形状必须适应金属流动。所以，毛坯尺寸的计算应遵循两个原则：面积相等和形状相似。具体来说，对于不变薄拉深，因材料厚度拉深前后变化不大，毛坯的尺寸按“拉深前毛坯表面积等于拉深后零件的表面积”的原则来确定（还可按等体积、等质量原则）。对于拉深毛坯的形状，一般与拉深的截面形状相似，即制件的横截面是圆形、椭圆形时，其拉深前毛坯展开形状也基本上是圆形或椭圆形；异形制件拉深时，其毛坯的周边轮廓必须采用光滑曲线连接，应无急剧的转折和尖角。

表 3—2—1　　无凸缘筒形件的修边余量 Δh　　mm

制件高度 h	拉深件的相对高度 h/d				图例
	>0.5～0.8	>0.8～1.6	>1.6～2.5	>2.5～4	
≤10	1.0	1.2	1.5	2	
>10～20	1.2	1.6	2	2.5	
>20～50	2	2.5	3.3	4	
>50～100	3	3.8	5	6	
>100～150	4	5	6.5	8	
>150～200	5	6.3	8	10	
>200～250	6	7.5	9	11	
>250	7	8.5	10	12	

表 3—2—2　　有凸缘筒形件的修边余量 Δh　　mm

凸缘直径 d_t	拉深件的相对直径 d_t/d				图例
	≤1.5	>1.5～2	>2～2.5	>2.5～4	
≤25	1.8	1.6	1.4	1.2	

对于简单旋转体拉深制件的毛坯直径 D，可直接查阅有关设计手册确定。例如，无凸缘圆筒件拉深坯料的计算公式，各字母代号如图 3—2—10 所示，其中，如果材料厚度小于 1 mm，d_1 按内径或外径计算均可；若大于 1 mm，d_1 则按图示中的板厚中径计算。毛坯直径为 $D=(d_1^2+4dh+6.28rd_1+8r^2)^{1/2}$。

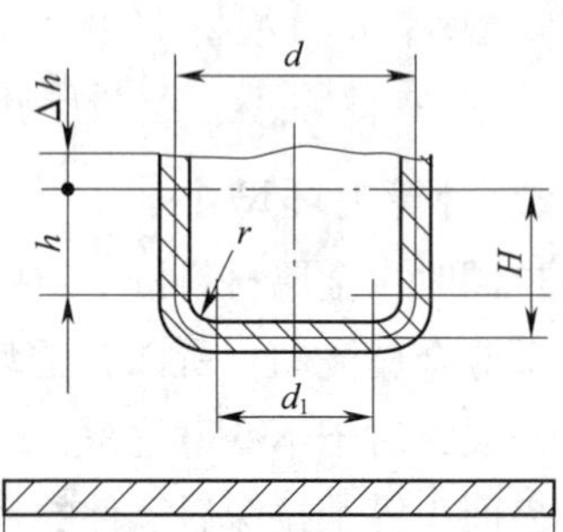

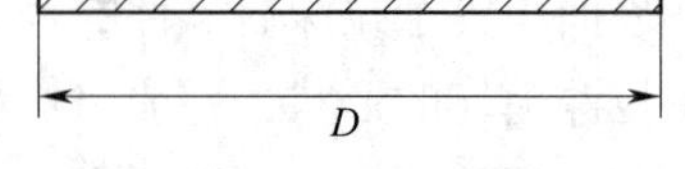

图 3—2—10　无凸缘圆筒件的毛坯尺寸计算

当然，若能借助冲压成形分析软件 BLANKWORKS 等，仅需几分钟就能完成制件的展开及毛坯尺寸的计算，而无需将大量精力花在毛坯的计算上。

3. 确定拉深系数和拉深次数

（1）拉深系数

拉深工艺中，制件的变形程度用拉深系数 m 来表示。对于圆筒形件，拉深系数为拉深后制件直径 d 与拉深前毛坯直径 D 的比值。多次拉深时，则为拉深后筒部直径与拉深前筒部直径的比值。

实际生产中采用的拉深系数是根据材料的相对厚度，并考虑其他因素，通过试验决定的。表 3—2—3 为使用压边圈时，筒形件的拉深系数；表 3—2—4 为不使用压边圈时，筒形件的拉深系数。

表 3—2—3　　筒形件的许可拉深系数（使用压边圈）

拉深系数	毛坯相对厚度（t/D）×100					
	2.0～1.5	1.5～1.0	1.0～0.6	0.6～0.3	0.3～0.15	0.15～0.08
m_1	0.48～0.50	0.50～0.53	0.53～0.55	0.55～0.58	0.58～0.60	0.60～0.63
m_2	0.73～0.75	0.75～0.76	0.76～0.78	0.78～0.79	0.79～0.80	0.80～0.82
m_3	0.76～0.78	0.78～0.79	0.79～0.80	0.80～0.81	0.81～0.82	0.82～0.84
m_4	0.78～0.80	0.80～0.81	0.81～0.82	0.82～0.83	0.83～0.85	0.85～0.86
m_5	0.80～0.82	0.82～0.84	0.84～0.85	0.85～0.86	0.86～0.87	0.87～0.88

表 3—2—4　　筒形件的许可拉深系数（不使用压边圈）

拉深系数	毛坯相对厚度（t/D）×100				
	1.5	2.0	2.5	3.0	>3.0
m_1	0.65	0.60	0.55	0.53	0.50
m_2	0.8	0.75	0.75	0.75	0.70
m_3	0.84	0.80	0.80	0.80	0.75
m_4	0.87	0.84	0.84	0.84	0.78
m_5	0.90	0.87	0.87	0.87	0.82
m_6	—	0.90	0.90	0.90	0.85

多次拉深时（图 3—2—11），由于材料性能发生变化，拉深系数取值应逐渐增大。以 m_1、m_2、……m_{n-1}、m_n 表示第 1、2、……（$n-1$）、n 次拉深时的拉深系数，则 $m_1 < m_2 < \cdots\cdots < m_{n-1} < m_n$。其中，$m_1 = d_1/D$，$m_2 = d_2/d_1$，……，$m_n = d_n/d_{n-1}$。另外，从以上不难看出，总拉深系数等于各次拉深系数之乘积。

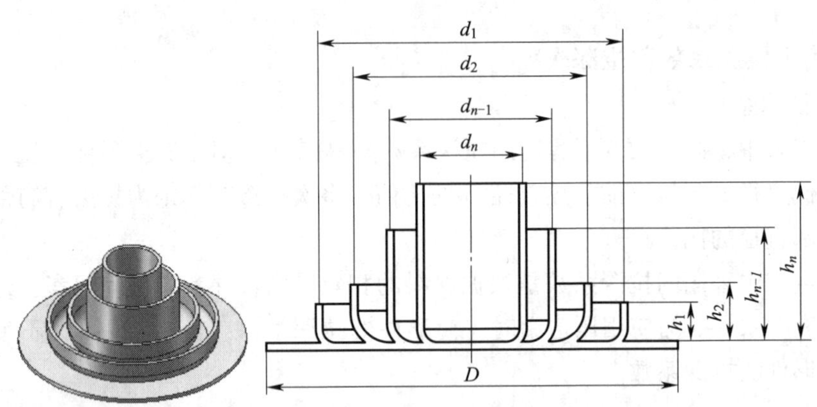

图 3—2—11　直径为 D 的毛坯多次拉深过程

（2）拉深次数

拉深工艺设计中，当制件直径与毛坯直径的比值 m 大于前面表格所列 m_1 时，制件可以一次拉深成功。否则，需要多次拉深。确定拉深次数的方法很多，包括推算法、计算法和查表法，其中，以推算法最为常用。

采用推算法确定筒形件拉深次数时，首先根据以上表格查出 m_1、m_2、……m_{n-1}、m_n，然后从第一道工序开始依次求出半成品直径，即：$d_1=m_1D$、$d_2=m_2d_1$、……$d_n=m_nd_{n-1}$，一直计算到得出的直径不大于制件要求的直径为止。这样 n 即为拉深次数。

显而易见，推算法不仅能求出拉深次数，还能求出中间工序的尺寸。需要指出的是，通常这些中间工序的尺寸需要作合理调整，以利于模具设计。

4. 计算半成品工序尺寸

拉深次数确定后，就要确定半成品工序尺寸。半成品工序尺寸主要包括半成品直径和半成品高度。

（1）半成品直径

半成品直径可根据各次拉深系数算出，计算得到的最后一次拉深直径 d_n 必须等于制件直径 d。如果 d_n 小于 d，应调整各次拉深系数，最后几次的拉深系数尽量取大些，最终使 $d_n=d$。

需要提醒的是，计算时，若 $t<1$ mm，d_n 取内径或外径；若 $t>1$ mm，d_n 取中线尺寸。

（2）半成品高度

根据拉深后半成品制件面积与毛坯面积相等的原则，多次拉深后半成品制件高度（图 3—2—12）可按下式进行计算。

$$h_n=0.25\left(\frac{D^2}{d_n}-d_n\right)+0.43\frac{r_n}{d_n}\ (d_n+0.32r_n)$$

r_n 取值与各工序中拉深凸模圆角半径 r_t 一致；而拉深凸模圆角半径，除最后一次应取为制件底部圆角半径数值外，中间各次尽可能取得与拉深凹模圆角半径 r_a 相等或略小，并且逐渐减小，即 $r_t=(0.7\sim1.0)\ r_a$。

例：试确定如图 3—2—13 所示制件的拉深次数和各拉深工序的直径。已知，制件材料 10 钢，料厚 1 mm。

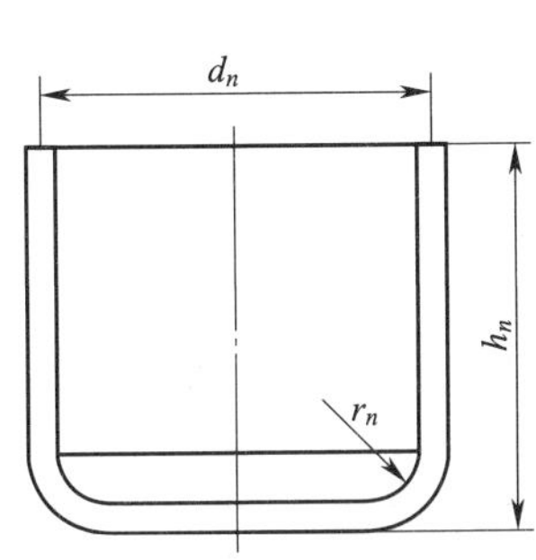

图 3—2—12 多次拉深后半成品制件高度

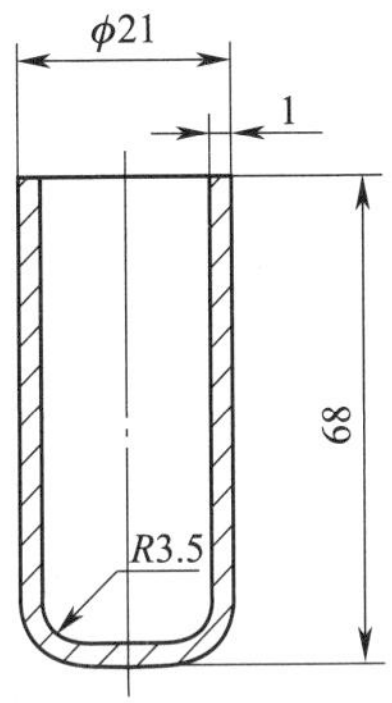

图 3—2—13 拉深制件

解：1）修边余量确定

查表 3—2—1 得修边余量为 4（mm）。

2）拉深毛坯计算

$$d_1=21-3.5\times2-1\times2=12\ (\text{mm})$$

$$d=21-1=20\ (\text{mm})$$

$$h=68-3.5-1+4=67.5\ (\text{mm})$$

$$r=3.5\ (\text{mm})$$

$$D=\sqrt{12^2+4\times20\times67.5+6.28\times3.5\times12+8\times3.5^2}\approx77\ (\text{mm})$$

3）初步确定拉深系数及拉深次数

考虑到板料较薄，且毛坯较大，为防止起皱，决定拉深时采用压边圈。

查表初步确定 $m_1=0.51$，$m_2=0.75$，$m_3=0.78$，$m_4=0.81$。故：

$$d_1=m_1D=0.51\times77=39.27\ (\text{mm})，取为\ 39.3\ (\text{mm})$$

$$d_2=m_2\text{d}_1=0.75\times39.3=29.48\ (\text{mm})，取为\ 29.5\ (\text{mm})$$

$$d_3=m_3d_2=0.78\times29.5=23.01\ (\text{mm})，取为\ 23\ (\text{mm})$$

$d_4=m_4d_3=0.81\times23=18.63\ (\text{mm})\ <20\ (\text{mm})$，说明制件可以 4 次拉深成形。

4）调整各次拉深系数和拉深直径

由于 $d_4=18.63$（mm）<制件直径（20mm），故可适当增大前三次拉深系数，使变形程度分布合理。例如，各次拉深系数可调整为 0.53、0.76、0.79 和 0.81。

调整后的各次拉深直径依次为：41 mm、31.2 mm、24.6 mm 和 20 mm。

5. 计算总拉深力

拉深时，总拉深力（包括拉深力和压边力）是指制件拉深时所需加在拉深凸模上的总压力。计算拉深力的根本目的在于合理选用压力机和设计拉深模。

（1）拉深力的计算

在生产中拉深力一般通过经验公式进行计算，具体内容见表3—2—5。

表3—2—5　　拉深力计算公式

压边圈使用情况	首次拉深	以后各次拉深
无压边圈	$F_{l_1}=1.25\pi t\sigma_b\ (D-d_1)$	$F_{l_n}=1.3\pi t\sigma_b\ (d_{n-1}-d_n)$
有压边圈	$F_{l_1}=\pi d_1 t\sigma_b K_1$	$F_{l_n}=\pi d_n t\sigma_b K_2$

注：σ_b 为材料强度极限，Pa。

K_1、K_2 为修正系数，其值见表3—2—6。

表3—2—6　　修正系数 K_1、K_2 值

m_1	0.55	0.57	0.60	0.62	0.65	0.67	0.70	0.72	0.75	0.77	0.80
K_1	1.00	0.93	0.86	0.79	0.72	0.66	0.60	0.55	0.50	0.45	0.40
m_2	0.70	0.72	0.75	0.77	0.80	0.85	0.90	0.95			
K_2	1.00	0.95	0.90	0.85	0.80	0.70	0.60	0.50			

（2）压边力的计算

压边力的计算公式见表3—2—7。

表3—2—7　　压边力计算公式

拉深情况	计算公式
拉深任何形状制件	$F_y=Ap$
筒形件第一次拉深	$F_y=\frac{\pi}{4}[D^2-(d_1+2r_a)]^2p$
筒形件以后各次拉深	$F_y=\frac{\pi}{4}[d_{n-1}{}^2-(d_n+2r_a)]^2p$

注：A 为在压边圈下的毛坯投影面积，mm^2。

p 为单位压边力，MPa，见表3—2—8。

表3—2—8　　单位压边力　　MPa

材料名称		单位压边力 p	材料名称	单位压边力 p
铝		0.8~1.2	镀锡钢板	2.5~3.0
纯铜、硬铝（已退火）		1.2~1.8	高合金不锈钢	3.0~4.5
黄铜		1.5~2.0		
软钢	$t\leqslant0.5$ mm	2.7~3.0	高温合金	2.8~3.5

6. 计算拉深模工作部分尺寸

拉深模工作部分尺寸包括凸、凹模之间的间隙 Z，凸模和凹模尺寸及制造公差，凹模圆角半径 r_a 和凸模圆角半径 r_t 等。

（1）拉深模间隙的确定

拉深模间隙是指拉深凹模与拉深凸模横向尺寸的差值，对于圆筒形件而言，拉深模间隙为拉深凹模与拉深凸模直径之差的一半。确定拉深间隙时，既要考虑板料公差的影响，又要考虑毛坯在拉深过程中的变厚现象，故拉深间隙值一般应比毛坯厚度稍大。

对于旋转体拉深件：采用压边圈拉深时的拉深间隙值见表 3—2—9；不用压边圈时的拉深间隙值可按下式计算：拉深间隙 $Z=(1\sim1.1)\ t_{max}$，式中 t_{max} 为拉深板料厚度的最大值。

表 3—2—9　　采用压边圈拉深时的拉深间隙值

总拉深次数	拉深工序	拉深间隙 Z	总拉深次数	拉深工序	拉深间隙 Z
1	一次拉深	(1～1.1) t	4	第一、二次拉深	1.2 t
2	第一次拉深	1.1 t		第三次拉深	1.1 t
	第二次拉深	(1～1.05) t		第四次拉深	(1～1.05) t
3	第一次拉深	1.2 t	5	第一、二、三次拉深	1.2 t
	第二次拉深	1.1 t		第四次拉深	1.1 t
	第三次拉深	(1～1.05) t		第五次拉深	(1～1.05) t

注：t 为材料厚度，取材料允许偏差的中间值。

需要注意的是，拉深间隙取小值，制件质量好，但拉深力大，制件易拉裂，模具磨损严重，使用寿命低；拉深间隙取大值，拉深力小，模具使用寿命高，但制件易起皱，变厚，侧壁不直，有回弹，质量不易保证。对于精度要求较高的拉深件，拉深间隙可按下式取值：$Z=(0.9\sim0.95)\ t$。

（2）凸模、凹模工作部分尺寸及制造公差

由于没有严格限制尺寸精度的必要，中间过渡工序的模具尺寸只要等于半成品的尺寸即可。所以，确定拉深模凸模和凹模工作部分尺寸时，除最后一次拉深外，可不考虑制件尺寸公差。拉深模凸模、凹模工作部分的尺寸及制造公差的确定见表 3—2—10。

表 3—2—10　　凸模、凹模工作部分的尺寸及制造公差

工序性质	制件图例或说明	凹模尺寸	凸模尺寸
中间过渡工序	假设以凹模为基准	$D_a=D^{+\delta_a}_{0}$	$D_t=(D-2Z)^{0}_{-\delta_t}$

续表

工序性质	制件图例或说明	凹模尺寸	凸模尺寸
末次拉深工序	$D_{-\Delta}^{0}$	$D_a=(D-0.75\Delta)_{0}^{+\delta_a}$	$D_t=(D-0.75\Delta-2Z)_{-\delta_t}^{0}$
	$D_{0}^{+\Delta}$	$D_a=(D+0.4\Delta+2Z)_{0}^{+\delta_a}$	$D_t=(D+0.4\Delta)_{-\delta_t}^{0}$

注：①尺寸标注在制件内形时，以凸模为基准，间隙取在凹模上，即通过增大凹模尺寸获得间隙。

②尺寸标注在制件外形时，以凹模为基准，间隙取在凸模上，即通过减小凸模尺寸获得间隙。

③圆形凸模和凹模制造公差 δ_t 和 δ_a 可按表 3—2—11 选取。

④非圆形凸模和凹模的制造公差，可根据制件的尺寸公差来考虑。制件公差为 IT12 以上时，选用 IT8 ~ IT9 的制造公差；制件公差在 IT14 以下时，则选用 IT10 的制造公差。

表 3—2—11　　圆形拉深模凸、凹模制造公差　　mm

材料厚度	制件公差直径							
	~10		>10 ~ 50		>50 ~ 200		>200 ~ 500	
	δ_a	δ_t	δ_a	δ_t	δ_a	δ_t	δ_a	δ_t
0.25	0.015	0.010	0.02	0.010	0.03	0.015	0.03	0.015
0.35	0.020	0.010	0.03	0.020	0.04	0.020	0.04	0.025
0.50	0.030	0.015	0.04	0.030	0.05	0.030	0.05	0.035
0.80	0.040	0.025	0.06	0.035	0.06	0.040	0.06	0.040
1.00	0.045	0.030	0.07	0.040	0.08	0.050	0.08	0.060
1.20	0.055	0.040	0.08	0.050	0.09	0.060	0.10	0.070
1.50	0.065	0.050	0.09	0.060	0.10	0.070	0.12	0.080
2.00	0.080	0.055	0.11	0.070	0.12	0.080	0.14	0.090
2.50	0.095	0.060	0.13	0.085	0.15	0.100	0.17	0.120
3.50	—	—	0.15	0.100	0.18	0.120	0.20	0.140

注：①表列数值用于未精压的薄钢板。

②如用精压钢板，则凸模及凹模的制造公差，等于表列数值的 20% ~25%。

③如用有色金属，则凸模及凹模的制造公差，等于表列数值的 50%。

（3）凹模圆角半径和凸模圆角半径

拉深模凸模、凹模的圆角半径对拉深工作有着很大的影响，合理选择凹模圆角半径尤为重要。具体来说，拉深时，毛坯经凹模圆角进入凹模时，若凹模圆角半径过小，将因径向拉力过大，使制件表面划伤或拉裂；若凹模圆角半径过大，将因坯料悬空面积过大，使压边面积过小，引起内皱。

首次拉深凹模圆角半径通常按下式计算：

$$r_a = 0.8\sqrt{(D-d)\ t}$$

式中 r_a——首次拉深凹模圆角半径，mm；

D——毛坯直径，mm；

d——凹模内径，mm；

t——制件料厚，mm。

以后各次拉深的凹模圆角半径，可按下式计算：

$$r_{a_n} = (0.6-0.8)\ r_{a_{n-1}}$$

需要注意的是，按上式取值时，应不小于材料厚度的两倍。

凸模圆角半径取值时通常略小于凹模圆角半径，即 $r_t = (0.7-1.0)\ r_a$。需要提醒的是，最后一次拉深时，凸模圆角半径应等于制件要求的内圆半径。

四、拉深模设计

1. 设计要点

设计拉深模时，应注意前后两道工序的凸、凹模形状和尺寸的协调，做到前道工序所得的工序件形状和尺寸有利于后道工序的成形，而后道工序的凸、凹模及压边圈的形状与前道工序所得的工序件吻合。对于最后一道拉深工序，为了使制件底部平整，如果是圆角结构的冲模，其最后一次拉深的凸模圆角半径的圆心应与 $n-1$ 次拉深的凸模圆角半径的圆心位于同一条中心线上；如果是斜角的冲模结构，则 $n-1$ 道工序的凸模底部的斜线应与 n 道工序的凸模圆角半径相切，如图3—2—14所示。

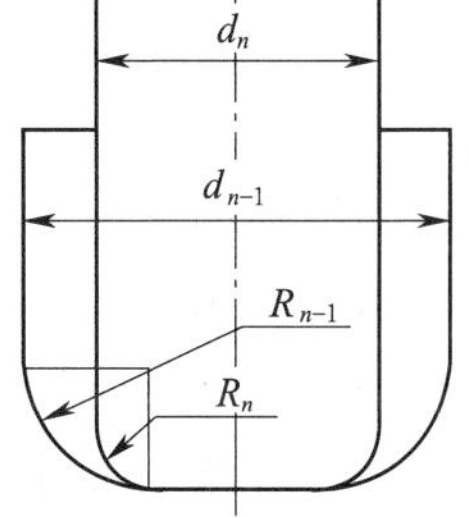

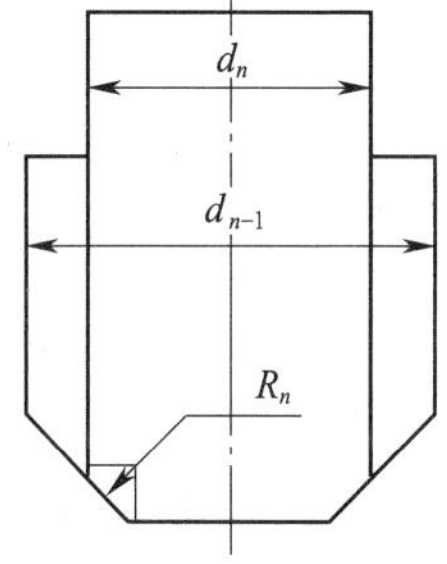

图3—2—14 最后拉深工序凸模底部的设计

2. 设计流程

拉深模设计的主要流程如下。

（1）拉深件工艺分析。

（2）工艺方案及模具结构确定。

（3）拉深模设计计算。

（4）绘制模具总装图和非标零件图。

第三节　成形工艺与模具

通过局部变形方式来改变制件或毛坯形状的变形工序，统称为成形工序。成形工序包括胀形、翻边、缩口、起伏等，其产品结构如图 3—3—1 所示。

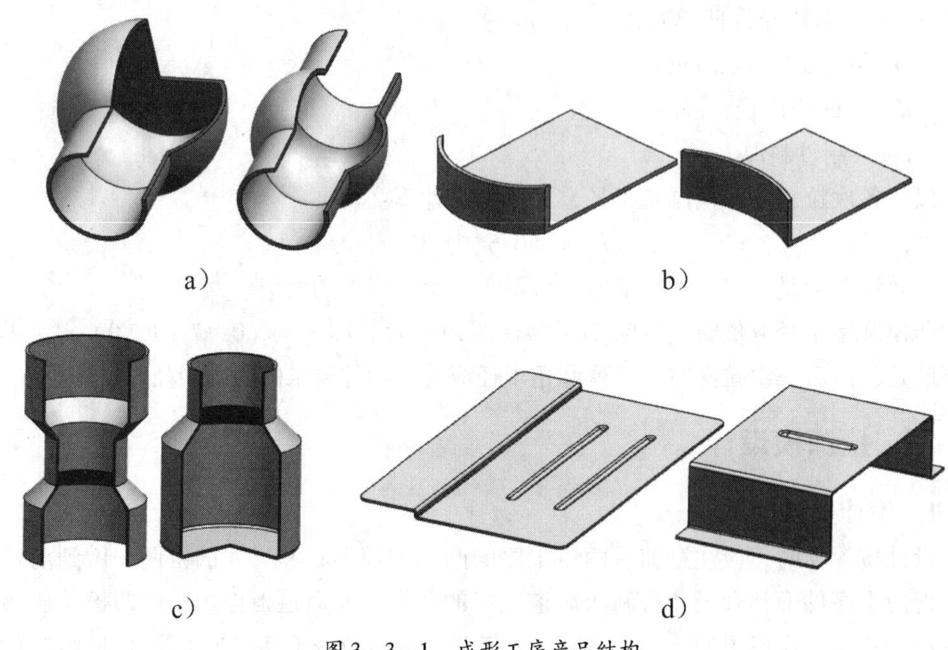

图 3—3—1　成形工序产品结构

a）胀形　b）翻边　c）缩口　d）起伏

一、胀形工艺及胀形模具

1．胀形变形特点

胀形是使空心制件内部在双向拉应力作用下产生塑性变形，以获得凸肚形制件的冲压方法。用这种方法可以制造出许多形状复杂的工件，如管接头、波纹管等。

胀形时，变形区材料的变形情况如图 3—3—2 所示，通过胀形，直径为 d 的平整坯料部分成为凸肚形。当坯料外径 D 与成形直径 d 的比值 $D/d>3$ 时，D 与 d 之间的环形部分金属发生切向收缩时所需的径向拉应力很大，该部分金属不可能向凹模流动，其成形依赖于直径为 d 的圆周内金属的厚度变薄及表面积增大来实现。

胀形变形区的应力状态为双向受拉，即径向应力和切向应力均为拉应力，且材料截面上拉应力沿厚度方向均匀分布，板厚方向的应力可视为零。变形区的应变状态为径向应变与切向应变均为拉应变，板厚方向为压应变。切向与径向的伸长变形会引起板厚的变薄，因此，胀形属于伸长类成形，其成形极限将受到拉裂的限制。胀形时，变形区材料不会产生失稳起皱现象，且由于材料硬化的影响，胀形充分时，可获得表面光滑、尺寸精度高、质量好的制件。

2. 胀形模具结构

作为使空心制件内部在双向拉应力作用下产生塑性变形，以获得凸肚形制件的成形模，如图 3—3—3 所示为普通胀形模结构，工作时，筒形毛坯放置在下凹模 5 内定位，上模下行，凸模 3 先插入毛坯内，然后毛坯在下凹模、上凹模和凸模的夹持下，进行镦压，毛坯在凹模型腔的胀形处胀形而成为所需的制件，上模回程后，便可取出制件。

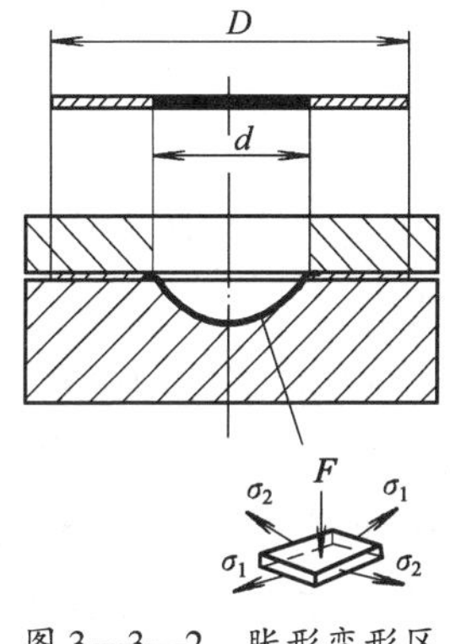

图 3—3—2 胀形变形区

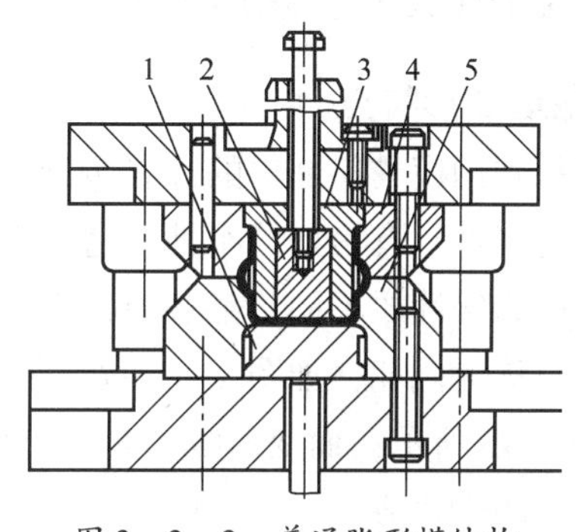

图 3—3—3 普通胀形模结构

1—顶件装置 2—推件装置

3—凸模 4—上凹模 5—下凹模

生产实际中，胀形模根据其结构的不同分成两类：一类是采用刚性凸模胀形，另一类是采用软体凸模胀形。

（1）刚性凸模胀形模具结构

刚性凸模胀形模具结构如图 3—3—4 所示，胀形时，利用锥形模芯 3 将分块凸模 2 向四周胀开，使毛坯形成所需的形状，分块凸模数目越多，所得到的工件精度越高，但也很难得到精度较高的旋转体零件，且模具结构复杂，成本较高。

（2）软体凸模胀形模具结构

采用软体凸模胀形，常用传力介质包括气体、液体、橡胶、石蜡或钢丸等，胀形时材料的变形比较均匀，制件的精度容易保证，便于成形形状复杂或不对称的空心制件，因而在生产中得到广泛应用。橡胶胀形模结构如图 3—3—5 所示，成形时，以橡胶作为凸模，在压力作用下使橡胶变形，把工件沿凹模胀开得到所需的形状。橡胶胀形模具结构简单，工件变形均匀，能成形复杂形状的工件。近年来广泛采用聚氨酯橡胶代替天然橡胶进行橡胶胀形，它比一般橡胶具有强度高、弹性好、耐油性好和使用寿命长等特点。

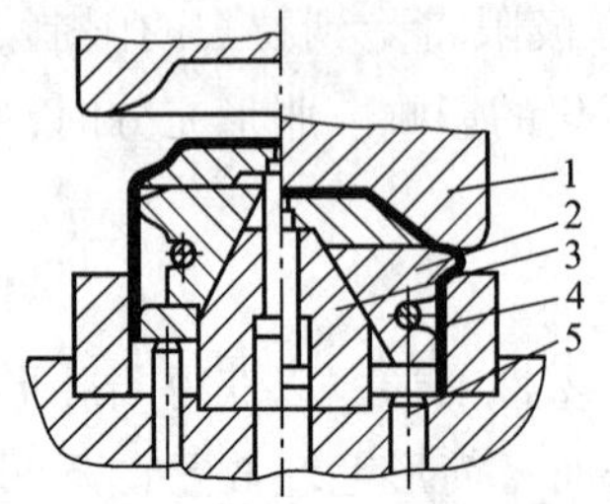

图 3—3—4　刚性凸模胀形模具结构

1—凹模　2—分块凸模　3—模芯

4—制件　5—顶杆

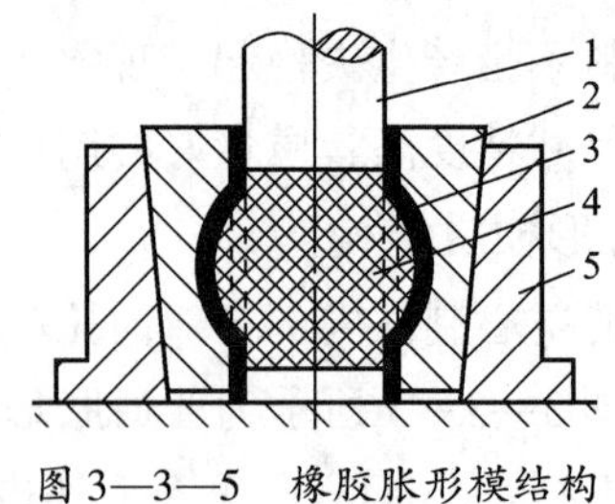

图 3—3—5　橡胶胀形模结构

1—凸模　2—凹模　3—制件

4—橡胶　5—边框

二、翻边工艺及翻边模具

1. 翻边变形特点

翻边是利用模具使制件的边缘翻起呈竖立或一定角度直边的冲压方法。利用翻边方法加工的制件具有很好的刚性，这是翻边加工的主要优点。

按制件边缘性质不同，翻边有翻孔、外缘翻边和变薄翻边之分。其中，对制件孔进行的翻边称为翻孔，如图 3—3—6a 所示；对制件外边缘进行的翻边称为外缘翻边，如图 3—3—6b 所示；而变薄翻边是通过减小凸模、凹模间隙强迫材料变薄，以提高制件竖边高度的翻边方法，在实际生产中，变薄翻边通常用于在平板毛坯或半成品制件上冲制小螺纹底孔（俗称抽芽孔）。

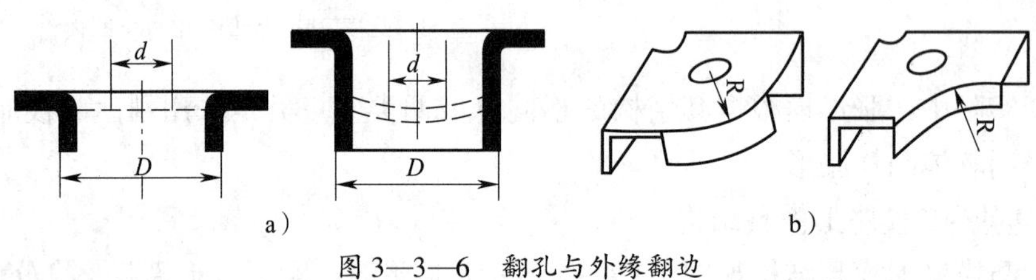

图 3—3—6　翻孔与外缘翻边

a）翻孔　b）外缘翻边

翻孔时，变形区材料的变形情况如图 3—3—7 所示。平整坯料上预制有直径为 d_0 的底孔，变形区为 $(D+2r_d)-d_0$ 的环形部分，随着凸模的下压，孔径将逐渐扩大，靠近凹模口的板料贴紧 r_d 区后就不再变形，而进入凸模圆角区的板料被反复折弯，最后变为直壁。当全部变为直壁时，翻孔结束。

翻孔变形区受切向拉应力 σ_θ 和径向拉应力 σ_p 的作用，而板厚方向的应力可忽略不计，因此应力状态可视为双向受拉的平面应力状态。翻孔时，材料沿切线方向产生拉伸变形，且越接近中部，变形越大，材料的厚度也有所减薄，尤其是孔口处减薄更为严重。如变形超过了材料的允许应力值，制件孔口将被拉裂。其变形程度可用翻孔系数来表示（翻孔前、后孔径之比值）。

外缘翻边时，变形区材料的变形情况不尽相同。其中，外凸的外缘翻边相当于浅拉深，变形时的主要质量问题是起皱；而内凹的外缘翻边，变形时的主要质量问题是拉裂。

2. 翻边模具结构

作为使制件的边缘翻起呈竖立或一定角度直边的成形模，翻边模有翻孔模和外缘翻边模之分。

如图 3—3—8 所示为某翻孔模的主要部分结构，预制孔后的毛坯放在凸模上由定位板定位，凹模下行与压边圈一起将毛坯夹紧后进行翻孔，凹模上行，压边圈把制件顶起。若制件留在凹模内，则由推件装置把制件推出。

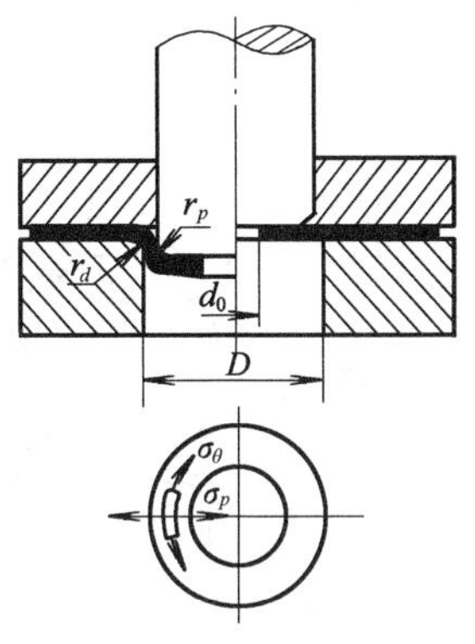

图 3—3—7 翻孔变形区

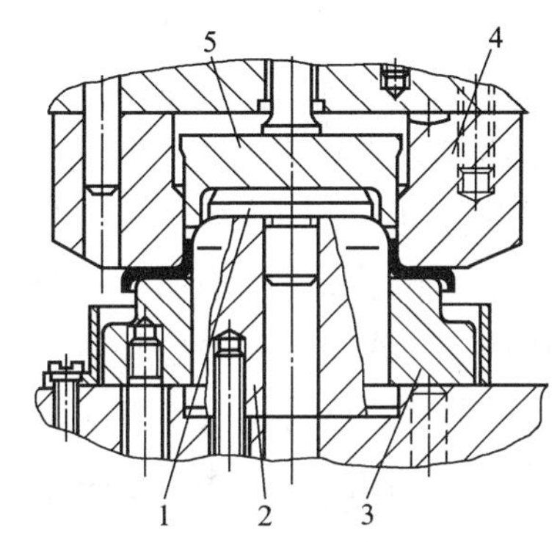

图 3—3—8 翻孔模结构

1—定位板 2—凸模 3—压边圈 4—凹模 5—推件块

如图 3—3—9 所示为某内外缘翻边复合模结构，成形时，毛坯套在内缘翻边凹模上定位，作为内缘翻边的凹模，为保证其位置准确，压料板与外缘翻边凹模按 H7/h6

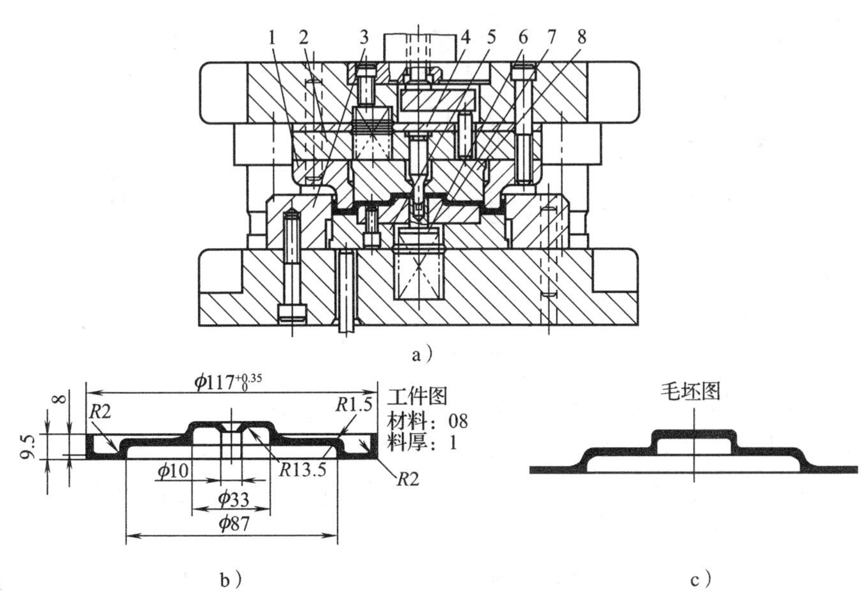

图 3—3—9 内外缘翻边复合模结构

a）模具结构 b）工件图 c）毛坯图

1—外缘翻边凸模 2—凸模固定板 3—外缘翻边凹模 4—内缘翻边凸模

5—压料板 6—顶件块 7—内缘翻边凹模 8—推件板

间隙配合。压料板既起压料作用，又起整形作用，在冲至下极点时，应与下模刚性接触，冲压成形后，起顶件作用。

三、缩口工艺及缩口模具

1. 缩口变形特点

缩口是使空心或管状制件端部的径向尺寸缩小的冲压方法。缩口时，变形区材料的变形情况如图 3—3—10 所示。

当相对壁厚 t/D_m 不大时，变形区应力可视为平面应力状态。径向（板厚方向）应力接近于零，切向应力 σ_θ 和轴向应力 σ_z 均为压应力。切向压应力为最大主应力，可使坯料直径减小，壁厚和高度增加。在变形过程中，由于坯料受切向压应力的作用容易失稳起皱。同时，如果非变形区的筒壁承受的缩口压力过大，将发生纵向失稳，出现环状皱纹，甚至局部凹陷。因此，弯曲、起皱是缩口工艺要解决的主要问题。

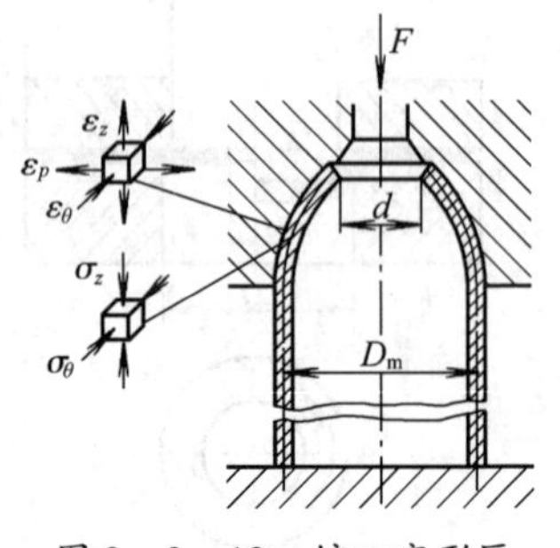

图 3—3—10　缩口变形区

2. 缩口模具结构

作为使空心或管状制件端部的径向尺寸缩小的成形模，缩口模按支承方式有三种，其结构如图 3—3—11 所示。

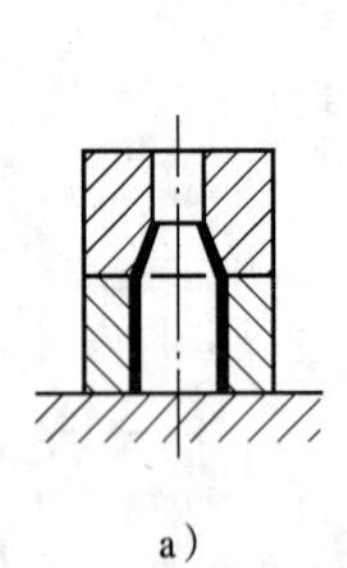

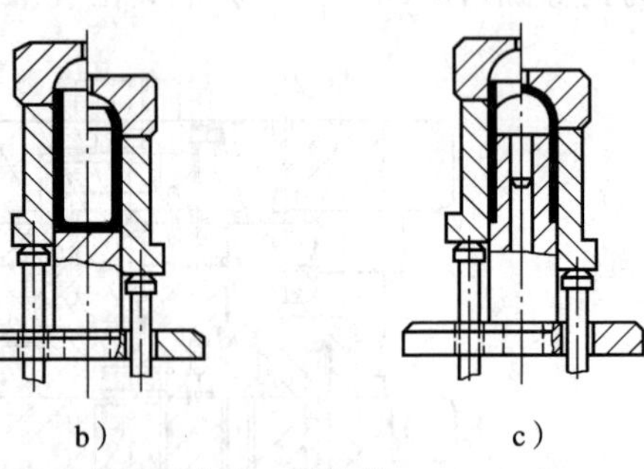

a）　b）　c）

图 3—3—11　不同支承形式缩口模结构

a）无支承　b）外支承　c）内外支承

无支承形式缩口模，结构简单，但缩口过程中坯料稳定性差；外支承形式缩口模，缩口过程中筒壁外表面始终得到支承，内表面为自由表面，缩口时坯料的稳定性较好，模具结构也较复杂些；内外支承形式缩口模，结构复杂，但缩口时坯料稳定性好。

典型的缩口模结构如图 3—3—12 所示，该模具用于成形材料厚度为 1 mm 的 08 号钢制件。该制件先用拉深工艺制成圆筒形件，再用图示缩口模成形。

该模具工作时，毛坯放入外支承套内定位，上模下行，首先凹模与外支承套相互压紧，然后缩口成形，模具通过上打料形式退料。

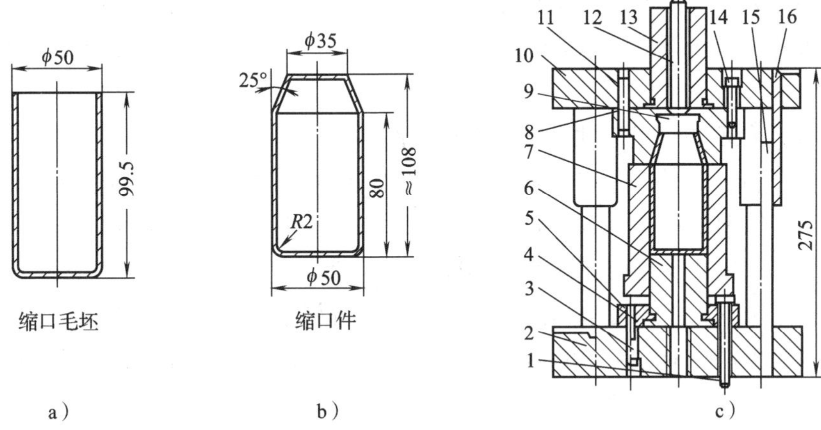

图 3—3—12　典型的缩口模结构

a）缩口毛坯　b）缩口制件　c）缩口模

1—顶杆　2—下模板　3、14—螺栓　4、11—销钉　5—下固定板　6—垫块　7—外支承套　8—缩口凹模　9—顶出口　10—上模板　12—打料杆　13—模柄　15—导柱　16—导套

第四节　冷挤压工艺与模具

冷挤压是利用金属塑性变形的原理，在常温下对挤压模具腔内的金属施加强大的压力，使之从模孔或凸模、凹模的间隙中挤出，从而获得所需零件的一种无切削加工方法。

作为冷锻工艺的一种，它可以用来制造薄壁容器（如牙膏壳、铝质电容器及弹壳等）、汽车零件等，其制件如图 3—4—1 所示，冷挤压使用的毛坯大都是棒料或块状结构。

图 3—4—1　冷挤压制件

一、冷挤压工艺

1. 冷挤压变形特点及工艺要求

由于挤压时坯料处于三向受压状态下，因而塑性好，变形程度可以很大，变形所

需的单位挤压力很大，当然塑性变形所需的压力也很大，且作用时间较长。因为如此，冷挤压技术的应用必须解决强大的变形抗力与模具承载能力的矛盾。为此，必须满足下列工艺要求。

（1）设计合理的、工艺性良好的冷挤压件。

（2）恰当选择冷挤压件的原材料（如有色金属及其合金、纯铁、碳钢、低合金钢、不锈钢、钛和某些钛合金、轴承钢 GCr9 和 GCr15、高速钢 W6Mo5Cr4V2），正确确定坯料形状、尺寸及热处理规范（如冷挤压前或多道冷挤压工序中间必须进行软化处理，包括完全退火、不完全退火、球化退火和等温退火等，对于黄铜和不锈钢经冷挤压后务必及时进行消除应力的退火，否则会引起开裂），并应特别注意坯料的表面处理和润滑。

（3）制定合理的冷挤压工艺方案，合理选择冷挤压方式，适当控制冷挤压变形程度。

（4）采取有效措施解决模具的强度、刚度和使用寿命问题。如采用合理的模具总体结构，正确确定模具工作零件的结构、几何参数及加工要求等。

（5）选用合适的挤压设备。

2．冷挤压工艺计算

采用冷挤压工艺成形制件时，涉及相关的工艺计算，其主要内容包括冷挤压变形程度计算、冷挤压坯料尺寸计算、冷挤压压力计算、凸模和凹模主要几何参数计算等。

二、冷挤压模具

冷挤压模具的结构形式很多，按冷挤压方式分有正挤压模具、反挤压模具、复合挤压模具及其他冷挤压模具；按通用性分有专用冷挤压模具和通用冷挤压模具；按调整的可能性分有可调式冷挤压模具和不可调冷挤压模具。为适用冷挤压金属成形的需要和降低模具制造成本，往往采用可调式和通用式冷挤压模具。

1．典型结构

（1）正挤压模具

如图 3—4—2 所示为带凸缘纯铝制件正挤压模具，其结构特点如下。

1）采用通用模架，通过更换凸模、凹模可挤压不同的冷挤压件。凸模 6 通过弹性夹头 4、凸模固定圈 5 和紧固圈 7 固定；凹模通过凹模固定圈 10 和紧固圈 8 固定，凹模固定圈与紧固圈以 H6/h5 配合。

2）以导柱导套导向，为了增加导柱长度，将导柱固定于上模（或下模）中，导柱导套以 H6/h5 配合。

3）挤压件留在凹模中，用拉杆或顶出装置通过顶杆 13 将挤压件顶出，卸件工作可靠。

4）上模座、下模座用中碳钢；凹模、凸模分别用较厚的淬硬垫支承。

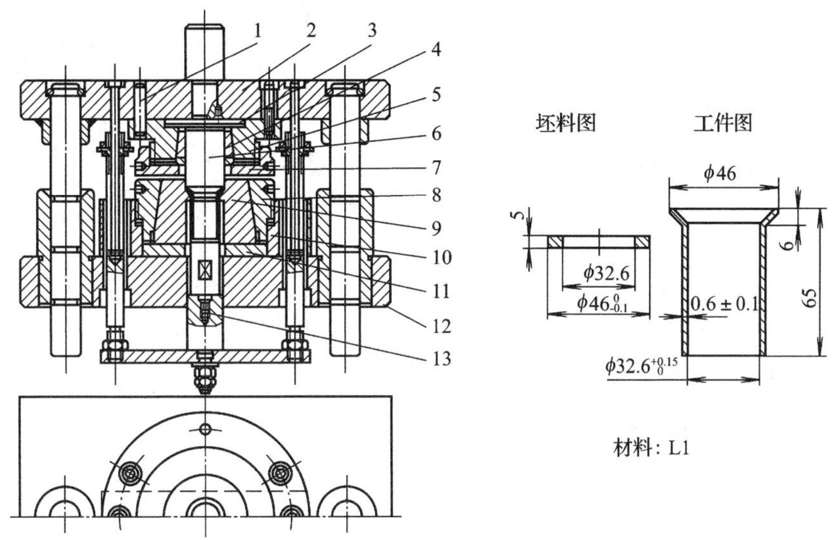

图 3—4—2　正挤压模具

1—定位销　2—上模座　3、11—垫板　4—弹性夹头　5—凸模固定圈　6—凸模
7、8—紧固圈　9—凹模　10—凹模固定圈　12—下模座　13—顶杆

（2）反挤压模具

如图 3—4—3 所示为挤压黑色金属空心件的反挤压模具，其结构特点如下。

1）采用通用模架更换凹模、组合凸模等零件，可以反挤压不同挤压件，还可以进行正挤压。

2）凸模、凹模的同轴度可以调整，即通过螺钉和月牙形板 9 调整凹模 6 的位置，以保证凸模、凹模的同轴度。同时，月牙形板 9 和压板 1 可以压紧定位，防止挤压过程中凹模产生位移。

3）凹模采用预应力组合结构，以承受较大的单位挤压力。

4）对于黑色金属反挤压，其挤压件可能箍在凸模上，因而设置了卸件器 2（卸件板 3 做成弯形是为了减小凸模长度）。考虑到挤压件可能留在凹模内，故又设置了顶出器 10。凸模上端和顶出器下端均有锥度，以扩大支承面积，并加以上垫板 4 和下垫板 12，以承受黑色金属巨大的挤压力。

（3）径向挤压模具

如图 3—4—4 所示为螺塞冷镦模具，其结构特点如下。

1）以导向套 1 和组合下模外圈 3 导向，模具在工作时处于封闭状态，导向套还有安全保护作用，下设限位套 4。

2）上模、下模均为预应力组合结构。上模六角形腔底部开有出气孔，以确保工件的六角形轮廓清晰。

3）为了保证六角头部的成形质量并提高模具使用寿命，坯料体积应略大于挤压件体积，多余金属形成飞边，冷镦后再切除。

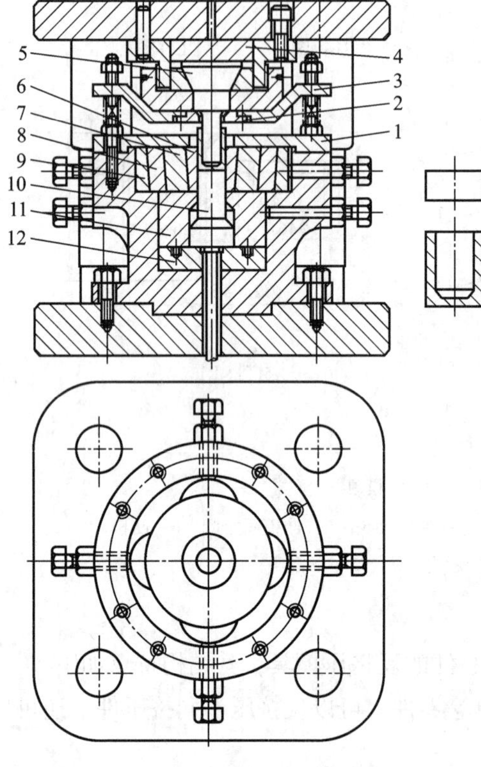

图 3—4—3　反挤压模具

1—压板　2—卸件器　3—卸件板　4—上垫板　5—凸模　6—凹模　7—组合凹模中圈　8—组合凹模外圈　9—月牙形板　10—顶出器　11—垫块　12—下垫板

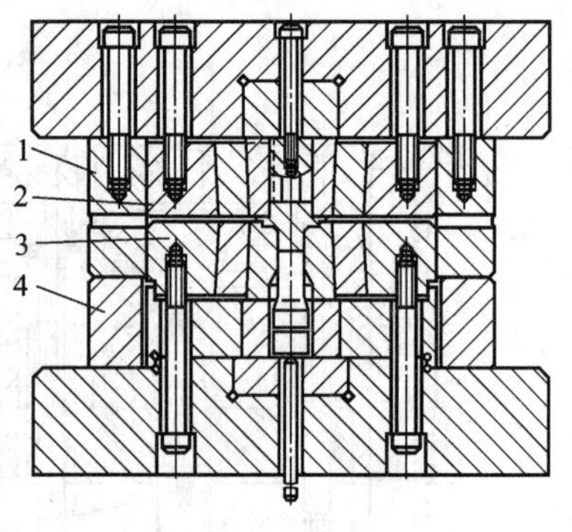

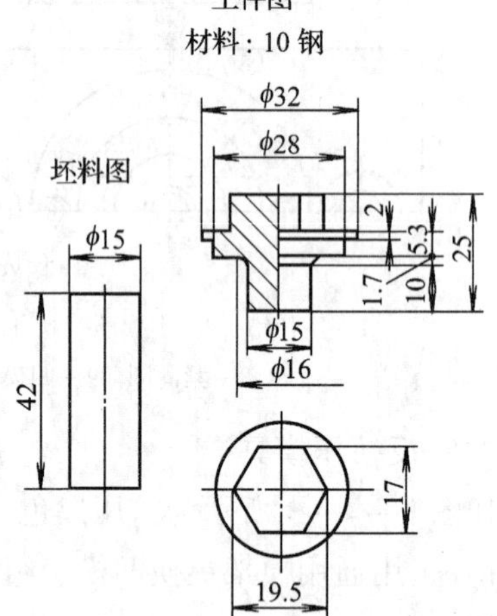

图 3—4—4　径向挤压（冷镦）模具

1—导向套　2—组合上模外圈　3—组合下模外圈　4—限位套

2. 凸模结构形式

（1）正挤压凸模

正挤压凸模结构形式有整体式、固定组合式、浮动组合式三种，其选取应考虑冷挤压制件的结构及其材料等因素，具体内容见表 3—4—1。

（2）反挤压凸模

作为反挤压模具的关键零件，黑色金属反挤压凸模常用结构形式如图 3—4—5 所示。

其中，以图 3—4—5a 结构应用较普遍；图 3—4—5b 结构的挤压力小，但易受坯料不平度的不良影响，造成挤压件壁厚不均匀；图 3—4—5c 结构的挤压力较大，常用于平底结构或单位挤压力不大的挤压件；图 3—4—5d 结构有利于金属流动，但制造较麻烦。

表 3—4—1　　正挤压凸模结构形式

结构类型	整体式		固定组合式	浮动组合式	
图例	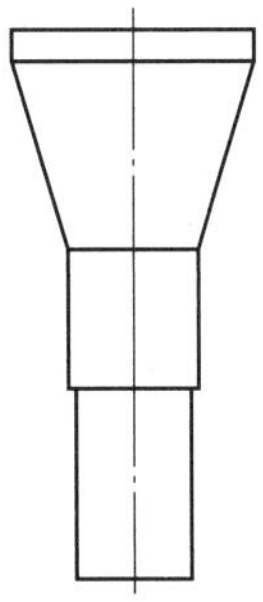	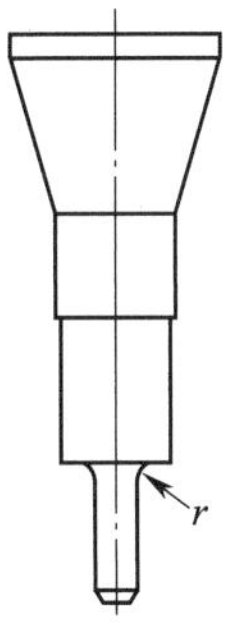	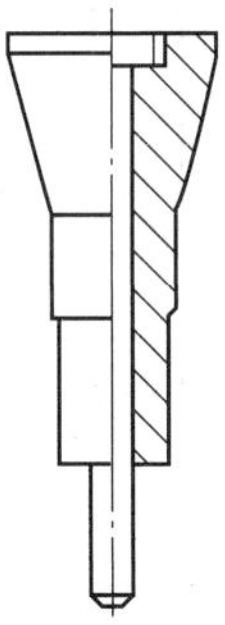	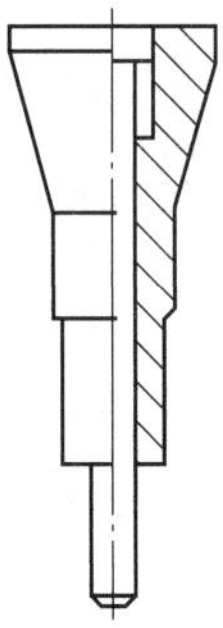	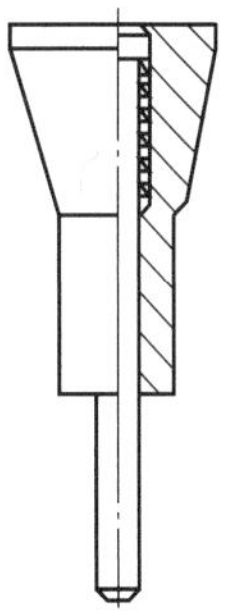
说明	适用于挤压纯铝等软金属或芯轴与凸模直径相差不大、芯轴长度较短的情况		适用于较硬金属	适用于黑色金属。挤压过程中，芯轴可随变形金属一起向下滑动，减少了被拉断的可能，提高了芯轴的使用寿命	

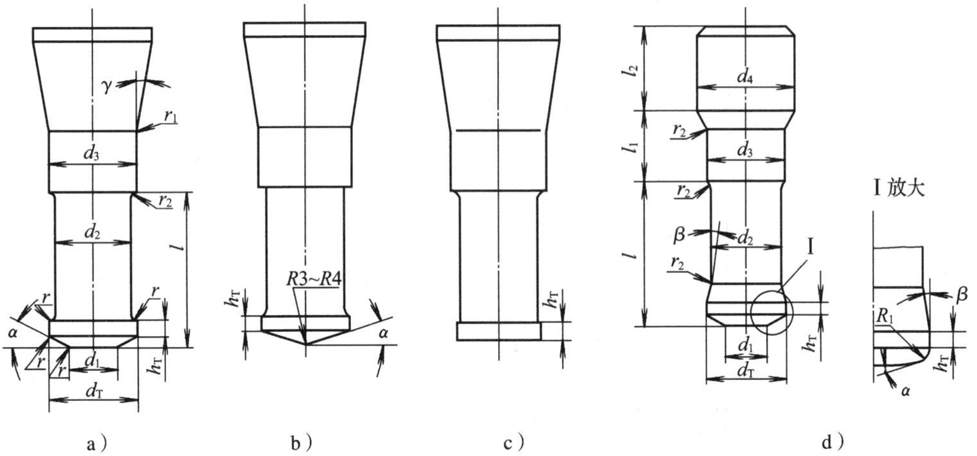

a）　b）　c）　d）

图 3—4—5　黑色金属反挤压凸模

需要提醒的是，反挤压塑性较好的有色金属，往往是深度较大的薄壁挤压件，为增强凸模的稳定性，常在凸模工作端面开设对称的工艺槽（图 3—4—6），以增大端面与金属的摩擦，防止凸模滑向一侧而造成挤压件壁厚不均匀和凸模折断。

3. 凹模结构形式

（1）正挤压凹模

正挤压凹模一般采用预应力结构，其形式包括整体式、纵向分割式、横向分割式三种，具体内容见表 3—4—2。

图 3—4—6　凸模工作端面的工艺槽

a）圆形　b）方形　c）矩形

表 3—4—2　　**正挤压凹模结构形式**

结构形式	图例	说明
整体式		凹模内层整体式结构，制造容易，使用较广，但型腔内转角处容易因应力集中而产生横向裂纹
纵向分割式	10 15′	凹模内层纵向分割结构，最内层小凹模与挤压筒之间采用过盈量不小于 0.02 mm 的过盈配合

续表

结构形式	图例	说明
横向分割式		凹模横向分割结构，制造时必须严格保证上、下两部分的同轴度。为了防止金属流入拼合面，其拼合面的宽度不宜过大，一般取 1 ~ 3 mm，而且需要抛光

（2）反挤压凹模

反挤压凹模的结构形式如图 3—4—7 所示。图 3—4—7a 和 b 设有顶出装置，适用于反挤压后制件留在凹模的情况，常用于黑色金属的反挤压。图 3—4—7c 和 d 为整体式结构，其型腔转角处易产生横向裂纹，使用寿命短，适用于挤压力小、生产批量不大的有色金属的反挤压。图 3—4—7e 和 f 为组合式结构，其中图 3—4—7e 设有硬质合金镶块，使用寿命较长，但对制造要求高，适用于大批量生产。

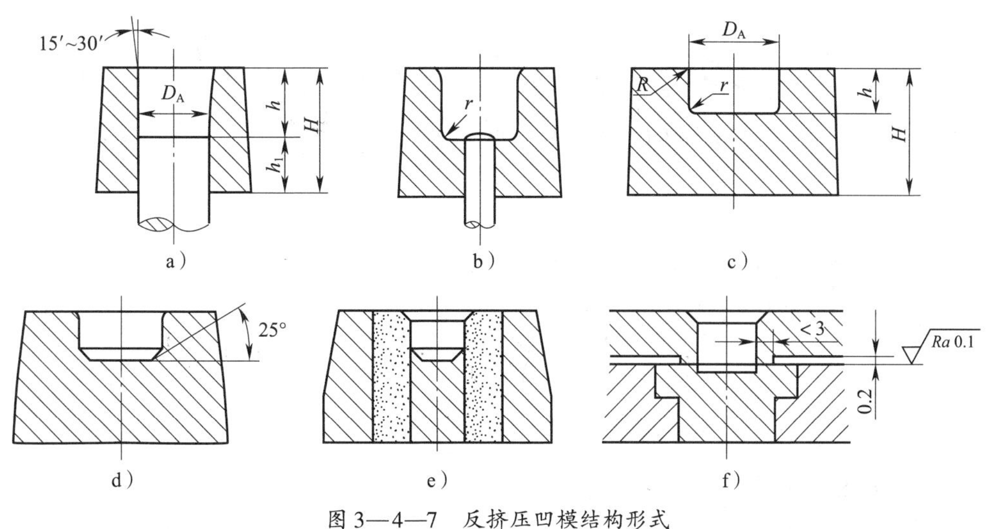

图 3—4—7　反挤压凹模结构形式

多工位精密自动级进模具设计基础

多工位精密自动级进模具如图 4—0—1 所示，是精密、高效、使用寿命长的冲压模具，适用于冲压小尺寸、薄料、形状复杂的大批量冲压件。

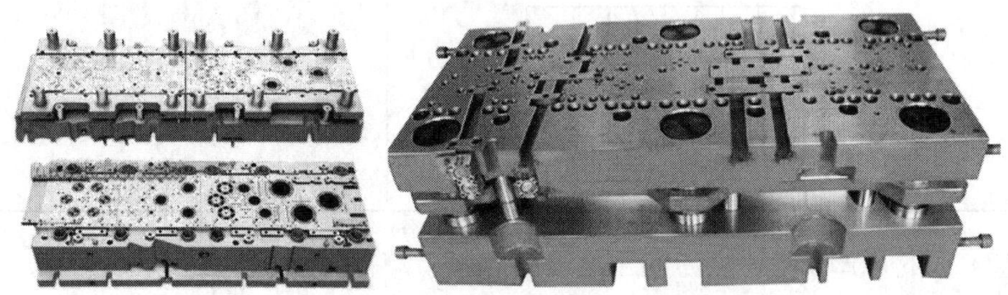

图 4—0—1　多工位精密自动级进模具

由于多工位精密自动级进模具的工位数可高达几十个，且常用于高速冲压，因此，生产效率得到极大提高，并能减少手工送料造成的误差，减少了冲压设备及其操作人员的数量，具有较高的技术和经济效益。

第一节　多工位精密自动级进模具典型结构及主要部件

一个典型的多工位精密自动级进模具由模板、条带、冲头、导柱和导套、定位销、螺钉、浮升销、卸料装置等零部件组成，如图 4—1—1 所示为 16 脚引线框多工位精密自动级进模具。

一、模具典型结构

1．制件技术要求

集成电路 16 脚引线框冲压件如图 4—1—2 所示，该制件主要技术要求如下。

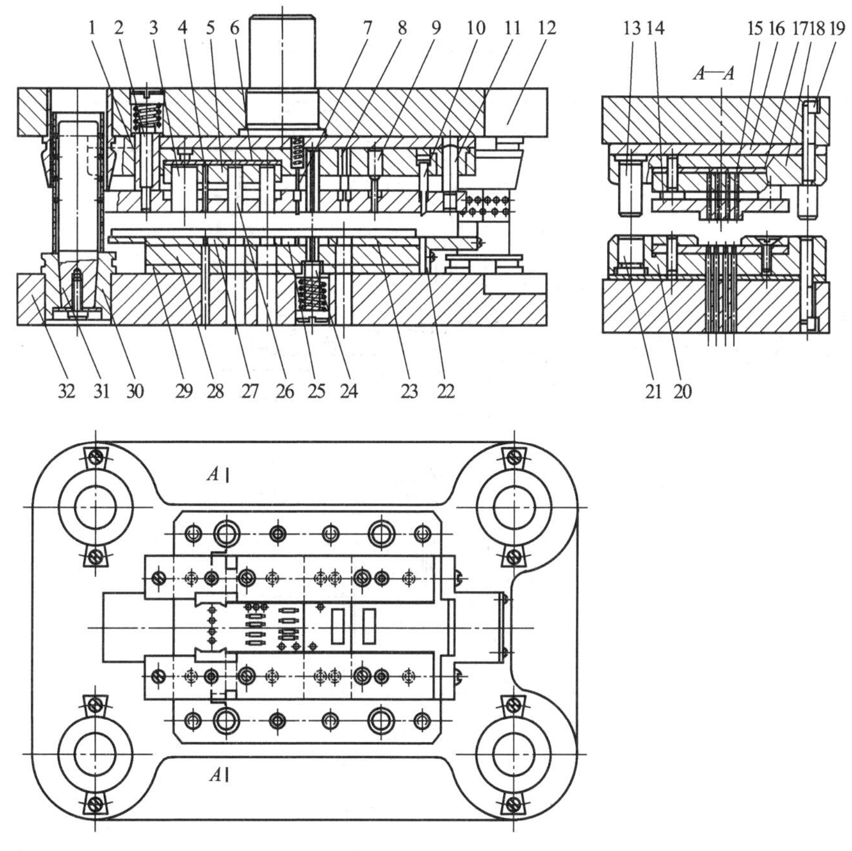

图 4—1—1 16 脚引线框多工位精密自动级进模具

1—套筒 2—卸料螺钉 3—侧刃凸模 4、15、26—冲孔凸模 5、18—固定板 6、16、17、29—垫板 7—导正销 8—去废料顶杆 9—压平凸模 10—切断凸模 11—小导柱 12—模座 13、21—限位柱 14—弹压卸料板 19—螺钉 20—下模框 22—承料板 23、27—凹模板 24—顶块 25—镶块 28—支承板 30—固定环 31—导柱 32—下模座

（1）材料为厚 0. 3 mm 的锡磷青铜，在引线端部虚线内的部分，要求打扁矫平，并使材料厚度变薄至 0. 28 mm（见图中 2. 4 mm × 2. 1 mm 部分）。

（2）在引线端部 3. 9 mm × 3. 9 mm 面积内（虚线所示）要均匀分布 16 条脚的引线，因此每条脚的宽度和空隙宽度均不能超过 0. 4 mm。

（3）在集成电路塑封后，其外露引线部分应在 19. 56 mm × 7. 62 mm 范围内均匀分布，因此引线由内向外要各自定向转弯，引线脚越多，转弯越多。

（4）为了塑封模的定位，各引线粗细应均匀，要求每 10 个引线框成一组，其孔距累积误差（$18.29 \times 10 = 182.9_{-0.02}^{\ 0}$ mm）不准超过 0. 02 mm，因此每工步的平均误差应小于 0. 002 mm。

2. 模具结构特点

根据图 4—1—1 所示，该模具在结构上具有如下特点。

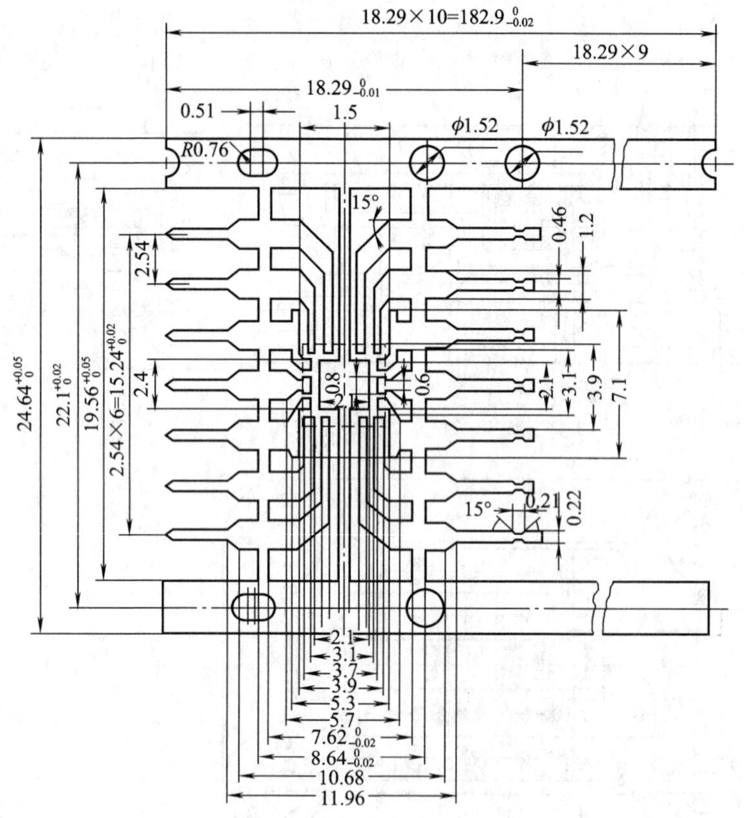

图 4—1—2　集成电路 16 脚引线框冲压件

（1）采用了滚动式、四导柱、可拆装精密模架。

（2）为了保证制件精度，在冲压工艺上采用了级进、复合式冲裁，排样如图 4—1—3 所示，即外引线部分采用级进式冲裁，内引线部分采用复合式冲裁。

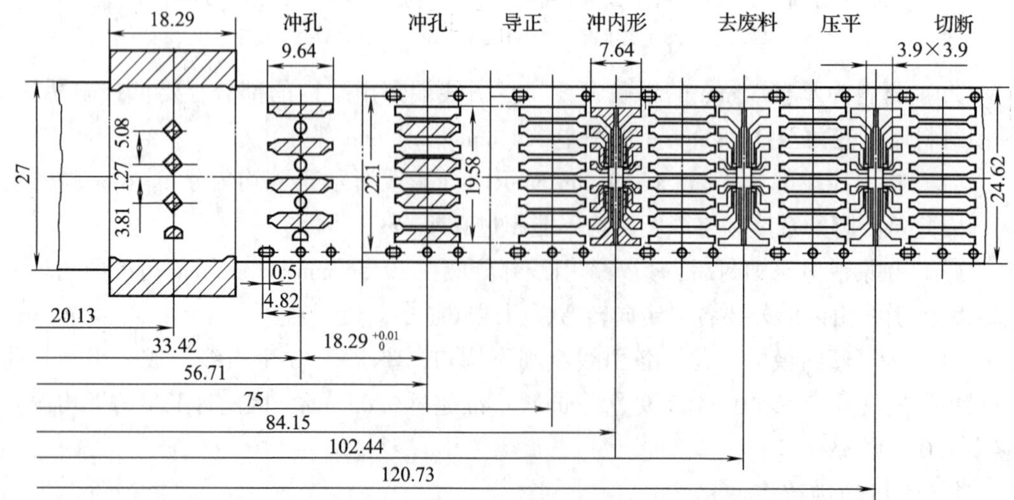

图 4—1—3　16 脚引线框冲压排样图

(3) 为了使引线框的各条引线在一个平面上不扭、不翘，内引线冲裁采用复合、复位冲裁。即先冲下废料，再用凹模推板将废料“复入”带料中，在带料转至下一工步时，再将它冲出。这样做不仅有利于提高冲件精度，而且有利于提高凹模的使用寿命。

(4) 采用双侧刃、双侧面导板及双弹压导正销的导向结构，提高了材料的送料精度。

(5) 在卸料板结构上，采用了小导柱、导套导向，定位套筒组合式卸料螺钉，来满足弹压卸料板对凹模平行度的要求。

(6) 在凸模保护方面，采用了缩小凸模长度的方法；在保证凹模精度方面，采用了分段镶拼的方法。

(7) 在压力机行程控制方面，采用了限位柱结构，使凸模进入凹模的深度得到了控制。

(8) 为了获得每 10 个引线框为一组的引线条，便于集成电路塑封的大量生产，本模具采用了由端面凸轮和棘轮及切刀等组成的自动切断机构，如图 4—1—4 所示。

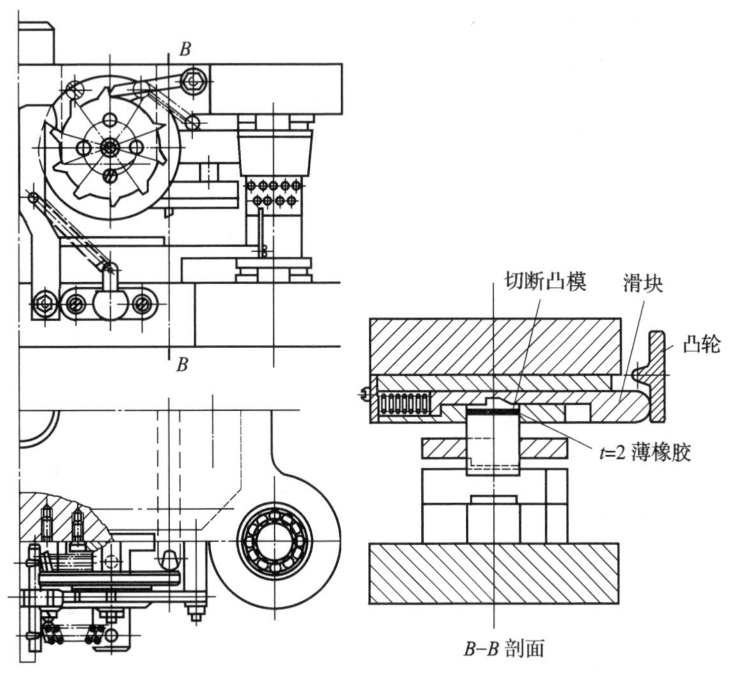

图 4—1—4　16 脚引线框级进模自动切断机构

压力机每冲裁 10 次，由于凸轮到位，使滑块按图示位置往左移动，切断凸模（切刀）被压下，即切断一次料。当切断完成后，由棘轮机构带动凸轮转过凸轮凸起的位置，切刀受到弹簧力的作用而缩回原位，不再起切断作用。除了采用该机构实现定尺寸的冲切外，还可采用传感元件和自动切断机构组合，控制定尺寸料长。

二、模具主要零部件结构

多工位精密级进模具主要零部件的结构除应满足一般冲压模具的结构要求外，还应根据精密级进模具冲压特点、模具主要零部件装配和制造要求来考虑其结构形状和尺寸。

1．凸模

凸模是多工位级进模具中最基本的零件之一，其设计对级进模具的结构、使用性能和寿命有着重要影响。在多工位级进模具中有许多冲小孔凸模、冲窄长槽凸模、分解冲裁凸模，应根据具体的冲裁要求、被冲材料的厚度、冲压的速度、冲裁间隙和凸模的加工方法等因素来考虑这些凸模的结构及其固定方法。

（1）凸模的结构和类型

级进模具的典型凸模结构如图 4—1—5 所示，按照凸模各部分的作用，可把它划分为刃口段、过渡段和固定段。

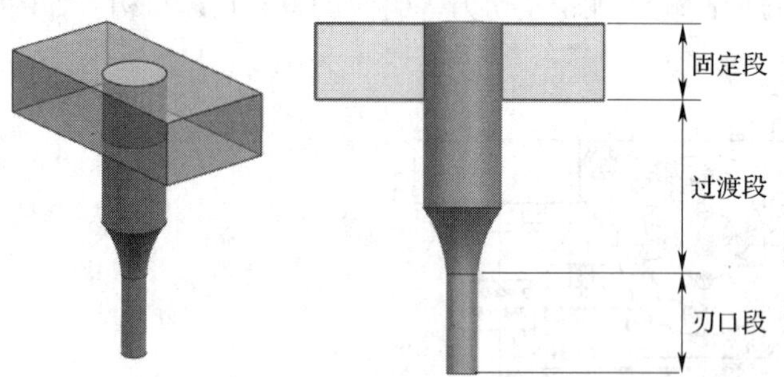

图 4—1—5　典型凸模结构

对于冲小孔凸模，通常采用加大固定部分直径、缩小刃口部分长度的措施来保证小凸模的强度和刚度。当工作部分和固定部分直径相差太大时，可采用多台阶结构。各台阶过渡部分必须用圆弧光滑连接，不允许有刀痕。特小的凸模可以采用保护套结构。卸料板还应起到对凸模的导向作用，以消除侧压力对凸模的影响。常见的小凸模及其装配形式如图 4—1—6 所示。

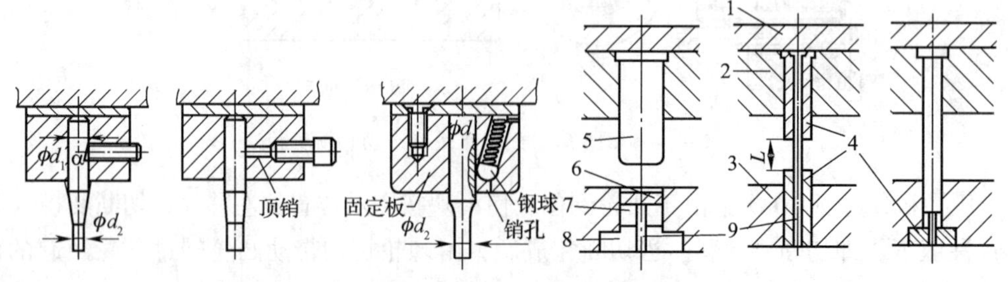

图 4—1—6　小凸模及其装配形式

1—垫板　2—凸模固定板　3—弹压卸料板　4、8—镶套

5—压柱　6—垫板　7—定位套　9—小凸模

冲压生产中，冲孔后的废料若贴在凸模端面上，会使模具损坏，因此对厚度在 2 mm 以上的凸模应考虑废料的排出。如图 4—1—7 所示为带顶出销结构的凸模，它利用弹性顶销使废料脱离凸模端面。也可在凸模中心加通气孔，减小冲孔废料与冲孔凸模端面上的“真空区压力”，使废料易于脱落。

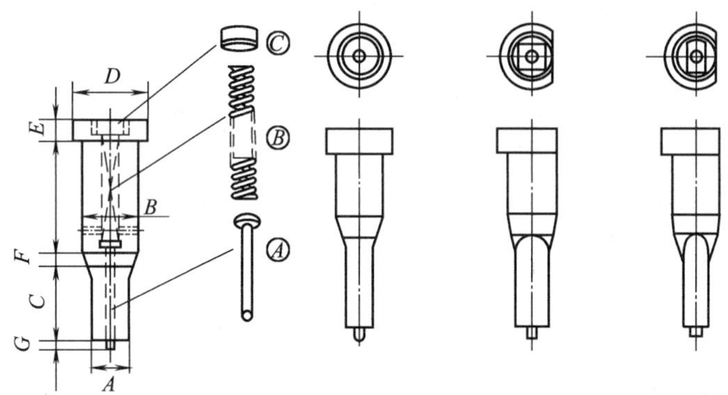

图 4—1—7 带顶出销结构的凸模（能排出废料的凸模）

（2）凸模的固定方法

凸模常用的固定方法如图 4—1—8 所示，固定部分应有能加工螺钉孔的位置。对于较薄的凸模，可以采用销钉吊装，如图 4—1—9 所示，或采用如图 4—1—10 所示的侧面开槽，用压板固定小凸模。

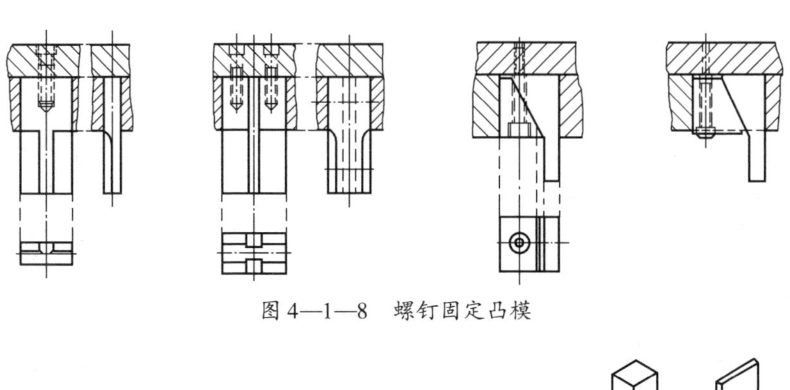

图 4—1—8 螺钉固定凸模

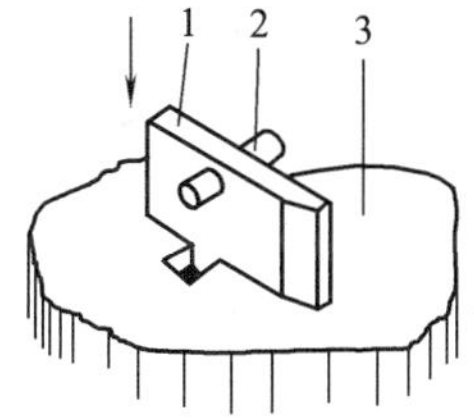

图 4—1—9 销钉吊装凸模

1—凸模 2—销钉 3—凸模固定板

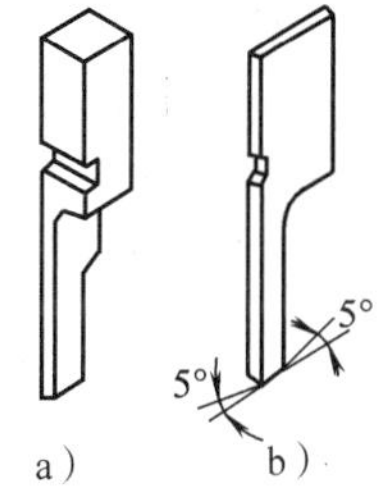

图 4—1—10 压板固定的小凸模

2. 凹模

多工位精密级进模具凹模的结构与制造较凸模更为复杂，多采用拼块式和嵌块式

结构，这样做的优点在于：简化制造，冲模精度高，节省贵重金属，易于控制热处理变形，方便装配调整。

（1）凹模的结构形式

1）嵌块式凹模。嵌块式凹模如图 4—1—11 所示，其特点是嵌块套做成圆形，且可选用标准的零件，嵌块损坏后可迅速更换备件。

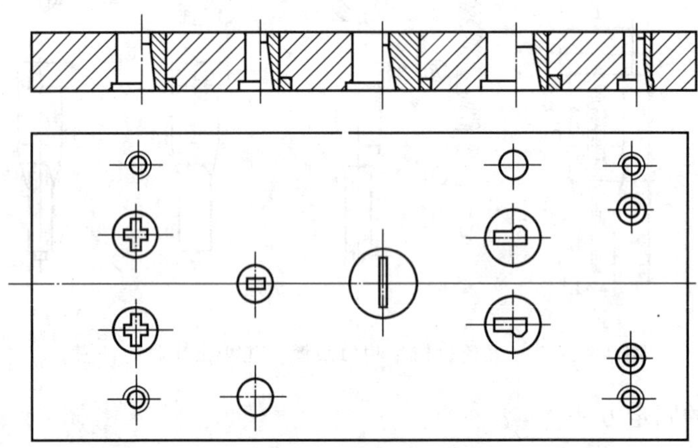

图 4—1—11　嵌块式凹模

需要指出的是，采用嵌块式凹模，嵌块在排样图设计时，就应考虑其布置的位置及大小，如图 4—1—12 所示。

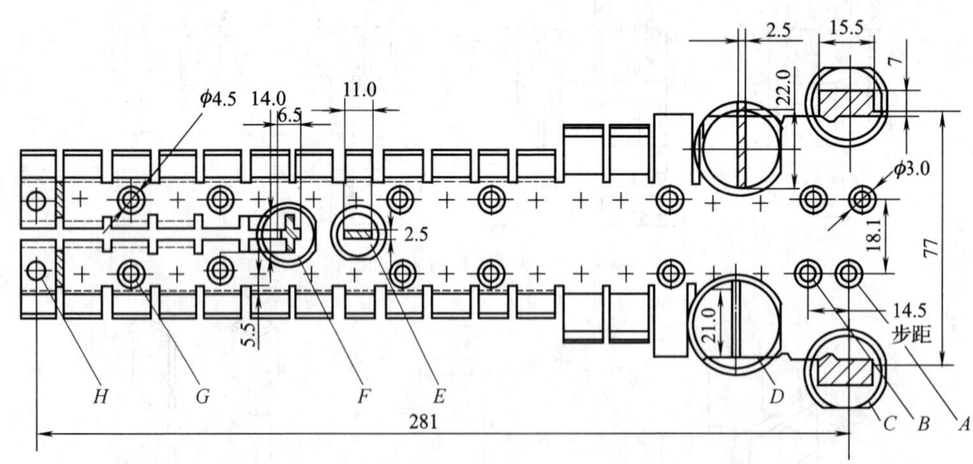

图 4—1—12　嵌块在排样图中的布置

2）拼块式凹模。拼块式凹模的组合形式因采用的加工方法不同分为两种组合形式：放电加工拼块拼装凹模、成形磨削拼装组合凹模。现以如图 4—1—13 所示某弯曲件冲压排样图为例，对两种组合形式的凹模加以说明。

采用放电加工拼块拼装凹模时，凹模多采用并列组合式结构，其结构如图 4—1—14所示，图中省略了其他零部件，拼块的型孔制造由电加工完成，加工好的

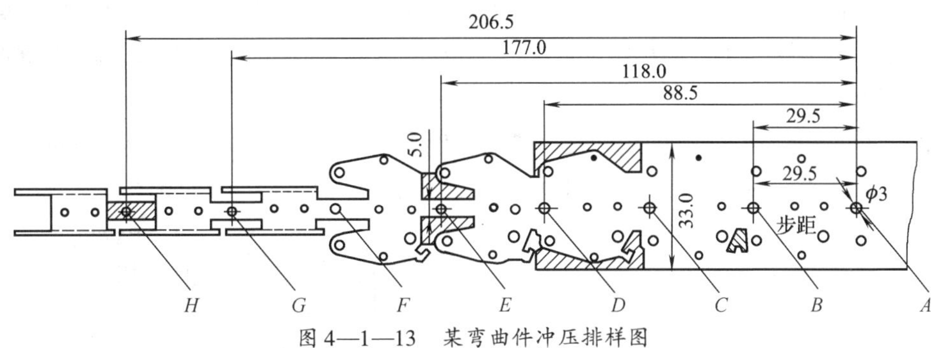

图 4—1—13 某弯曲件冲压排样图

拼块安装在垫板上并与下模座固定。采用这种组合方式当要更换个别拼块时，必须对全工位的步距进行调整。

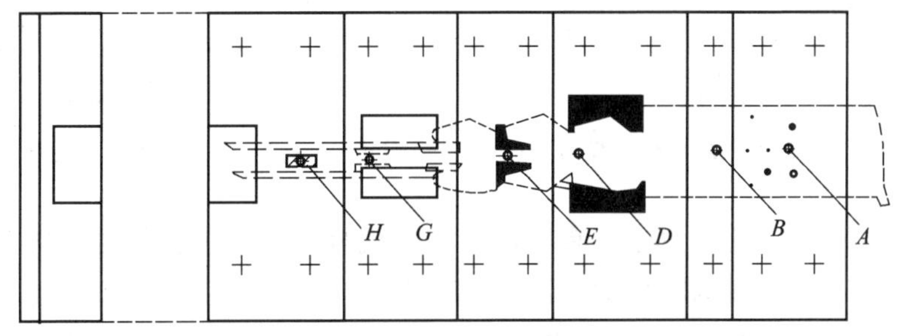

图 4—1—14 并列组合凹模

采用成形磨削拼装组合凹模时，先将型孔口轮廓分割成拼块后进行成形磨削加工，然后将拼块装在所需的垫板上，再镶入凹模框并以螺栓固定，其结构如图 4—1—15 所示，当其中某拼块因磨损需要修正时，只需更换磨损部分就能继续使用。由于拼块全部经过磨削和研磨，因而具有很高的精度。在组装时，为确保相互有关联的尺寸，可对需配合面增加研磨工序，对易损件可制作备件。

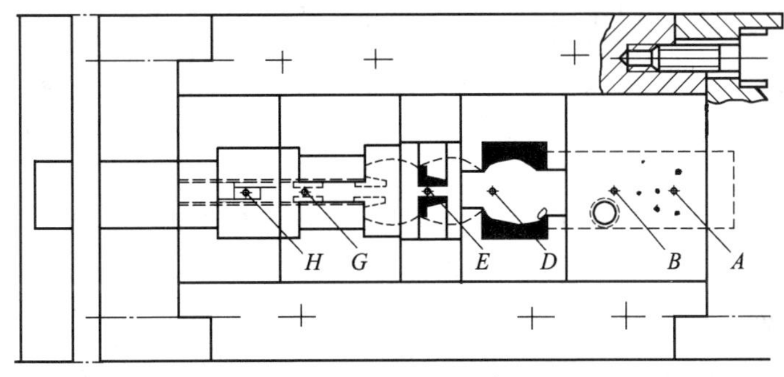

图 4—1—15 磨削拼装凹模

（2）凹模的固定方法

根据需要，凹模可以采用多种固定方式。就拼块凹模而言，通常有平面固定式、直槽固定式和框孔固定式。

1）平面固定式。平面固定式是将凹模各拼块分别用定位销（或定位键）和螺钉固定在垫板或下模座上，其结构如图 4—1—16 所示，它适用于拼块凹模或较大拼块分段的固定方法。

2）直槽固定式。直槽固定式是将拼块凹模直接嵌入固定板的通槽中，各拼块不用定位销，而在直槽两端用键或楔及螺钉固定，其结构如图 4—1—17 所示。

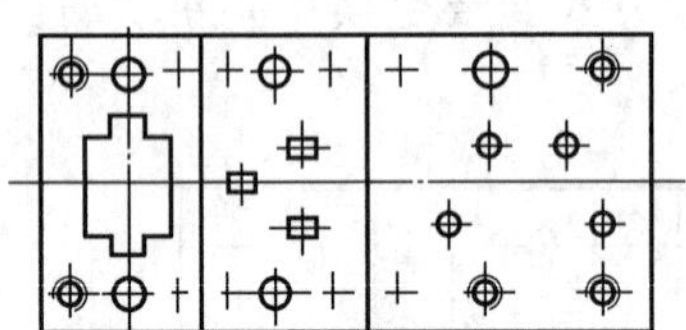

图 4—1—16 平面固定式拼块凹模的结构

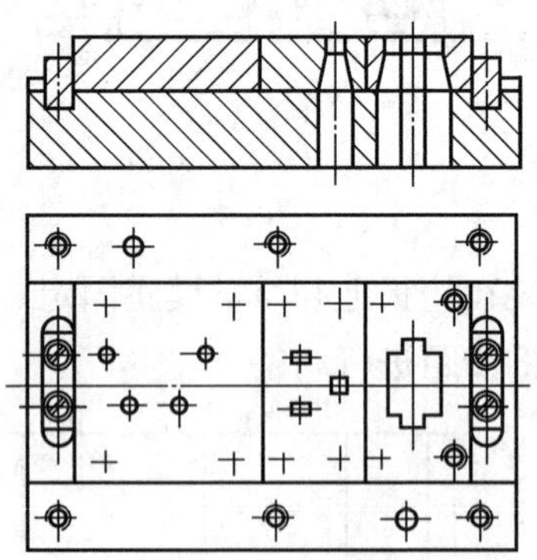

图 4—1—17 直槽固定式拼块凹模的结构

3）框孔固定式。框孔固定式有整体框孔和组合框孔两种，其结构如图 4—1—18 所示。整体框孔固定凹模拼块和框孔时，应根据胀形力的大小来选用配合的过盈量；组合框孔固定凹模拼块时，模具的维护、装拆方便，当拼块承受的胀形力较大时，应考虑组合框连接的刚度和强度。

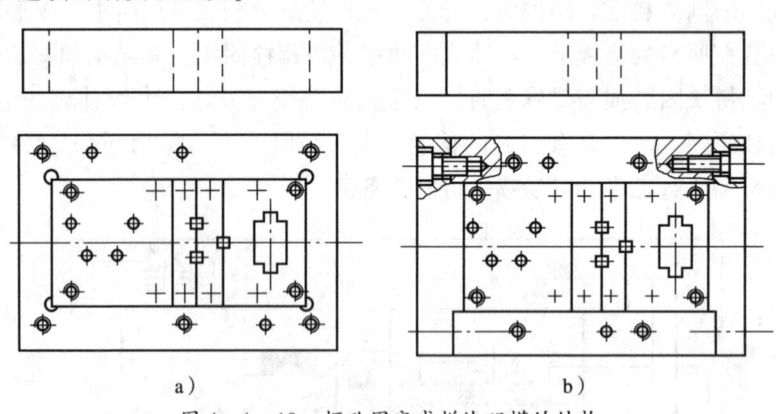

a） b）

图 4—1—18 框孔固定式拼块凹模的结构

a）整体式 b）组合式

3. 定位装置

在多工位精密级进模具中，带料的送进步距及定位精确必不可少，为此，一般采用导正销与侧刃配合使用，侧刃作定距和粗定位，导正销作为精定位。此时，侧刃长度一般大于步距 0.05 ~ 1 mm，以便导正销入孔时，带料略向后退。在自动冲压时，可不用侧刃，带料的定位与送进靠导料板、导正销和送料机构来实现。

在精密的级进模具中，作为精定位的导正孔，一般安排在排样图中的第一工位冲出，导正销设置在紧随冲导正孔的第二工位，第三工位设置有检测带料送进步距的误送检测凸模，其结构如图 4—1—19 所示。

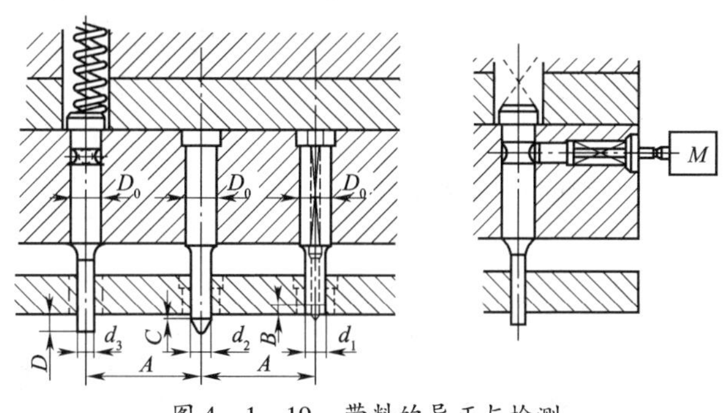

图 4—1—19 带料的导正与检测

4. 托料装置

多工位级进模具是依靠送料装置的机械动作，把带料按一定的尺寸送进来实现自动冲压的。由于带料经过冲裁、弯曲、拉深等变形后，在条料厚度方向上会有不同高度的弯曲和凸起，为了顺利送进带料，必须将带料托起，使凸起和弯曲部位离开凹模工作面。这种使带料托起的特殊机构称为托料装置，如图 4—1—20 所示，托料装置往往和带料的导向零件共同使用。

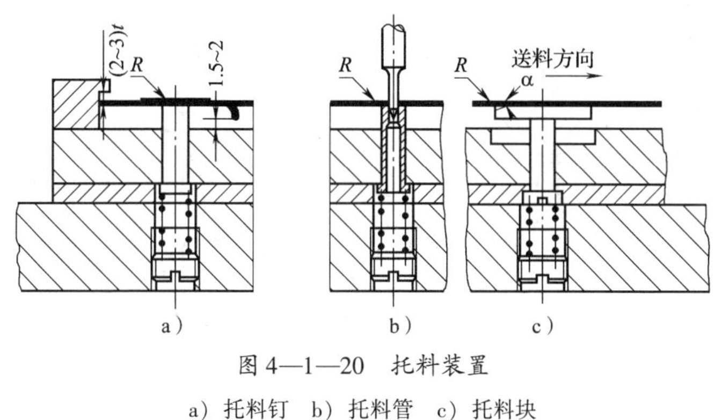

图 4—1—20 托料装置

a）托料钉 b）托料管 c）托料块

（1）单一托料装置

经常采用的单一托料装置有托料钉、托料管和托料块三种。托料时，托起高度一般应使坯件最低部位高出凹模面 1.5 ~2 mm，同时应使被托起的条料上平面低于刚性导料板下平面 2 ~3 倍条料厚度，以确保条料顺利送进。

托料钉的优点是可以根据情况随意分布，托料效果好，凡是在托料力不大的情况下都可采用压缩弹簧作托料力源。托料钉通常采用圆柱形，当然，在送料方向带有斜度时也可采用方形。托料钉经常是成对使用，并设置在条料上没有较大的孔和成形部位的下方。

托料管设置在导正孔的位置进行托料，它与导正销按 H7/h6 进行配合，管孔起导正孔作用，适用于薄板料。

对于刚性差的条料，应采用托料块托料，以免条料变形。

（2）托料导向装置

托料装置常与导料板组成托料导向装置，所以，托料导向装置是具有托料和导料双重作用的模具部件，在级进模中应用广泛。根据需要，托料导向装置可分为托料导向钉和托料导向板两种。

1）托料导向钉。托料导向钉的结构如图4—1—21所示，模具工作时，当送料结束，上模下行，卸料板凹坑底面首先压缩导向钉，使条料与凹模面平齐开始冲压；当上模回升时，弹簧将托料导向钉推至最高位置，进行下一步的送料导向。

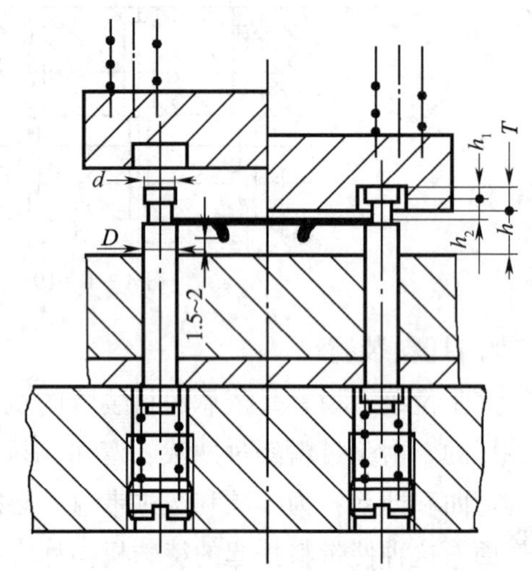

图4—1—21　托料导向钉的结构

2）托料导向板。托料导向板的结构如图4—1—22所示。托料导向板由四根浮动导销与两条导轨式导板组成，适用于薄料和要求较大托料范围的材料托起。导轨式导板一般分为两件组合，当冲压出现故障时，拆下盖板即可取出条料。

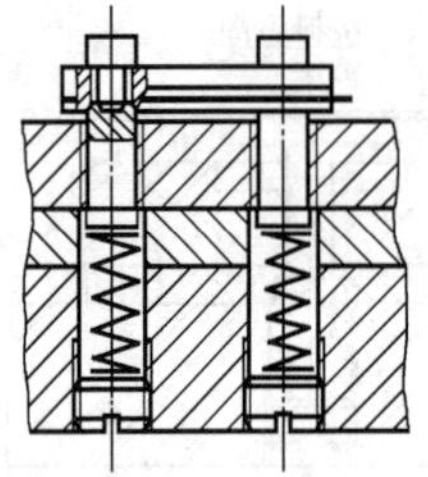

图4—1—22　托料导向板的结构

5. 卸料装置

卸料装置是多工位精密级进模具结构中的重要部件。它不仅用于卸料，还起导正凸模、压平材料的作用。模具的精度及模具的使用寿命与卸料装置的导向精度和强度密切相关。卸料装置主要由卸料板、弹性元件、卸料螺钉和辅助导向零件组成。

（1）卸料板的结构

多工位精密级进模具的弹压卸料板，由于型孔多、形状复杂，为保证型孔尺寸精度、位置精度和配合间隙，通常采用分段拼装结构固定在一块刚度较大的基体上，如图4—1—23所示。

该卸料板由五个拼块组合而成。基体按基孔配合关系开出通槽，两端的两个拼块按位置精度的要求压入基体通槽后，分别用螺钉、销钉定位固定；中间三个拼块经磨削加工后直接压入通槽内，仅用螺钉与基体连接。安装位置尺寸采用对各分段的结合面研磨加工来调整，从而控制各型孔的尺寸精度和位置精度。

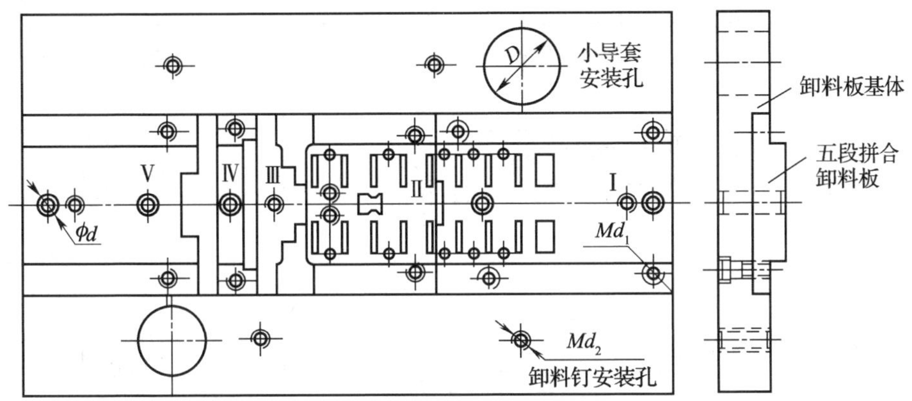

图 4—1—23 拼块式弹压卸料板

(2) 卸料板的导向形式

由于卸料板有保护小凸模的作用，要求卸料板有很高的运动精度，为此要在卸料板与上模座之间增设小导柱和小导套作为辅助导向零件，如图 4—1—24 所示。

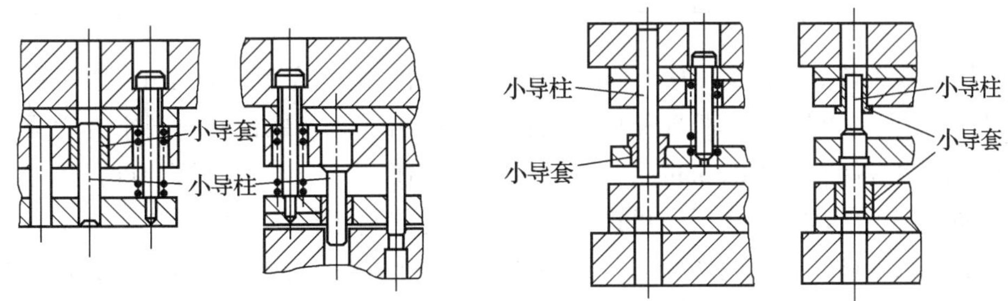

图 4—1—24 小导柱、小导套结构

需要指出的是，当冲压的材料比较薄，且模具的精度要求较高，工位数又较多时，应选用滚珠式导柱导套。

(3) 卸料板的安装形式

卸料板采用卸料螺钉吊装在级进模具上模。卸料螺钉应对称分布，工作长度要严格一致。多工位精密级进模具使用的卸料螺钉结构见表 4—1—1。

表 4—1—1 卸料螺钉结构

名称	形状	头部形状
外螺纹式	L	

续表

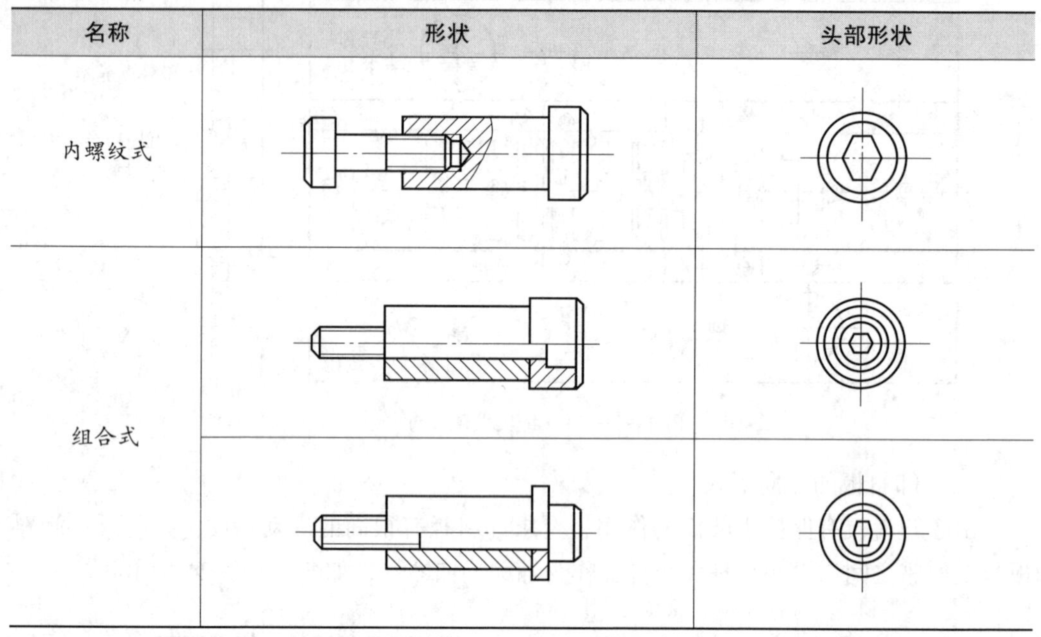

名称	形状	头部形状
内螺纹式		
组合式		

外螺纹式轴长 L 精度为 ±0.1 mm；内螺纹式轴长精度为 ±0.02 mm，通过磨削轴端面可使一组卸料螺钉工作长度保持一致；组合式由套管、螺栓和垫圈组合而成，它的轴长精度可控制在 ±0.01 mm。内螺纹和组合式还有一个很重要的特点，就是当冲裁凸模经过一定次数的刃磨后，再进行刃磨时，对卸料螺钉工作段的长度容易磨去同样的量值，以保证卸料板的压料面与冲裁凸模端面的相对位置，而外螺纹式卸料螺钉工作段长度刃磨困难。

多工位精密级进模具中常用的卸料板的安装结构形式如图 4—1—25a 所示。卸料板的压料力、卸料力均由卸料板上面安装的均匀分布的弹簧提供（矩形截面弹簧为好）。由于卸料板与各凸模配合间隙仅有 0.005 mm，所以安装卸料板比较麻烦，应尽可能不把卸料板从凸模上卸下。考虑到刃磨时既不需把卸料板从凸模上取下，又要使卸料板低于凸模刃口端面，所以把弹簧固定在上模内，并用螺塞限位。刃磨时，只要旋出螺塞，弹簧即可取出，不受弹簧作用的卸料板随之可以移动，露出凸模刃口端面，即可重磨刃口。卸料螺钉若采用套管组合式，修磨套管尺寸可调整卸料板相对凸模的位置，修磨垫

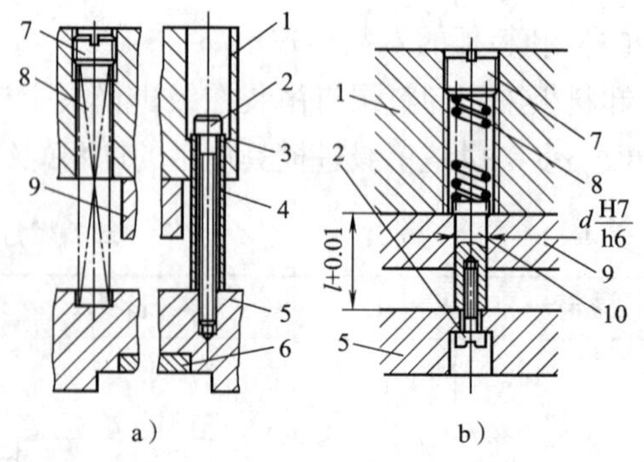

图 4—1—25　卸料板的安装结构形式

a）常用结构　b）内螺纹式卸料螺钉结构

1—上模座　2—螺钉　3—垫片　4—管套　5—卸料板　6—卸料板拼块　7—螺塞　8—弹簧　9—固定板　10—卸料销

片可调整卸料板达到理想的动态平行度（相对于上下模）要求。如图4—1—25b所示为内螺纹式卸料螺钉结构，弹簧压力通过卸料螺钉传至卸料板。

6. 限位装置

级进模具结构复杂，凸模较多，在存放、搬运、试模过程中，若凸模过多地进入凹模，容易损伤模具。为此，在级进模具结构中，安装有限位装置，其结构如图4—1—26所示。

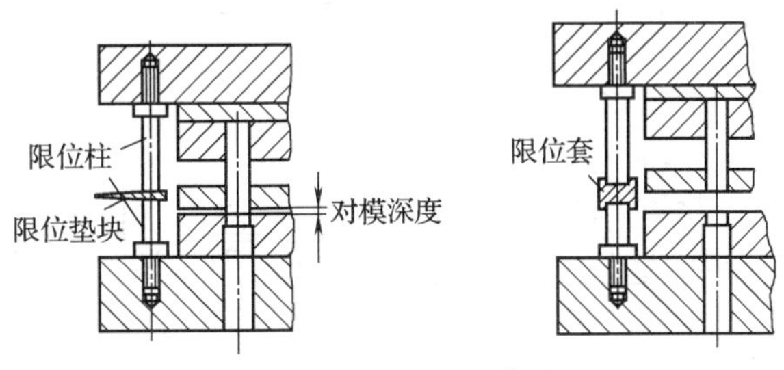

图4—1—26 限位装置

限位装置由限位柱与限位垫块、限位套组成。在冲床上安装模具时把限位垫块装上，此时模具处于闭合状态；模具固定好后，取下限位垫块就可以工作，安装模具十分方便。从冲床上拆下模具前，将限位套放在限位柱上，模具处于开启状态，便于搬运和存放。

7. 加工方向的转换装置

在级进弯曲或其他成形工序冲压时，往往需要从不同方向进行，因此，需要将压力机滑块垂直向下地运动，转化成凸模（或凹模）向上或水平等不同方向的加工。完成这种加工方向转换的装置通常采用斜楔滑块机构或杠杆机构，其结构如图4—1—27所示。

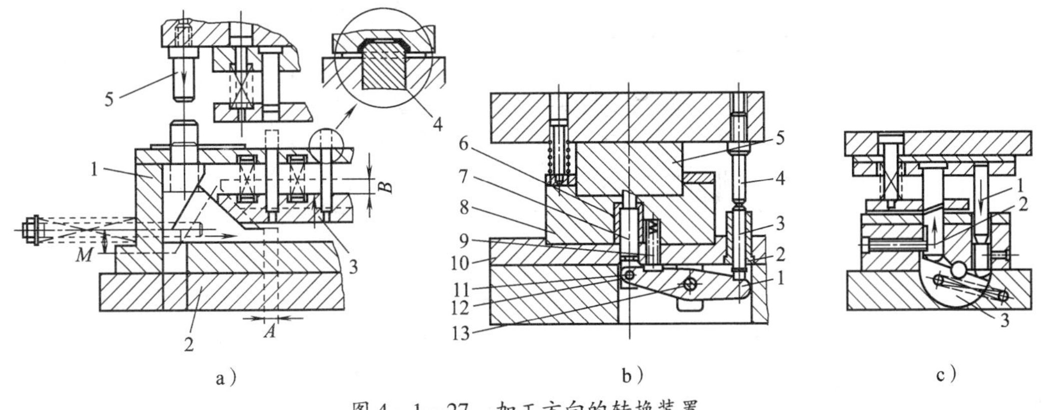

图4—1—27 加工方向的转换装置

a）斜楔滑块机构 b）杠杆机构 c）摆块机构

a）1—斜楔 2—滑块 3—凸模固定板 4—凸模 5—导柱

b）1—杠杆 2—护套 3—顶杆 4—压柱 5—凹模 6—滑套

7—凸模 8—凹模 9—弹簧 10—支板 11、13—销轴 12—销

c）1—压柱 2—凸模 3—摆块

斜楔滑块机构是通过上模压柱 5，打击斜楔 1，由斜楔 1 推动滑块 2 和凸模固定板 3，转化成凸模 4 向上运动，从而使坯件在凸模 4 和凹模之间局部成形（凸包）。这种结构由于成形方向向上，凹模板不需设让位孔，动作平稳，应用广泛。

杠杆机构是利用杠杆摆动转化成凸模向上的直线运动，进行冲切或弯曲；而摆块机构是用摆块机构实现向上成形。

根据需要，还可采用斜滑块机构进行加工方向的转换，将模具的上下运动转换为镶件的水平运动，对制件的侧面进行加工，其结构如图 4—1—28 所示。

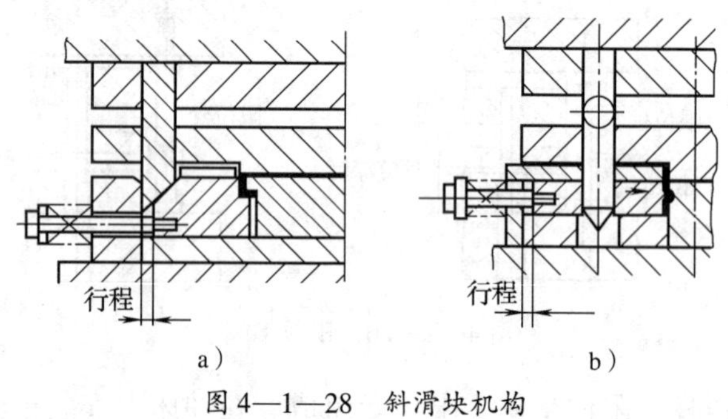

图 4—1—28 斜滑块机构

8. 调节装置

模具在成形时，需要对成形高度进行调整，特别是在校正和整形时，微量调节成形凸模的位置是十分重要的。调节量太小达不到成形件的质量要求，调节量太大易使凸模被折断。

常用的调节机构如图 4—1—29 所示。图 4—1—29a 通过旋转调节螺钉 1 推动斜楔 2 即可调整凸模 3 伸出的长度；图 4—1—29b 可方便调整压弯凸模的位置，特别是由于板厚误差变化造成的制件误差，可通过调整凸模位置来修正。

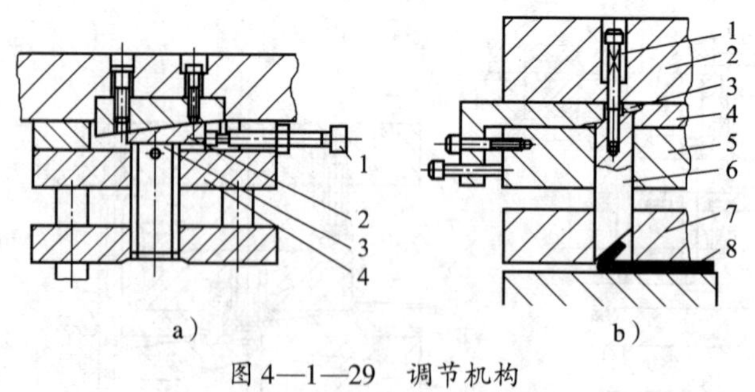

图 4—1—29 调节机构

a）斜楔控制 b）调整块控制

a）1—调节螺钉 2—斜楔 3—凸模 4—支架

b）1—螺钉 2—模座 3—调整块 4—垫板 5—凸模固定板 6—弯曲凸模 7—卸料板 8—制件

9. 模架

级进模具模架要求刚性好、精度高，因此，通常将上模座加厚 5 ~ 10 mm，下模座加厚 10 ~ 15 mm（与标准模架相比）。同时，为了满足刚性和精度的要求，级进模具多采用四导柱模架，并经常采用压板可卸式导柱、导套，其结构形式如图 4—1—30 所示。

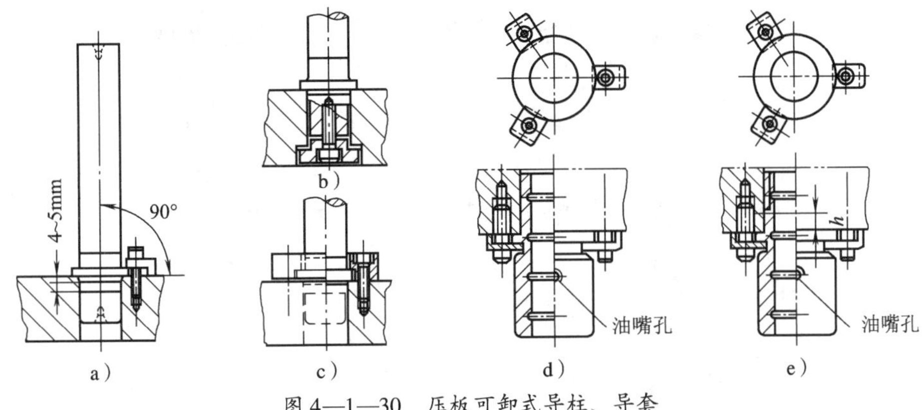

图 4—1—30　压板可卸式导柱、导套

a）三块压板压紧导柱　b）螺钉压板压紧导柱　c）压板压紧导柱　d）、e）三块压板压紧导套

需要说明的是，对于小型模具或子模架也可用双导柱模架。

第二节　UG 级进模具（PDW）设计基础

传统的多工位级进模具设计是一项十分繁冗的工作，不仅要依赖设计者的经验，还要借助大量的公式，工作周期长，有些差错还可能导致无法挽回的后果。级进模具 CAD 技术（软件）的应用，从根本上改变了传统的级进模具设计方法，显著缩短了模具设计时间，减少了对模具工作者经验和技艺的依赖，提高了模具设计的质量。

一、级进模具计算机辅助设计软件

PDW（ProgressiveDieWizard）是 UGNX 的一个模块（应用），中文含义为级进模具向导，主要用于冲压级进模具的设计。

1. PDW 功能说明

PDW 为用户提供了毛坯生成、条料排样、模架设计、凸模和凹模设计等功能，其工具栏如图 4—2—1 所示，利用 PDW 可以进行条带布局、冲头创建、模架创建、让位槽设计、物料清单（BOM）、工程图以及模具组件的放置和修改。PDW 能自动执行级进模具的设计和细化工作，从而加快投入生产的速度；在 PDW 中，还包含模具组件和紧固件库，从而加快了模具详细设计的速度，极大地提高了级进模具的设计效率。

2. PDW 工具介绍

PDW 为用户提供了丰富的设计工具，级进模具设计可以围绕这些工具进行。根据级进模具设计需要，PDW 按照典型流程将各个设计模块的按钮组织在工具条上，其主要工具功能见表 4—2—1。

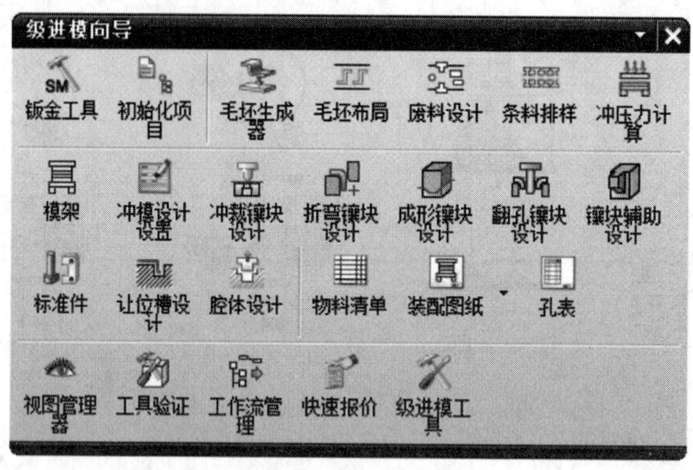

图 4—2—1　级进模具向导工具栏

表 4—2—1　　　　PDW 主要工具功能

序号	工具名称	工具图标	功能介绍
1	钣金工具	SM 钣金工具	提供特定于钣金的工具
2	初始化项目	初始化项目	为钣金部件新建级进模项目或打开先前的项目
3	毛坯生成器	毛坯生成器	根据项目初始化过程中插入的钣金部件在级进模项目中建毛坯
4	毛坯布局	毛坯布局	在展平图样中使部件相对于彼此定向、定义要使用的条料宽度并确定工艺工位之间的步距
5	废料设计	废料设计	指定如何将冲裁废料冲压出来，如果需要，创建导正销孔以协助金属条料通过凹模传送出去
6	条料排样	条料排样	计划在得到钣金部件的最终形状之前，如何切除废料和如何形成中间工步的工艺
7	冲压力计算	冲压力计算	计算级进模具设计中工艺特征所需要的力

续表

序号	工具名称	工具图标	功能介绍
8	模架	模架	添加和设计模架，它由标准件的装配组成，包括板、导销、引导衬套和螺钉
9	冲模设计设置	冲模设计设置	设置级进模具设计参数，这些参数可用作下游设计中的默认值
10	冲裁镶块设计	冲裁镶块设计	设计冲裁凸模，带有恒定或可变间隙的凹模和型腔/废料孔，定义重复冲裁镶块的阵列，以及管理设计关联
11	折弯镶块设计	折弯镶块设计	为折弯工艺设计折弯凸模和凹模镶块
12	成形镶块设计	成形镶块设计	设计成形凸模和成形凹模
13	翻孔镶块设计	翻孔镶块设计	设计翻孔凸模和凹模
14	镶块辅助设计	镶块辅助设计	设计镶块肩部、跟部，并提供副本、阵列或删除工具
15	标准件	标准件	添加和编辑标准件
16	让位槽设计	让位槽设计	创建实体以切除冲模板上的腔体和孔，防止条料和冲模板之间产生干涉
17	腔体设计	腔体设计	在冲模板或镶块中为标准件或任何实体剪切腔体
18	物料清单	物料清单	创建级进模具设计项目的物料清单

续表

序号	工具名称	工具图标	功能介绍
19	装配图纸	装配图纸	自动化级进模具装配图纸的创建和管理
20	孔表	孔表	为组件中的所有孔创建或编辑表，该表包括标签、类别 ID、孔类型、直径、深度和坐标
21	工具验证	工具验证	提供工具以检查干涉和获取关于设计更改效果的建议
22	工作流管理	工作流管理	提供对转换、附加冲模和并行设计的管理
23	快速报价	快速报价	基于条料为级进模具报价
24	级进模工具	级进模工具	用于级进模具设计的一些有用工具

二、级进模具计算机辅助设计流程

在完成冲压制件设计的基础上，通过 UG 级进模具向导，即可进行冲压件级进模具设计，其主要流程包括特征预处理和项目初始化、工艺设计、模具装配结构设计。

1. 特征预处理

使用 PDW 通常从钣金零件（冲压件）开始。准备好钣金零件后，即可使用 PDW 进行冲压成形工艺设计和模具装配结构设计。

冲压成形工艺设计包括工艺预定义、毛坯展开、毛坯排样、废料设计、条料排样、冲压力计算等；模具装配结构设计包括模架设计、冲裁组件设计、镶件设计、标准件设计、让位槽设计、安装孔设计等。

需要注意的是，对于采用 NX 钣金设计的制件模型，PDW 可以直接使用；否则，需要使用特征识别工具进行识别和重构，其对话框如图 4—2—2 所示。经重构后的制件模型即可用于 PDW 系统。

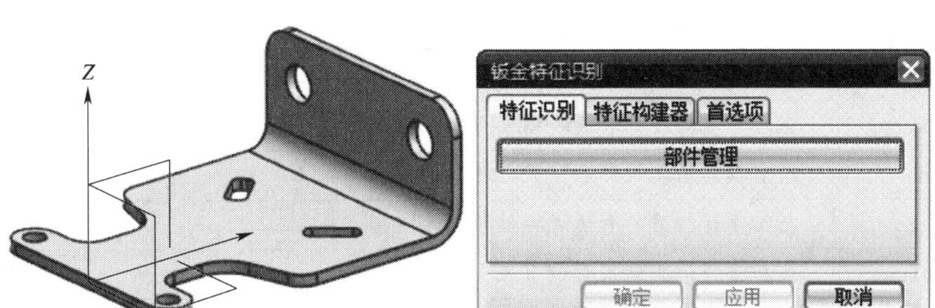

图 4—2—2　特征识别与重构对话框

对于没有识别出的特征，可以手工生成相应的特征。

2. 项目初始化

对于特征识别后的组件，即可进行项目初始化，其操作对话框如图 4—2—3 所示。PDW 使用标准的目标装配体来生成新的项目装配体。装配体的各个组件文件中存储了许多用于级进模具设计的相关数据。

某项目装配体导航器如图 4—2—4 所示，其中显示了组件名称、数目以及每一节点关联的组件名称。装配结构体中的每个节点保存了相关的项目设计信息，并且使用了便于理解的后缀，节点后缀含义见表 4—2—2。

图 4—2—3　项目初始化对话框

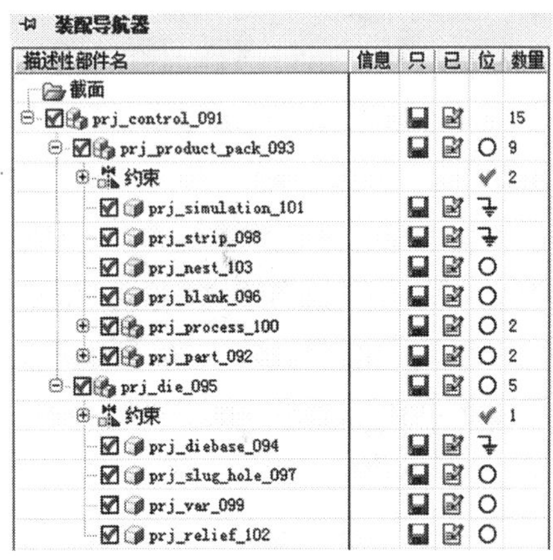

图 4—2—4　项目装配体导航器

表 4—2—2　　节点后缀含义

后缀	含义
* _ control	装配体根节点
* _ blank	钣金件毛坯模型存储节点
* _ part	原始钣金件模型存储节点

续表

后缀	含义
* _ nest	钣金件毛坯排样和废料结果存储节点
* _ die	所有模具结构组件和子装配体存储节点
* _ var	与标准件相关的表达式存储节点
* _ simulation	条料排样仿真结果存储节点
* _ strip	条料排样结果存储节点
* _ relief	让位槽设计结果存储节点

装配体创建后，便可进行级进模具的设计工作。根据需要，首先进行成形工艺设计，内容包括使用工艺预定义（根据情况）将 NX 特征与工艺特征相关联、创建毛坯并进行排样等。

3. 工艺预定义

工艺预定义对于有些情况是必需的。例如，将两个折弯特征定义成一个 Z 形弯曲工艺特征；将圆台特征定义成翻孔工艺特征等。

4. 毛坯创建

通过“毛坯生成器”工具，进入如图4—2—5所示的“毛坯生成器”对话框，可以进行毛坯的创建和编辑操作。将钣金件展开形成毛坯的结果如图 4—2—6 所示。

图 4—2—5 “毛坯生成器”对话框

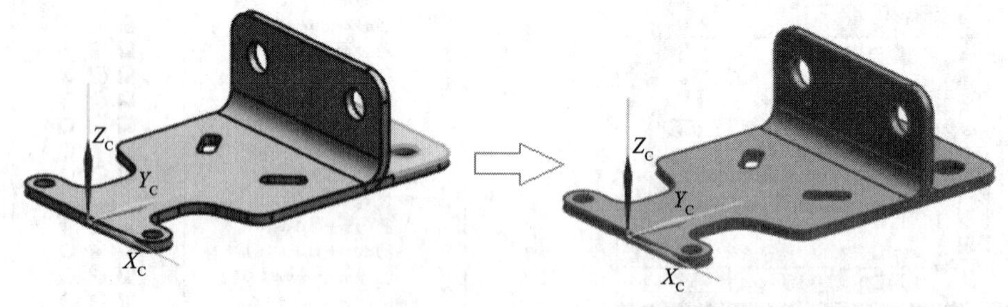

图 4—2—6 将钣金件展开形成毛坯

5. 排样

通过“毛坯布局”工具，在条料上插入若干个毛坯，并指定毛坯的步距、料宽和旋转角等参数，即可完成排样工作，其结果如图 4—2—7 所示。

6. 废料设计

在级进模具设计中，为了实现复杂制件的冲压或简化模具结构，一般总是将复杂外形和内形分几次冲切。冲切刃口外形设计实际上就是刃口的分解和重组。废料设计工具就是用以指定如何冲切废料，并在需要时创建导正孔，以帮助条料在模具中的定位以及传送，其设计界面如图 4—2—8 所示。

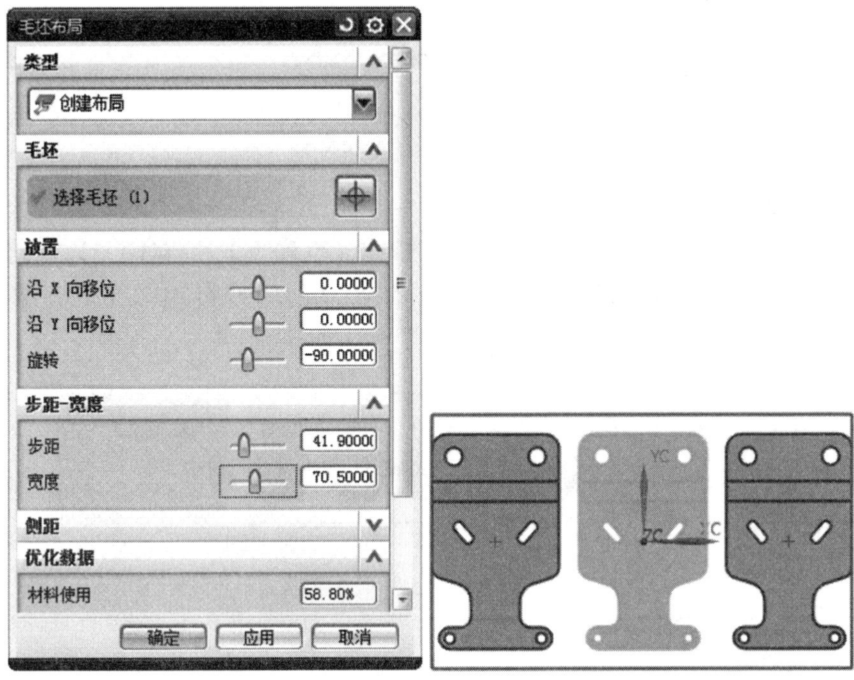

图 4—2—7 排样结果

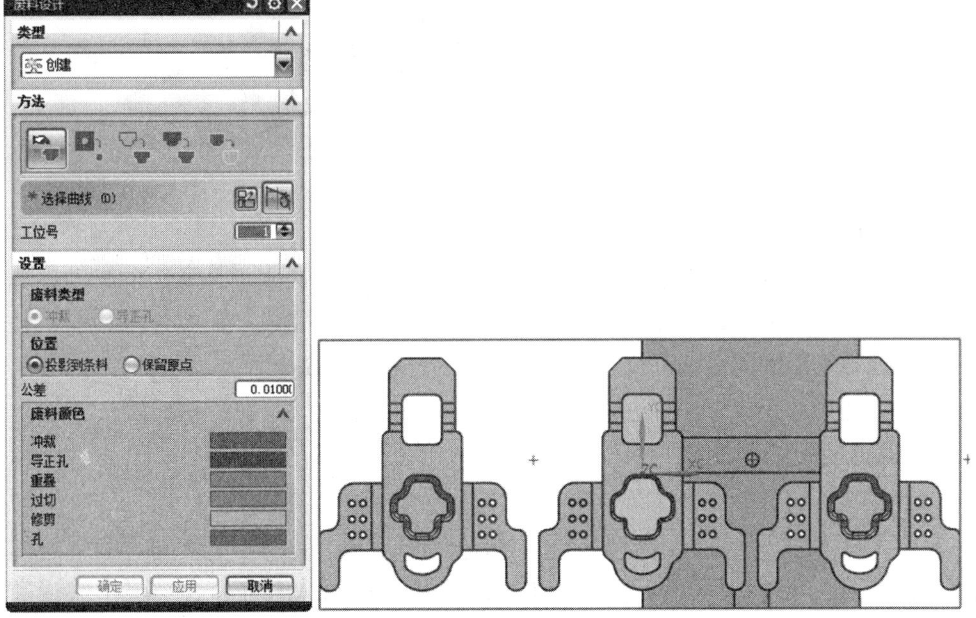

图 4—2—8 废料设计界面

废料设计结果如图 4—2—9 所示，所有废料都是片体，并存储在 * _ nest 节点中。

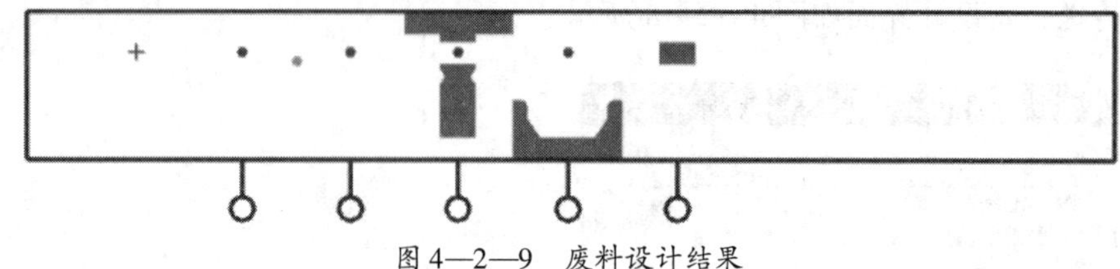

图 4—2—9　废料设计结果

7. 条料排样

在创建级进模具之前，还必须进行条料排样（也称为工序排样），以创建冲压条带。冲压条带反映了从平板条料到冲压制件产品的转变过程，其仿真结果如图 4—2—10所示。

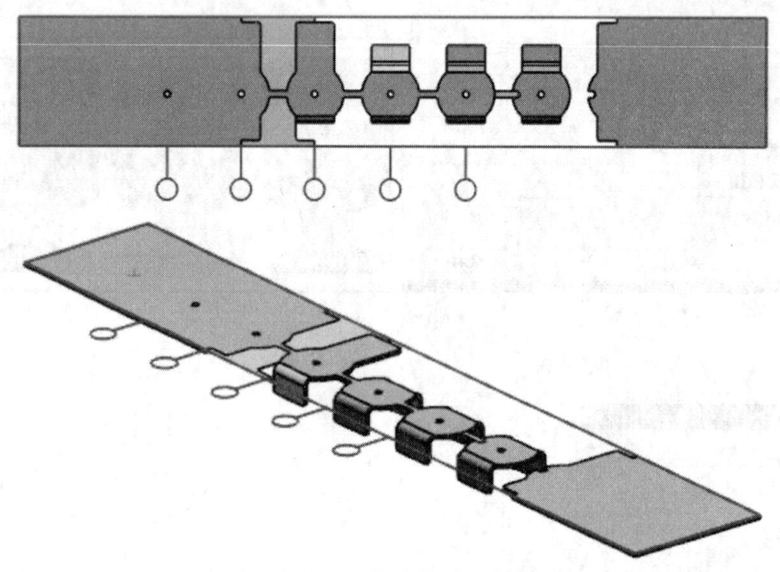

图 4—2—10　条料排样仿真结果

8. 冲压力计算

计算冲压力是为了合理选用压力机和设计模具。PDW 提供了冲压力的自动计算功能，对于自动计算失败的工序特征，可以提供交互计算来完成。需要注意的是，冲压力计算必须在相应的前提下进行：一是有设定的材料，二是有所需材料的参数。

成形工艺设计完成后，将进入级进模具结构设计阶段。

9. 模具装配结构设计

（1）模架设计

模架工具为用户提供了由标准件装配组成的包括板、导销、引导衬套和螺钉的模架库，其界面及模架结构如图 4—2—11 所示，用户可以从中选择合乎要求的标准模架，如 5 块板、8 块板、9 块板、10 块板和 12 块板模架。这些模架均为国际知名厂家生产并被全球级进模具生产企业广泛采用。

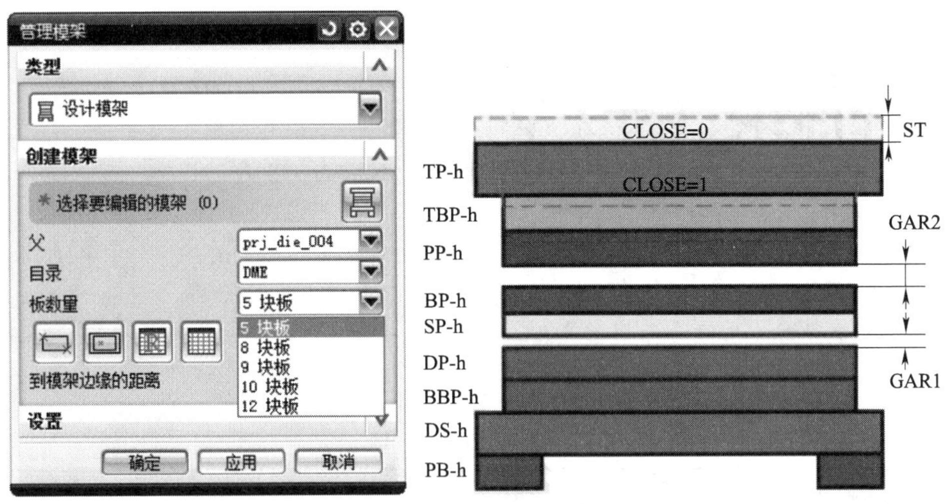

图 4—2—11　管理模架界面及模架结构

通过模架工具，设置相应参数，便可完成所需模架的设计。对于设计好的模架可以根据需要进行修改或调整，直到满意为止。

（2）冲模设计设置工具

通过 PDW 工具栏中的冲模设计设置工具，可以设置冲裁间隙、模具闭合高度、冲头深入到凹模的距离等。

（3）镶块设计

PDW 为用户提供了若干镶块设计工具，包括冲裁镶块设计、折弯镶块设计、成形镶块设计、翻孔镶块设计、镶块辅助设计等。通过它们可以完成基本冲压工序工作零件的设计，例如，冲裁凸模和凹模、弯曲凸模和凹模、成形凸模和凹模、翻孔凸模和凹模等零件或镶件的设计。

（4）标准件、让位槽设计及腔体设计

PDW 中提供了多种标准件供用户使用，例如螺钉、定位销等。

在条料送进过程中，已经完成的某些工序（如弯曲、拉深等）会在后续工步中产生与模板的干涉问题，因此，必须在模板上开设相应的让位孔或让位槽。

腔体设计用于在模板上切出螺钉孔、冲头安装孔、让位槽等特征。

（5）装配图纸和物料清单

PDW 中的装配图纸工具为用户提供了级进模具装配图纸的创建和管理功能，通过它，可以快速、方便地完成级进模具装配图的创建。当需要创建组件图样时，可通过组件图纸工具来创建。

PDW 中的物料清单工具主要完成的功能包括读取级进模具中的所有部件，并给出它们的信息；计算和编辑部件的下料尺寸；把部件信息输出到 Excel 中。

附录一　冲模标准

标准类型	标准名称	标准号	简要内容
冲模基础标准	冲模术语	GB/T 8845—2006	对冲模类型、冲模零部件、冲模设计要素、零件结构要素等进行了定义性的解述。给出了落料模、弯曲模、拉深模、复合模、级进模图例，提供了术语名称的中、英文索引
	冲压件尺寸公差 冲压件角度公差	GB/T 13914—2013 GB/T 13915—2013	规定了金属冲压件的尺寸和角度公差等级、代号、公差数值及偏差数值
	冲裁间隙	GB/T 16743—2010	规定了金属板料与非金属板料的冲裁间隙值，以及采用此间隙值时冲裁件可以达到的尺寸精度与剪切面质量水平
冲模产品（零部件）标准	冲模零件	GB/T 2855. 1 ~ 2—2008	冲模滑动导向模座　上、下模座
		GB/T 2856. 1 ~ 2—2008	冲模滚动导向模座　上、下模座
		GB/T 2861. 1 ~ 11—2008	冲模导向装置零件，包括滑动导向导柱、滚动导向导柱、滑动导向导套、滚动导向导套、钢球保持圈、圆柱螺旋压缩弹簧、滑动导向可卸导柱、滚动导向可卸导柱、衬套、垫圈和压板
		JB/T 8057. 1 ~ 5—1995	冷冲模凸、凹模零件，包括 A 型圆凸模、B 型圆凸模、快换圆凸模、圆凹模和带肩圆凹模
		JB/T 5825 ~ 5830—2008	冲模零件，包括圆柱头直杆圆凸模、圆柱头缩杆圆凸模、60°锥头直杆圆凸模、60°锥头缩杆圆凸模、球锁紧圆凸模和圆凹模

续表

标准类型	标准名称	标准号	简要内容
冲模产品(零部件)标准	冲模零件	JB/T 7184. 1 ~4—1995	冲模钢板模座零件，包括后导柱下模座、对角导柱下模座、中间导柱下模座和四导柱下模座
		JB/T 7185. 1 ~4—1995	冲模滑动导向钢板模座零件，包括后导柱上模座、对角导柱上模座、中间导柱上模座和四导柱上模座
		JB/T 7186. 1 ~4—1995	冲模滚动导向钢板模座零件，包括后导柱上模座、对角导柱上模座、中间导柱上模座和四导柱上模座
		JB/T 7187. 1 ~6—1995	冲模导向装置零件，包括 A 型导柱、B 型导柱、A 型导套、B 型导套、钢球保持圈和圆柱螺旋压缩弹簧
		JB/T 7642. 1 ~5—1994	冲模通用模座零件，包括带柄圆形上模座、带柄矩形上模座、A 型下模座、B 型下模座和弯曲模下模座
		JB/T 7642. 6 ~8—1995	冷冲模通用模座零件，包括钢板模座、模座和 C 型下模座
		JB/T 7644. 1 ~8—2008	冲模单凸模模板零件，包括单凸模固定板、单凸模垫板、偏装单凸模固定板、偏装单凸模垫板、球锁紧单凸模固定板、球锁紧单凸模垫板、球锁紧偏装单凸模固定板和球锁紧偏装单凸模垫板
		JB/T 7645. 1 ~8—2008	冲模导向装置零件，包括 A 型小导柱、B 型小导柱、小导套、压板固定式导柱、压板固定式导套、压板、导柱座和导套座
		JB/T 7646. 1 ~6—2008	冲模模柄，包括压入式模柄、旋入式模柄、凸缘模柄、槽形模柄、浮动模柄和推入式活动模柄
		JB/T 7647. 1 ~4—2008	冲模导正销，包括 A 型导正销、B 型导正销、C 型导正销和 D 型导正销
		JB/T 7648. 1 ~8—2008	冲模侧刃和导料装置零件，包括侧刃、A 型侧刃挡块、B 型侧刃挡块、C 型侧刃挡块、导料板、承料板、A 型抬料销和 B 型抬料销

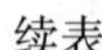
续表

标准类型	标准名称	标准号	简要内容
冲模产品（零部件）标准	冲模零件	JB/T 7649. 1 ~10—2008	冲模挡料和弹顶装置零件，包括始用挡料装置、弹簧芯柱、弹簧侧压装置、侧压簧片、弹簧弹顶挡料装置、扭簧弹顶挡料装置、回带式挡料装置、钢球弹顶装置、活动挡料销和固定挡料销
		JB/T 7650. 1 ~8—2008	冲模卸料装置零件，包括带肩推杆、带螺纹推杆、顶杆、顶板、圆柱头卸料螺钉、圆柱头内六角卸料螺钉、定距套件和调节垫圈
		JB/T 7651. 1 ~2—2008	冲模废料切刀，包括圆废料切刀和方废料切刀
		JB/T 7652. 1 ~2—2008	冲模限位支承装置零件，包括支承套件和限位柱
		JB/T 8054. 1 ~2—1995	冷冲模导板模导板，包括对角导柱弹压导板和中间导柱弹压导板
	冲模模架	GB/T 2851—2008	冲模滑动导向模架
		GB/T 2852—2008	冲模滚动导向模架
		JB/T 8049. 1 ~2—1995	冷冲模导板模模架，包括对角导柱弹压模架和中间导柱弹压模架
		JB/T 7181. 1 ~4—1995	冲模滑动导向钢板模架，包括后导柱模架、对角导柱模架、中间导柱模架和四导柱模架
		JB/T 7182. 1 ~4—1995	冲模滚动导向钢板模架，包括后导柱模架、对角导柱模架、中间导柱模架和四导柱模架
冲模工艺质量指标	冲模技术条件	GB/T 14662—2006	规定了冲模的要求、验收、标志、包装、运输和储存，适用于冲模的设计、制造和验收。对不同模具类型、不同冲件与冲压工艺情况下模具工作零件和冲模具一般零件的常用材料和硬度要求了相应规定，具体内容见附录二、附录三
	冲模钢板模架技术条件	JB/T 7183—1995	规定了钢板模架零件制造和装配技术要求，以及模架验收的技术要求

附录二　　　　　　模具工作零件常用材料及硬度

模具类型	冲件与冲压工艺情况		材料	硬度	
				凸模	凹模
冲裁模	Ⅰ	形状简单，精度较低，材料厚度小于或等于 3 mm，中小批量	T10A、9Mn2V	56～60HRC	58～62HRC
	Ⅱ	材料厚度小于或等于 3 mm，形状复杂；材料厚度大于 3 mm	9CrSi、CrWMn、Cr12、Cr12MoV、W6Mo5Cr4V2	58～62HRC	60～64HRC
	Ⅲ	大批量	Cr12MoV、Cr4W2MoV	58～62HRC	60～64HRC
			YG15、YG20	≥86HRA	≥84HRA
			超细硬质合金	—	
弯曲模	Ⅰ	形状简单，中小批量	T10A	56～62HRC	
	Ⅱ	形状复杂	CrWMn、Cr12、Cr12Mov	60～64HRC	
	Ⅲ	大批量	YG15、YG20	≥86HRA	≥84HRA
	Ⅳ	加热弯曲	5CrNiMo、5CrNiTi、5CrMnMo	52～56HRC	
			4Cr5MoSiV1	40HRC45HRC，表面渗氮≥900HV	
拉深模	Ⅰ	一般拉深	T10A	56～60HRC	58～62HRC
	Ⅱ	形状复杂	Cr12、Cr12MoV	58～62HRC	60～64HRC
	Ⅲ	大批量	Cr12MoV、Cr4W2MoV	58～62HRC	60～64HRC
			YG10、YG15	≥86HRA	≥84HRA
			超细硬质合金	—	
	Ⅳ	变薄拉深	Cr12MoV	58～62HRC	—
			W18Cr4V、W6Mo5Cr4V2、Cr12MoV	—	60～64HRC
			YG10、YG15	≥86HRA	≥84HRA
	Ⅴ	加热拉深	5CrNiTi、5CrNiMo	52～56HRC	
			4Cr5MoSiV1	40～45HRC，表面渗氮≥900HV	

续表

模具类型	冲件与冲压工艺情况		材料	硬度	
				凸模	凹模
大型拉深件	Ⅰ	中小批量	HT250、HT300	170～260HB	
			QT600－20	197～269HB	
	Ⅱ	大批量	镍铬铸铁	火焰淬硬 40～45HRC	
			钼铬铸铁、钼钒铸铁	火焰淬硬 50～55HRC	

附录三　　模具一般零件的材料及硬度

零件名称	材料	硬度
上、下模座	HT200 45	170～220HB 24～28HRC
导柱	20Cr GCr15	60～64HRC（渗碳） 60～64HRC
导套	20Gr GGr15	58～62HRC（渗碳） 58～62HRC
凸模固定板、凹模固定板、螺母、垫圈、螺塞	45	28～32HRC
模柄、承料板	Q235A	—
卸料板、导料板	45 Q235A	28～32HRC —
导正销	T10A 9Mn2V	50～54HRC 56～60HRC
垫板	45 T10A	43～48HRC 50～54HRC
螺钉	45	头部 43～48HRC
销钉	T10A、GCr15	56～60HRC
挡料销、抬料销、推杆、顶杆	65Mn、GCr15	52～56HRC
推板	45	43～48HRC
压边圈	T10A 45	54～58HRC 43～48HRC
定距侧刃、废料切断刀	T10A	58～62HRC
侧刃挡块	T10A	56～60HRC
斜楔与滑块	T10A	54～58HRC
弹簧	50CrVA、55CrSi、65Mn	44～48HRC

附录四

曲柄（开式）压力机参数

公称压力/kN	40	63	100	160	250	400	630	800	1 000	1 250	1 600	2 000	2 500	3 150	4 000
公称压力行程/mm	3	3. 5	4	5	6	7	8	9	10	11	12	12	13	13	15
滑块行程/mm	40	50	60	70	80	100	120	130	140	140	160	160	200	200	250
行程次数（次/min）	200	160	135	115	100	80	70	60	60	50	40	40	30	30	25
最大封闭高度/mm 固定台和可倾式	160	170	180	220	250	300	360	380	400	430	450	450	500	500	550
最大封闭高度/mm 活动台位置 最高				300	360	400	460	480	500						
最大封闭高度/mm 活动台位置 最低				160	180	200	220	240	260						
封闭高度调节量/mm	35	40	50	60	70	80	90	100	110	120	130	130	150	150	170
滑块中心到床身的距离/mm	100	110	130	160	190	220	260	290	320	350	380	380	425	425	480
工作台尺寸/mm 左右	280	315	360	450	560	630	710	800	900	970	1 120	1 120	800	800	900
工作台尺寸/mm 前后	180	200	240	300	360	420	480	540	600	650	710	710	650	650	700
工作台孔尺寸/mm 左右	130	150	180	220	260	300	340	380	420	460	530	530	650	650	700
工作台孔尺寸/mm 前后	60	70	90	110	130	150	180	210	230	250	300	300	350	350	400
工作台孔尺寸/mm 直径	100	110	120	160	180	200	230	260	300	340	400	400	460	460	530
立柱间距离/mm	130	150	180	220	260	300	340	380	420	460	530	530	650	650	700
活动台压力机滑块中心到床身紧固工作台平面距离/mm				150	180	210	250	270	300						
模柄孔尺寸/mm	$\phi30\times50$			$\phi50\times70$			$\phi60\times75$			$\phi70\times80$			T 形槽		
工作台模板厚度/mm	35	40	50	60	70	80	90	100	110	120	130	130	150	150	170
倾斜角（可倾式工作台压力机）	30°							25°							

附录五　冲模滑动导向对角导柱模架尺寸　mm

凹模周界		闭合高度（参考）*H*		零件件号、名称及标准编号					
				1	2	3		4	
				上模座 GB/T 2855.1—2008	下模座 GB/T 2855.2—2008	导柱 GB/T 2861.1—2008		导套 GB/T 2861.3—2008	
				数量					
L	*B*	最小	最大	1	1	1	1	1	1
				规格					
63	50	100	115	63×50×20	63×50×25	16×90	18×90	16×60×18	18×60×18
		110	125			16×100	18×100		
		110	130	63×50×25	63×50×30	16×100	18×100	16×65×23	18×65×23
		120	140			16×110	18×110		
63	63	100	115	63×63×20	63×63×25	16×90	18×90	16×60×18	18×60×18
		110	125			16×100	18×100		
		110	130	63×63×25	63×63×30	16×100	18×100	16×65×23	18×65×23
		120	140			16×110	18×110		
80		110	130	80×63×25	80×63×30	18×100	20×100	18×65×23	20×65×23
		130	150			18×120	20×120		
		120	145	80×63×30	80×63×40	18×110	20×110	18×70×28	20×70×28
		140	165			18×130	20×130		
100		110	130	100×63×25	100×63×30	18×100	20×100	18×65×23	20×65×23
		130	150			18×120	20×120		
		120	145	100×63×30	100×63×40	18×110	20×110	18×70×28	20×70×28
		140	165			18×130	20×130		
80	80	110	130	80×80×25	80×80×30	20×100	22×100	20×65×23	22×65×23
		130	150			20×120	22×120		
		120	145	80×80×30	80×80×40	20×110	22×110	20×70×28	22×70×28
		140	165			20×130	22×130		
100		110	130	100×80×25	100×80×30	20×100	22×100	20×65×23	22×65×23
		130	150			20×120	22×120		
		120	145	100×80×30	100×80×40	20×110	22×110	20×70×28	22×70×28
		140	165			20×130	22×130		

续表

凹模周界		闭合高度（参考）H		零件件号、名称及标准编号					
				1	2	3		4	
				上模座 GB/T 2855.1—2008	下模座 GB/T 2855.2—2008	导柱 GB/T 2861.1—2008		导套 GB/T 2861.3—2008	
				数量					
L	B	最小	最大	1	1	1	1	1	1
				规格					
125	80	110	130	125×80×25	125×80×30	20×100	22×100	20×65×23	22×65×23
		130	150			20×120	22×120		
		120	145	125×80×30	125×80×40	20×110	22×110	20×70×28	22×70×28
		140	165			20×130	22×130		
100	100	110	130	100×100×25	100×100×30	20×100	22×100	20×65×23	22×65×23
		130	150			20×120	22×120		
		120	145	100×100×30	100×100×40	20×110	22×110	20×70×28	22×70×28
		140	165			20×130	22×130		
125		120	150	125×100×30	125×100×35	22×110	25×110	22×80×28	25×80×28
		140	165			22×130	25×130		
		140	170	125×100×35	125×100×45	22×130	25×130	22×80×33	25×80×33
		160	190			22×150	25×150		
160		140	170	160×100×35	160×100×40	25×130	28×130	25×85×33	28×85×33
		160	190			25×150	28×150		
		160	195	160×100×40	160×100×50	25×150	28×150	25×90×38	28×90×38
		190	225			25×180	28×180		
200		140	170	200×100×35	200×100×40	25×130	28×130	25×85×33	28×85×33
		160	190			25×150	28×150		
		160	195	200×100×40	200×100×50	25×150	28×150	25×90×38	28×90×38
		190	225			25×180	28×180		
125	125	120	150	125×125×30	125×125×35	22×110	25×110	22×80×28	25×80×28
		140	165			22×130	25×130		
		140	170	125×125×35	125×125×45	22×130	25×130	22×85×33	25×85×33
		160	190			22×150	25×150		

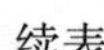
续表

凹模周界		闭合高度（参考）*H*		零件件号、名称及标准编号					
				1	2	3		4	
				上模座 GB/T 2855.1—2008	下模座 GB/T 2855.2—2008	导柱 GB/T 2861.1—2008		导套 GB/T 2861.3—2008	
				数量					
L	*B*	最小	最大	1	1	1	1	1	1
				规格					
160	125	140	170	160×125×35	160×125×40	25×130	28×130	25×85×33	28×85×33
		160	190			25×150	28×150		
		170	205	160×125×40	160×125×50	25×160	28×160	25×95×38	28×95×38
		190	225			25×180	28×180		
200		140	170	200×125×35	200×125×40	25×130	28×130	25×85×33	28×85×33
		160	190			25×150	28×150		
		170	205	200×125×40	200×125×50	25×160	28×160	25×95×38	28×95×38
		190	225			25×180	28×180		
250	125	160	200	250×125×40	250×125×45	28×150	32×150	28×100×38	32×100×38
		180	220			28×170	32×170		
		190	235	250×125×45	250×125×55	28×180	32×180	28×110×43	32×110×43
		210	255			28×200	32×200		
160	160	160	200	160×160×40	160×160×45	28×150	32×150	28×100×38	32×100×38
		180	220			28×170	32×170		
		190	235	160×160×45	160×160×55	28×180	32×180	28×110×43	32×110×43
		210	255			28×200	32×200		
200		160	200	200×160×40	200×160×45	28×150	32×150	28×100×38	32×100×38
		180	220			28×170	32×170		
		190	235	200×160×45	200×160×55	28×180	32×180	28×110×43	32×110×43
		210	255			28×200	32×200		
250	160	170	210	250×160×45	250×160×50	32×160	35×160	32×105×43	35×105×43
		200	240			32×190	35×190		
		200	245	250×160×50	250×160×60	32×190	35×190	32×115×48	35×115×48
		220	265			32×210	35×210		

续表

凹模周界		闭合高度（参考）*H*		零件件号、名称及标准编号					
				1	2	3		4	
				上模座 GB/T 2855.1—2008	下模座 GB/T 2855.2—2008	导柱 GB/T 2861.1—2008		导套 GB/T 2861.3—2008	
				数量					
L	*B*	最小	最大	1	1	1	1	1	1
				规格					
200	200	170	210	200×200×45	200×200×50	32×160	35×160	32×105×43	35×105×43
		200	240			32×190	35×190		
		200	245	200×200×50	200×200×60	32×190	35×190	32×115×48	35×115×48
		220	265			32×210	35×210		
250		170	210	250×200×45	250×200×50	32×160	35×160	32×105×43	35×105×43
		200	240			32×190	35×190		
		200	245	250×200×50	250×200×60	32×190	35×190	32×115×48	35×115×48
		220	265			32×210	35×210		
315		190	230	315×200×45	315×200×55	35×180	40×180	35×115×43	40×115×43
		220	260			35×210	40×210		
		210	255	315×200×50	315×200×65	35×200	40×200	35×125×48	40×125×48
		240	285			35×230	40×230		
250	250	190	230	250×250×45	250×250×55	35×180	40×180	35×115×43	40×115×43
		220	260			35×210	40×210		
		210	255	250×250×50	250×250×65	35×200	40×200	35×125×48	40×125×48
		240	285			35×230	40×230		
315		215	250	315×250×50	315×250×60	40×200	45×200	40×125×48	45×125×48
		245	280			40×230	45×230		
		245	290	315×250×55	315×250×70	40×230	45×230	40×140×53	45×140×53
		275	320			40×260	45×260		
400		215	250	400×250×50	400×250×60	40×200	45×200	40×125×48	45×125×48
		245	280			40×230	45×230		
		245	280	400×250×55	400×250×70	40×230	45×230	40×140×53	45×140×53
		275	320			40×260	45×260		

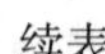

续表

凹模周界		闭合高度（参考）*H*		零件件号、名称及标准编号					
				1	2	3		4	
				上模座 GB/T 2855.1—2008	下模座 GB/T 2855.2—2008	导柱 GB/T 2861.1—2008		导套 GB/T 2861.3—2008	
				数量					
L	*B*	最小	最大	1	1	1	1	1	1
				规格					
315	315	215	250	315×315×50	315×315×60	45×200	50×200	45×125×48	50×125×48
		245	280			45×230	50×230		
		245	290	315×315×55	315×315×70	45×230	50×230	45×140×53	50×140×53
		275	320			45×260	50×260		
400		245	290	400×315×55	400×315×65	45×230	50×230	45×140×53	50×140×53
		275	315			45×260	50×260		
		275	320	400×315×60	400×315×75	45×260	50×260	45×150×58	50×150×58
		305	350			45×290	50×290		
500		245	290	500×315×55	500×315×65	45×230	50×230	45×140×53	50×140×53
		275	315			45×260	50×260		
		275	320	500×315×60	500×315×75	45×260	50×260	45×150×58	50×150×58
		305	350			45×290	50×290		
400	400	245	290	400×400×55	400×400×65	45×230	50×230	45×140×53	50×140×53
		275	315			45×260	50×260		
		275	320	400×400×60	400×400×75	45×260	50×260	45×150×58	50×150×58
		305	350			45×290	50×290		
630		240	280	630×400×55	630×400×65	50×220	55×220	50×150×53	55×150×53
		270	305			50×250	55×250		
		270	310	630×400×65	630×400×80	50×250	55×250	50×160×63	55×160×63
		300	340			50×280	55×280		
500	500	260	300	500×500×55	500×500×65	50×240	55×240	50×150×53	55×150×53
		290	325			50×270	55×270		
		290	330	500×500×65	500×500×80	50×270	55×270	50×160×63	55×160×63